Practical Manual for Analysis and
Modeling of Grid Connected Electrical Units
in Power Plants

发电站电气单元并网系统分析、建模实用手册
——同步发电机篇

西安热工研究院有限公司　组编

西北大学出版社
·西安·

图书在版编目（CIP）数据

发电站电气单元并网系统分析、建模实用手册. 同步
发电机篇／西安热工研究院有限公司组编. —— 西安：
西北大学出版社,2024. 11. —— ISBN 978-7-5604-5529
-7

Ⅰ. TM621-62

中国国家版本馆 CIP 数据核字第 2024KL7167 号

发电站电气单元并网系统分析、建模实用手册　同步发电机篇
FADIANZHAN DIANQIDANYUAN BINGWANG XITONG FENXI JIANMO SHIYONG SHOUCE
TONGBU FADIANJI PIAN
西安热工研究院有限公司　　组编

出版发行	西北大学出版社	
地　　址	西安市太白北路 229 号	邮　　编　710069
网　　址	http://nwupress.nwu.edu.cn	**E － mail**　xdpress@ nwu.edu.cn
电　　话	029-88303059	
经　　销	全国新华书店	
印　　装	陕西瑞升印务有限公司	
开　　本	787 毫米×1092 毫米　1/16	
印　　张	17.75	
字　　数	308 千字	
版　　次	2024 年 11 月第 1 版　2024 年 11 月第 1 次印刷	
书　　号	ISBN 978-7-5604-5529-7	
定　　价	55.00 元	

如有印装质量问题,请与本社联系调换,电话 029-88302966。

前　言

　　"新型电力系统"是当代电力技术发展的一个时髦的词儿,在众家将"电力"专业定义为夕阳的成熟工业后,现今的电力系统行业从业人员该关注什么、就当前能源结构和形势当何以应对,是每个电力人的挑战与机遇。有关新型电力系统,中国南方电网有限责任公司公布了《南方电网公司建设新型电力系统行动方案(2021—2030年)白皮书》《数字电网推动构建以新能源为主体的南方电网新型电力系统白皮书》,中华人民共和国科学技术部公布了《新型电力系统技术研究报告》(科技部课题是由清华大学康重庆教授团队完成的——《碳中和目标下构建新型电力系统的挑战与展望》),国家能源局颁布了《新型电力系统蓝皮书》,中央全面深化改革委员会第二次会议就新型电力系统也给出了其基本特征。总结上述材料,新型电力系统有如下特征:

部　门	特　征
中国南方电网有限责任公司	绿色高效、柔性开放、数字赋能
中华人民共和国科学技术部	绿色低碳、安全可控、智慧灵活、开放互动、数字赋能、经济高效
国家能源局	安全高效、清洁低碳、柔性灵活、智慧融合
国家电网有限公司	清洁低碳、安全可控、灵活高效、智能友好、开放互动
中国共产党中央全面深化改革委员会	清洁低碳、安全充裕、经济高效、供需协同、灵活智能

"高效"出现的频次最高，可见效率提高了，很多事情就迎刃而解或者事半功倍了。"低碳"出现了4次。中国南方电网有限责任公司和中华人民共和国科学技术部均提及"绿色"，但其含义有所不同，前者指清洁+低碳，后者单指清洁。所以"低碳"和"清洁"也是全部提及。此外，"安全""灵活"均出现4次。因而，所谓"新型电力系统"的内涵特征就不难看出了。

那么，对于传统电站在新型电力系统下的转变，电力人应该如何看待呢？传统发电站，特别是火电站，在20世纪90年代末至21世纪初的电力大发展中，其机理、应用、产业升级与市场规模都逐渐成熟，成套技术的国产化率也在日益提高。火电行业在"双碳"目标下由上而下地进行了能源转型革命，加上数字化、智慧化电厂概念的普及，从业人员对组件、装置、设备及系统机理认知的需求也逐渐淡化，火电企业迫切需要从多方面的电力生产角度挖掘契机来实现降本增效。传统发电（如以同步发电机组为发电载体的火电、水电、燃机及核电等）具有稳定、易控及大惯性的特征，在电力系统源网协调控制中扮演着不可或缺的角色，支撑了新型电力系统的"低碳""清洁"化。同时，该角色几乎等价于同步发电机组运行在电力辅助服务补偿范围，这是近年来传统发电模式实现降本增效的典型场景。

在参与电力辅助服务方面，一方面，区域系统互联、远距离大容量直流输电及高比例新能源接入而形成的新型电网特征，导致原满足规程要求的机组不再满足于当前 AVC、一次调频的考核要求；另一方面，机组主动参与有功平衡、无功平衡和事故应急类服务可以获取补贴收益，促使发电企业掌握系统特性分析、模型建立和基本的仿真手段来应对相关问题。电源、电网、电力用户及非电能类能源所形成的综合能源系统有着较强的多元互动耦合特性，掌握各参与者及其之间的协同调节机理十分重要。

另外，高比例新能源接入电网对系统阻尼的削弱和振荡模式的改变，促使了构网型变频控制方式的快速发展。所谓的"构网"，本质在于模拟同步发电机的并网特性，使原本不具有旋转惯量的发电主体呈现虚拟的旋转运动特性。同步发电机并网机理对于新型电力系统构建的重要意义可见一斑。

有鉴于此,本书聚焦发电站电气单元并网系统的分析、建模与仿真问题,为与电源侧研究密切相关的工程师及研究生和电力系统源网协调研究者而写。有关电力系统稳定性的著作非常多,经典的有 ABB 公司的 I.M.Canay 工程师对同步发电机模型优化和参数试验测取研究系列论文,还有有着"电力系统圣经"之称的 Prabha Kundur 所著 *Power System Stability and Control*,书中对于发电侧并网系统的元素、参数、系统、暂稳分析论述较为全面,解释了有关常规发电厂的一般性问题和稳定性研究架构。但部分概念专业性较强或与现今实践场景有区别,对现场作业人员的参考适用性不佳。本书以实际案例为出发点,多角度解读关于发电站电气并网系统的模型与仿真的相关问题,旨在指导工程人员通过系统特性分析、建模技术和仿真工具利用等途径,来更好地实现电厂主动参与智慧化运维、电力辅助服务乃至新型电力系统调节支撑等。本书从工程应用出发,解读了大量相关的同步发电机暂态模型中晦涩的概念,梳理了有关同步发电机建模及场景仿真的假设项、忽略项及等效条件。结合几大主流的仿真工具,论述了如何通过仿真软件对同步发电机并网系统开展暂稳态分析、时频域仿真的问题。

全书共三编。第一编由第 1~3 章组成,概述了关于同步发电机并网系统模型的建立,以现代控制理论的"白盒化"思想建立了同步发电机状态方程、含功率控制的经典电路特性下发电站并网系统分析架构。第二编由第 4~6 章组成,主要讲述了几种系统分析的仿真工具的使用方法,包括 PSASP(国家电网有限公司仿真用)、BPA(中国南方电网有限责任公司仿真用)及 EMTDC-PSCAD(加拿大电网公司仿真用)。第三编由第 7~8 章组成,为典型案例分析,结合同步发电机并网原理与相关仿真工具讨论了励磁系统协调与参数优化的几个典型案例,并以电力系统辅助服务参与度为切入点,从参与范围、服务种类和补偿经济性等层面分析了火电机组的参与度与可行性。

本书由西安热工研究院有限公司何信林、雷阳担任主编,西安热工研究院有限公司都劲松、中国华能集团有限公司运营中心张宇翼、华电电力科学研究院有限公司张士龙担任副主编。全书由李春丽、吕小秀、郭伟昌统稿，何信林、雷阳主审并承担全书模型的开发与仿真工作，研究生吴浩、范忠炀等承担了部分文字录入、计算机绘图等工作。本书的编著得到了西安热工研究院有限公司电站调试技术部"继电保护与智能源网协同电气动模仿真实验室"的支持资助。

由于编者水平有限，书中难免有疏漏及不足之处，恳请广大读者批评指正。

编　者

于西安热工研究院有限公司

2024 年 10 月

目　录

第一编　并网系统建模

第二编　仿真工具实用方法

第三编　案例应用

第一编 并网系统建模

第 1 章 同步发电机理论与特征参数

1.1 概述

以大惯量、同步速为特征的传统发电模式,如水电、火电及燃气发电机组的电磁-机电暂态模型,统归为同步发电机机电-电磁暂态建模问题。几种发电模式的主要区别在于动力部分运动方程的等效,如水电的水轮机、火电的多缸体汽轮机及燃气轮机的动力模型差异。为了准确高效地分析电力系统中与发电机相关的动态特性,还需结合考虑发电载体——同步发电机的模型。

典型的建模思想可归纳为时域法、转矩法和复频域法。

1.1.1 时域法

时域法是指在研究电力系统的动态稳定性时,在弱化网络动态的前提下,将电力系统的数学行为由动态元件(如发电机、变流器等)的微分方程和网络电路的代数方程来表达。各动态元件的状态变量需与公共坐标系一致,方可求得代表全系统的微分方程和网络代数方程的集合。

时域分析可得到系统受到扰动后各状态变量随时间的响应,在计算维度允许的前提下,计入各设备详尽的数学模型,结果才具有很好的可观性。其局限性在于:

(1)过程不明,无法总结问题的规律性。对扰动只有数值解没有解析解,虽然可以判断扰动导致的结果,却难以归纳系统参数如何对其稳定性产生影响。

(2)部分工况的准确性不足。本方法的求解过程包含了不同振荡模式的时域叠加,因而在某些运行工况或扰动条件下,所关心的低阻尼模式不一定能激发出来,计算结果可能会被误判。

1.1.2 转矩法

转矩法的主要思想是将同步发电机的电磁转矩分为同步转矩和阻尼转矩两部分,根据某一振荡模态下的转矩系数判断本模态下系统的稳定性[1]。转矩法最早是由 W. G. Heffron 和 R. A. Philips 于 1952 年针对单机–无穷大系统提出的[2],目的是基于线性化的 Heffron–Philips 模型(图 1–1)研究励磁系统对小干扰功角稳定性的影响。

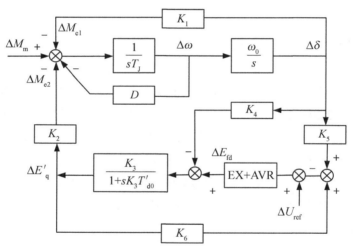

图 1–1　单机–无穷大系统小信号数学模型(Heffron–Phillips 模型)

1974 年,H. A. Moussa 等人将单机的 Heffron–Phillips 模型推广到多机系统[3],利用 N 个相互关联的子系统表达机组的内部联系及机组之间的外部联系。在此基础上,计及同步发电机阻尼绕组的多机线性化模型也被提出[4]。之后,也有学者致力于将转矩法推广至多机系统,并在增强模态阻尼[5]、选择电力系统稳定器(power system stabilizer, PSS)的安装地点和配置参数[6]以及研究模态阻尼受系统参数影响的规律性[7]上取得了一定的成果。

转矩法易理解、物理含义清晰,但适用性方面存在争议,因为它需要将所研究机组之外的其余发电机用固定频率的电源等效;另外,其分析是基于简化的同步发电机模型进行,针对复杂精细模型的多机系统稳定问题尚无深入研究。

1.1.3 复频域法

复频域法是分析小扰动稳定问题的主流方法,又称状态空间-特征值法。在线性化基础上构建全系统的状态微分方程,通过状态矩阵的特征值分析系统的稳定性[8]。文献[9-10]认为复频域法与转矩法在研究多机低频振荡问题时实际上是相互等价的。复频域法利用状态矩阵特征值、特征向量和特征值灵敏度计算系统的全部振荡模式,并获得各个模态下的主要影响因素和某一工作点下详尽的稳定分析结果。它的局限性在于:

(1)求解复杂。对于需要构建详细模型的复杂系统,状态变量太多、方程维数过高,因而计算状态矩阵和求解其特征值的过程十分依赖优化的数学算法。传统的 QR 算法、改进的 BR 算法,以及基于降阶的选择模式分析法(也称 SMA 法)和自激法(也称 AESOPS 法),均有各自的局限性[10]。目前尚未有适用于大规模电力系统计算需要的优良算法,因此针对复杂电力系统,复频域法难以进行分析或分析不准确。

(2)全局释义性不佳。所得结果只对某一特定运行点有效,难以总结问题的规律性。例如,通过复频域法求解机组-电网振荡模式的关联特性,可以得到在某机组上所设计的电力系统稳定器(PSS)能够抑制什么模式的振荡,但这难以清楚解释其对其余节点阻尼的影响。

(3)可观性差。分析结果无法看到设备相互作用的过程,系统动态过程的观测性不好。

综上所述,目前关于系统的建模方法主要是针对不同的设备和研究需求建立不同的模型,设备的模型缺乏统一性,需要根据关注问题的特点选择相应的分析手段和研究工具。随着越来越多的电力电子设备并网运行,振荡的机理变得愈加复杂,现有的针对机电时间尺度小扰动稳定问题的研究方法,在电力电子化电力系统中均存在各自的局限性。全电磁暂态仿真工具则为相关问题提供了最一般的通行方法。然而如何建立仿真系统,对发电单元电气系统如何建模才能最大限度地还原实际系统,或者参照何种原则来考虑模型建立的过程,是本章介绍的重点。

1.2 同步发电机理论基本要素

同步发电机的基本内涵是发电机的频率与电网频率一致,称为"同步"。保持同步是交流电力系统稳定运行的基本条件。而交流电力系统的瞬态同步过程主要取决于同步发电机的机电摇摆过程,其物理内涵是"机电同步耦合+互动"特性。机械旋转元件的物理状态与同步发电机内电势的电气状态实现了耦合,即机械旋转元件的空间转速在一定程度上等同于发电机内电势的电气频率,机械旋转元件的空间位置在一定程度上等同于同步机内电势的电气位置。互动特性是指暂态期间的同步发电机内部动态与电网外部动态存在相互影响、共同作用的结果。外部电网扰动会改变同步发电机内部机械旋转元件上的机械-电磁转矩平衡关系,使得原动机机械旋转元件的运动状态发生变化;而发电机内部机械旋转元件运动状态的变化又通过"机电耦合"直接改变内电势的电气位置即功角,反过来影响本机及外部电网的其他同步机输出的电磁功率,形成一个"互动"的动态过程,最终过渡到原、新的稳定同步或不同步的状态。

因而对于研究电力系统稳定性而言,理解同步发电机的特性,建立其准确的动力学模型是极其重要的基础工作。同步发电机的分析属于十分经典的理论,但对于现场工程人员来说,其概念和内容还是不易被理解。为便于掌握同步发电机机电过程的物理内涵,从以下 5 个层面逐步理解同步发电机的模型机理:坐标系、电抗、时间常数、状态变量 E_q'、控制系统——(GOV+EXC)。

从坐标系中认识 dq 变换下磁场-力矩的作用链;从电感的含义中建立电流-磁场关系链,同时认识发电机参数标幺制下电抗、电感的互换关系,以及标幺制后互感关系表征的简化;以时间常数理解对发电机模型非线性的描述;借助状态变量 E_q' 来描述发电机磁场建立的矢量图;最后建立一个依靠调速器 GOV 和励磁 EXC 实现功率响应的理论认识体系。

1.2.1 坐标系

1.2.1.1 ABC 坐标系

自然坐标系下有 A、B、C 三相,也可理解为交流系统的空间位置坐标系,容易写出其坐标下的电压、电流方程,如式(1-1)所示:

$$\begin{cases} u_{\mathrm{A}} = U_{\mathrm{m}}\cos \omega t, & i_{\mathrm{A}} = I_{\mathrm{m}}\cos \omega t \\[2mm] u_{\mathrm{B}} = U_{\mathrm{m}}\cos\left(\omega t - \dfrac{2}{3}\pi\right), & i_{\mathrm{B}} = I_{\mathrm{m}}\cos\left(\omega t - \dfrac{2}{3}\pi\right) \\[2mm] u_{\mathrm{C}} = U_{\mathrm{m}}\cos\left(\omega t + \dfrac{2}{3}\pi\right), & i_{\mathrm{C}} = I_{\mathrm{m}}\cos\left(\omega t + \dfrac{2}{3}\pi\right) \end{cases} \quad (1-1)$$

式中,发电机定子通过自然坐标系的三相电气量接入电网。

1.2.1.2 *dq* 坐标系

同步发电机转子受励磁作用感应出磁场,切割定子电枢产生感应电压,用于描述转子位置的坐标系称为 *dq* 坐标系(图1-2)。

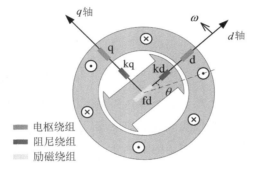

图1-2 *d*、*q* 轴下的同步发电机空间示意图

d 轴,即直轴,又称横轴,其轴线在磁极的中心,方向指向 N 极。

q 轴,即交轴,又称纵轴,其轴线超前于 *d* 轴 90° 电角度,超前的方向定义取自 IEEE Std.100—2000[11]。

转子位置则为用 *d* 轴与 A 相绕组轴线之间的夹角 *θ* 来测量的转子相对于定子的位置。

1.2.1.3 *αβ* 坐标系

ABC 坐标系是一个三相静止坐标系,*dq* 坐标系是一个两相旋转坐标系,为了方便对应关系,有时也将 *ABC* 三相坐标系映射到两相静止关系中去。这种变换在发电机中不常用,但在电机控制中常常运用。其原理如图1-3所示。

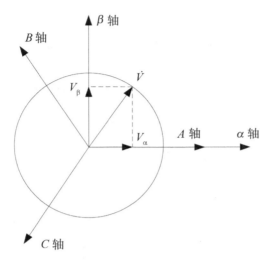

图 1-3 $\alpha \backslash \beta$ 轴与 ABC 坐标系的映射

ABC 坐标系会产生一个旋转磁场 $\dot{V}$（矢量），这个矢量的大小不变，旋转的角速度不变。如果这个矢量投影到 α 轴和 β 轴上，那么由三相静止到两相静止的克拉克（Clarke）变换成立，如式（1-2）所示：

$$\begin{cases} I_A + I_B + I_C = 0 \\ I_\alpha = I_A \\ I_\beta = (I_A + 2I_B) / \sqrt{3} \end{cases} \tag{1-2}$$

静止坐标系与旋转坐标系之间的转换叫作 Park 变换，原指 dq-$\alpha\beta$ 轴之间的变换，也容易写出 ABC-dq 轴的变换，分别如式（1-3）和式（1-4）所示：

$$\begin{cases} I_d = I_\alpha \cos \theta + I_\beta \sin \theta \\ I_q = -I_\alpha \sin \theta + I_\beta \cos \theta \end{cases} \tag{1-3}$$

$$i_{dq0} = P i_{ABC} = \frac{2}{3} \begin{pmatrix} \cos \theta & \cos(\theta - 120°) & \cos(\theta + 120°) \\ -\sin \theta & -\sin(\theta - 120°) & -\sin(\theta + 120°) \\ \frac{1}{2} & \frac{1}{2} & \frac{1}{2} \end{pmatrix} \begin{pmatrix} i_A \\ i_B \\ i_C \end{pmatrix} \tag{1-4}$$

式中，P 为 Park 变换矩阵。

应当说明的是，坐标系不改变建模对象的物理本质，也就是说所变换的矩阵既可以是实数、复数，也可以是时间 t 的函数，只要该矩阵满秩，就构成线性变换关系。也可以自己设计变换方式,得到新的物理量,然后通过控制新的物理量达到控制原来物理量的目的。新物理量的具体物理含义只是通过设计的变换方式的数学推导赋予的。dq 坐标系已被证明最适用于描述同步发电机的状态信息,是 1929 年通用电气的帕克工程师发明的。式(1-4)给出了 Park 矩阵的定义,不难看出该坐标变换矩阵是纯实数阵且与时间无关。那么,将 ABC 静止坐标系变换到 dq 坐标系,除了消去时间因素减少一个方程外(0 分量在各种坐标系中基本一样,常为 0),还有什么用处呢?其描述发电机模型的优势还体现在什么方面?

如图 1-4 所示,把通直流电的转子看成一个磁铁,定子绕组某位置上由于电枢作用的结果也看作一个磁铁,因此转子磁感应强度 B_r(r-rotor)和定子磁感应强度 B_s(s-stator)可以组成一个闭合平行四边形,只要 B_r 和 B_s 不重合,即始终存在相互作用的电磁力矩,该四边形面积的大小就是力矩的大小,可认为 r 和 s 分别代表了一组坐标,在图示的位置上,s 轴分量的位置始终固定,而 r 轴分量的位置处于旋转态。但把所形成的任意平行四边形上部的直角三角形拆分平移,总是能够获得一个矩形,这个矩形的面积与原平行四边形相等,也表征两个磁场强度的强弱,即发电机电磁转矩的大小。这时,我们将与转子磁铁同轴的方向记为 d 轴,将超前 d 轴 90°电角度的方向定义成 q 轴。不难发现,这正好满足了该坐标系下的矩形图关系,即证明原 dq 坐标系所描述的物理量可以表示任意转子位置下电磁转矩的大小。于是获得了同步发电机这一系统由磁场→力矩的矢量表达关系。

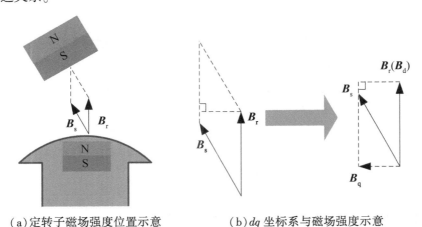

(a)定转子磁场强度位置示意　　　　(b)dq 坐标系与磁场强度示意

图 1-4　dq 坐标系与发电机磁场强度的变化关系

还要补充的一点是对电角度的理解。对于多对极电机而言,其 d、q 轴并不总是有机械垂直的位置关系,需将机械角度转换为电角度后,垂直关系才恒成立,即 $\theta_{电} = p\theta_{机}$,p 为极对数。在分析多对极数的场景时需特别注意。

1.2.2 电抗

电抗的概念源于磁路方程,对应于电路方程中的电感。前面理解了 dq 坐标系之于同步发电机磁感应强度的物理含义,知道了 $\boldsymbol{B}_d$ 和 $\boldsymbol{B}_q$ 的面积决定了发电机的输出转矩,控制这两个值的过程就是控制发电机并网发电的本质。那么磁场强度是由什么产生的?是电流作用在电感上产生的。于是就形成了电流→磁场→力矩的作用链,控制电流在 d 轴和 q 轴的分量就能控制矩形的两条边,$\boldsymbol{B}_d$ 和 $\boldsymbol{B}_q$ 的乘积就是转矩的大小。

磁场强度是一个矢量,其位置和大小均有物理含义,为了控制它,必须知道其大小和位置。如果在工程现场中直接装设测量磁场强度的传感器,就获得了磁场的位置和方向,从而直接控制磁场强度。原则上这样确实可行,但是电机内部气隙十分狭小,发电机的环境也难以满足传感系统的布置要求,也就是说,只能通过间接计算的方式获得被控量,通过简单电磁关系——电压为磁场的微分来构造电压回路方程,即间接计算了该系统作用链的全部元素。

当忽略饱和时(假设磁链与磁通势的关系为线性),根据法拉第电磁感应定律,一个通电螺线管的端电压 e 为:

$$e = \frac{\mathrm{d}\psi}{\mathrm{d}t} \tag{1-5}$$

式中,ψ 为磁链的瞬时值,Wb;e 为端电压,V,其方向满足右手螺旋定则。

磁链可以用电路的电感 L 表示,于是 $\psi = Li$。

根据电感的定义,电感值等于单位电流产生的磁链,于是:

$$L = N\frac{\Phi}{i} \tag{1-6}$$

式中,N 为线圈匝数;φ 为磁通,Wb。

$$\psi = N\Phi = N(B \cdot S) \tag{1-7}$$

式中,B 为磁感应强度,T;S 为磁力线通过的有效面积,m^2。磁通与磁感应强度的关系是严格线性的,同时磁链又可以表达为线圈匝数和磁通的线性关系。

综上,$\boldsymbol{B}$ 值可以由电路状态量转换得到。

互感是两个电感在非正交状态下一定会有的关系。例如,除 d 轴和 q 轴之间不存在互感外,各自轴上的电感均会有互感关系。表征独立磁场分量之间的感应关系与电路理论中的定义一致,此处不再详述。

发电机模型中有一个电抗叫漏感,漏感不参与互感的耦合,这个问题十分重要。由此可见,发电机的电抗特征往往伴随非线性特性,这是由铁磁饱和造成的。在描述这个非线性特性时,不同理论和模型由不同的饱和系数表征。需要注意的是,发电机的铁磁饱和与常规电力设备的铁磁饱和不同,发电机正常运行时工作在饱和区(非线性区),而变压器类设备则严格工作在线性区。这也隐示了发电机的电抗参数在建模中需要考虑饱和特性,建模的精确性也体现在模型中对饱和特性的表征。

得到由电感表达的磁场后,再考虑发电机的模型问题。发电机定子的电感、互感随发电机转子的位置而变化,电机方程十分复杂。不过由于引入了 Park 坐标变换,因此方程得到了极大简化,定子磁链的 d、q 分量可以看成是通过恒定电感与定、转子电流相联系的。另外,定子和转子之间的互感是不可互逆的,例如 L_{afd},定子侧互感由定子电流 i_d 引起,转子侧互感由励磁电流 i_{fd} 引起,但是可以通过系统标幺[①]解决此问题。标幺后,由于定子频率和基准频率一致,因此电抗值和电感值也是可互换的。

在转子基值中,下标 fd 表示在 d 轴上的励磁绕组,下标 kd 表示在 d 轴上的阻尼绕组,下标 kq 表示在 q 轴上的阻尼绕组,其位置关系如图 1-2 所示。L_{ad} 和 L_{aq} 的概念理解起来稍微有些抽象,指磁通路径从转子铁芯穿过气隙至定子铁芯的漏感,在数学描述上可拆分为两个部分相加,在标幺制下有:

---

① 定子基值:$\omega_{base} = 2\pi f_{base}$,$Z_{sbase} = \dfrac{e_{sbase}}{i_{sbase}}$,$L_{sbase} = \dfrac{Z_{sbase}}{\omega_{base}}$,$\psi_{sbase} = \dfrac{e_{sbase}}{\omega_{base}}$,$S_{sbase} = \dfrac{3}{2}e_{sbase}i_{sbase}$;

转矩基值 $= \dfrac{S_{base}}{\omega_{mbase}} = \dfrac{3}{2}\left(\dfrac{p}{2}\right)\psi_{sbase}i_{sbase}$;

转子基值:$i_{fdbase} = \dfrac{L_{ad}}{L_{afd}}i_{sbase}$,$i_{kdbase} = \dfrac{L_{ad}}{L_{akd}}i_{sbase}$,$i_{kqbase} = \dfrac{L_{aq}}{L_{akq}}i_{sbase}$,$e_{fdbase} = \dfrac{S_{base}}{i_{fdbase}}$。

式中,e_{sbase} 为额定相电压峰值,V;i_{sbase} 为额定线电流峰值,A;f_{base} 为额定频率,Hz;p 为极对数。

$$\begin{cases} \bar{L}_{\mathrm{d}} = \bar{L}_{\mathrm{ad}} + \bar{L}_1 \\ \bar{L}_{\mathrm{q}} = \bar{L}_{\mathrm{aq}} + \bar{L}_1 \end{cases} \qquad (1-8)$$

式中，$\bar{L}_1$ 为定子漏感，p.u.，由不与任何转子电路连接的磁通决定，该磁通分布在槽楔、端部和气隙位置的漏磁路径上，如图 1-5（b）、（c）所示，两个轴的定子漏感几乎相等；$\bar{L}_{\mathrm{d}}$、$\bar{L}_{\mathrm{q}}$ 分别为 d 轴、q 轴上的定子互感，p.u.，由与转子电路连接的磁通产生。

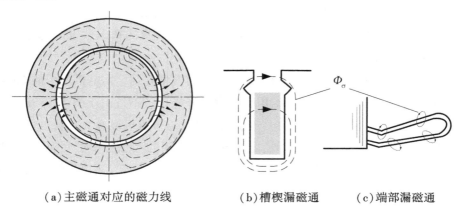

（a）主磁通对应的磁力线　　　　（b）槽楔漏磁通　　　　（c）端部漏磁通

图 1-5　发电机磁通回路示意图

在标幺制下，定、转子电路之间的互感是相等的，以 d 轴上的互感来证明：

$$\bar{L}_{\mathrm{ad}} = \frac{L_{\mathrm{ad}}}{L_{\mathrm{sbase}}} = \bar{L}_{\mathrm{afd}} = \frac{L_{\mathrm{afd}}}{L_{\mathrm{sbase}}} \frac{i_{\mathrm{fdbase}}}{i_{\mathrm{sbase}}} = \bar{L}_{\mathrm{akd}} = \frac{L_{\mathrm{akd}}}{L_{\mathrm{sbase}}} \frac{i_{\mathrm{kdbase}}}{i_{\mathrm{sbase}}} \qquad (1-9)$$

进而，在标幺制下写出发电机的磁链方程：

$$\begin{cases} \psi_{\mathrm{d}} = - L_{\mathrm{d}} i_{\mathrm{d}} + L_{\mathrm{ad}} i_{\mathrm{fd}} + L_{\mathrm{ad}} i_{\mathrm{kd}} \\ \psi_{\mathrm{q}} = - L_{\mathrm{q}} i_{\mathrm{q}} + L_{\mathrm{aq}} i_{\mathrm{kq}} \\ \psi_{\mathrm{fd}} = - L_{\mathrm{ad}} i_{\mathrm{d}} + L_{\mathrm{ffd}} i_{\mathrm{fd}} + L_{\mathrm{fkd}} i_{\mathrm{kd}} \\ \psi_{\mathrm{kd}} = - L_{\mathrm{ad}} i_{\mathrm{d}} + L_{\mathrm{kdf}} i_{\mathrm{fd}} + L_{\mathrm{kkd}} i_{\mathrm{kd}} \\ \psi_{\mathrm{kq}} = - L_{\mathrm{aq}} i_{\mathrm{q}} + L_{\mathrm{kkq}} i_{\mathrm{kq}} \\ T_{\mathrm{e}} = \psi_{\mathrm{d}} i_{\mathrm{q}} - \psi_{\mathrm{q}} i_{\mathrm{d}} \end{cases} \qquad (1-10)$$

由上述方程可知，标幺制对方程中互感的简化是十分有益的。

综上，对同步发电机并网系统内电抗的理解，首先需要建立起对非线性特征、标幺制下的互感简化等两个基本概念的认识。发电机的饱和特性引起了电抗的非线性特征,但多数磁链通过气隙路径闭路的漏感则不发生饱和;旋转的 dq 坐标系虽然简化了发电机的磁链、电压方程,但定子侧和转子侧的互感值受旋转耦合影响,不具有转置的等价关系,而标幺制很好地解决了这个问题。

关于符号标记问题,各类标准中没有强制要求。为统一起见,本书中的标幺值电抗在定子侧均记为小写字母 x,转子侧均记为大写字母 X 以示区分。下标字母的释义如表 1-1 所列。

表 1-1　下标字母的释义

下标字母	释义	下标字母	释义
d	d 轴定子电抗	q	q 轴定子电抗
fdl	励磁绕组漏电抗	kdl	d 轴阻尼($k=1$)漏电抗
ffd	励磁绕组电抗(自感抗)	kkd	d 轴阻尼($k=1$)电抗(自感抗)
kql	q 轴阻尼($k=1,2$)漏电抗	kkq	q 轴阻尼($k=1,2$)电抗(自感抗)
l	漏抗	ad	d 轴定、转子间的互感抗
afd	d 轴定子与励磁的互感抗	akd	d 轴定子与阻尼的互感抗
fkd	d 轴励磁与阻尼的互感抗	aq	q 轴定、转子间的互感抗

1.2.3　时间常数

以同步发电机定、转子电路标定的电感和电阻通常被称为基本参数,并以此来描述同步发电机模型。虽然基本参数决定了发电机的电特性,但实际上并不能从测得的电机响应来确定具体的参数值,因此,设备厂家往往提供运算参数和标准参数来描述同步发电机的特征,如图 1-6 所示。

可以看到,机组参数表中除了各类电抗值外,还有大量的时间常数。可以这样理解:电力系统中包含了不同时间尺度的若干状态变量,同步发电机的详细模型由各绕组的模型刻画组成,而发电机各个绕组的电感电阻差异较大,导致电气时间常数存在较大差异。因而在标准参数里提供了大量能够反映这种差异的时间常数。

稳态 I_z/I_N	按照技术协议
暂态 $(I_z/I_N)^2t$	按照技术协议
定、转子绝缘等级	F级（B级使用）
效率	按照技术协议
二、励磁数据	
发电机空载励磁电流	1 480 A
发电机空载励磁电压（75 ℃）	139 V
发电机满载励磁电流	4 534 A
发电机满载励磁电压（90 ℃）	445 V
三、参数	
定子电阻（15 ℃）	$1.109×10^{-3}\Omega$/相
转子电阻（15 ℃）	$0.075\ 5\ \Omega$
定子线圈每相对地电容	0.191 μF
转子线圈自感	0.701 H
保梯电抗 X_p	29.7%
定子漏抗 X_e	18.0%
直轴超瞬变电抗 X''_{du}（不饱和值）	25.1%
直轴超瞬变电抗 X''_{d}（饱和值）	23.1%
交轴超瞬变电抗 X''_{qu}（不饱和值）	24.7%
交轴超瞬变电抗 X''_{q}（饱和值）	22.7%
直轴瞬变电抗 X'_{du}（不饱和值）	33.6%
直轴瞬变电抗 X'_{d}（饱和值）	29.6%
交轴瞬变电抗 X'_{qu}（不饱和值）	48.5%
交轴瞬变电抗 X'_{q}（饱和值）	42.7%
直轴同步电抗 X_d	238%
交轴同步电抗 X_q	232%
负序电抗 X_{2u}（不饱和值）	24.9%
负序电抗 X_2（饱和值）	22.9%
零序电抗 X_{0u}（不饱和值）	11.4%
零序电抗 X_0（饱和值）	10.8%
直轴开路瞬变时间常数 T'_{d0}	8.61 s
交轴开路瞬变时间常数 T'_{q0}	0.956 s
直轴短路瞬变时间常数 T'_{d}	1.072 s
交轴短路瞬变时间常数 T'_{q}	0.176 s
直轴开路超瞬变时间常数 T''_{d0}	0.045 s
交轴开路超瞬变时间常数 T''_{q0}	0.066 s

图 1-6　某厂商的机组参数表

一般来说，发电机模型参数里的时间常数用于描述稳态、暂态和次暂态期间关于频带的划分：

$$\left[0, \frac{1}{T'_{d0}}\right] \quad （rad/s）——稳态$$

$$\left[\frac{1}{T'_{d}}, \frac{1}{T''_{d0}}\right] \quad （rad/s）——暂态$$

$$\left[\frac{1}{T''_{d}}, \infty\right] \quad （rad/s）——次暂态$$

根据 300～1 000 MW 发电机的实际参数统计，稳态段频点分布中位数为 0.017 8 Hz，也就是说，当频率低于 0.017 8 Hz 时，有效电抗为同步电抗 x_d；暂态段频点分布中位数在 0.14～4.03 Hz 之间，此时有效电抗为暂态电抗 x'_d；次暂态段频点分布中位数为 5.5 Hz，也就是说，当频率高于 5.5 Hz 时，有效电抗为次暂态电抗 x''_d。随着频率的升高，有效电抗值快速下降，因此有 $x_d > x'_d > x''_d$。国内稳定性研究中常常关注的 0.2~2 Hz 过程属于暂态过程，也就是 x'_d 的范围，用以讨论如电力系统稳定器参数整定的问题。

时间常数的另一个主要作用是提供励磁、阻尼绕组上未知且不易测量的电阻值的计算数据，如一般时间常数的定义 $\tau = L/R$。运算参数、标准参数的定义直接提供了各时间常数与基本参数的关系，这里直接给出其计算公式：

$$T'_{d0} = \frac{L_{ad} + L_{fd}}{R_{fd}} \text{ p.u.} \tag{1-11}$$

$$T''_{d0} = \frac{1}{R_{1d}}\left(L_{1d} + \frac{L_{ad}L_{fd}}{L_{ad} + L_{fd}}\right) \text{ p.u.} \tag{1-12}$$

$$T'_{q0} = \frac{L_{aq} + L_{1q}}{R_{1q}} \text{ p.u.} \tag{1-13}$$

$$T''_{q0} = \frac{1}{R_{2q}}\left(L_{2q} + \frac{L_{aq}L_{1q}}{L_{aq} + L_{1q}}\right) \text{ p.u.} \tag{1-14}$$

$$T'_d = \frac{1}{R_{fd}}\left(L_{fd} + \frac{L_{ad}L_1}{L_{ad} + L_1}\right) + \frac{1}{R_{1d}}\left(L_{1d} + \frac{L_{ad}L_1}{L_{ad} + L_1}\right) \tag{1-15}$$

$$T'_q = \frac{1}{R_{1q}}\left(L_{1q} + \frac{L_{aq}L_1}{L_{aq} + L_1}\right) + \frac{1}{R_{2q}}\left(L_{2q} + \frac{L_{aq}L_1}{L_{aq} + L_1}\right) \tag{1-16}$$

式中，R_{fd} 为励磁绕组电阻，p.u.；R_{1d} 为 1d 阻尼绕组电阻，p.u.。

即在已知 x_d、x'_d、x''_d、x_q、x'_q、x''_q、T'_{d0}、T''_{d0}、T'_{q0}、T''_{q0}、R_a、x_1 等标准参数后，可以计算 X_{fd}、X_{1d}、X_{1q}、X_{2q}、R_{fd}、R_{1d}、R_{1q}、R_{2q} 等基本参数。从方程还可以看出，次暂态量关联了机组的阻尼绕组，若忽略阻尼，则无次暂态过程。因此，是否考虑阻尼绕组与次暂态直接影响同步发电机状态方程的阶数，后文还会详述。

1.2.4 状态变量 E'_q

状态变量的概念源于现代控制理论，相较于经典控制理论，现代控制理论不但要求状态控制的输入输出端口网络，还要知道控制的变化过程，也就是控制过程白盒化，每一步是可解析的，状态转移是确定的。描述同步发电机并网过程也有若干的状态变量，但状态变量 E'_q 是较难理解但又不得不用到的一个概念。状态变量 E'_q 概念的建立，便于快速梳理发电机向量图、书写状态方程和变量矩阵,是一个十分基础且重要的过程。

在同步发电机机电暂态过程中,E'_q 并不是同步发电机的真实电势,它只表示与励磁绕组磁链成比例的一个虚构量,因此,它与励磁空载电势 E_1 同轴同相位。而励磁绕组在 d 轴上,又因 $E_1 = L_{ad}i_{fd}$,故 E'_q 在与 d 轴电流相位相差 $90°$ 的 q 轴上。

E'_q 与磁链的比例关系为 $E'_q = \dfrac{L_{ad}}{L_{ffd}}\psi_{fd}$,其中 L_{ad} 是 d 轴定子自感,L_{ffd} 是励磁绕组自感。

有了这个定义后,就容易知道所谓的 E'_q 其实就是替代 ψ_{fd} 的状态变量。因此,可以通过磁链方程来探究状态变量 E'_q 的特性。在忽略阻尼绕组时,电枢绕组和励磁绕组上的磁链关系可以写为:

$$\begin{cases} \psi_d = -L_d i_d + L_{ad} i_{fd} \\ \psi_q = -L_q i_q \\ \psi_{fd} = -L_{ad} i_d + L_{ffd} i_{fd} \end{cases} \tag{1-17}$$

式(1-17)中,在励磁磁链方程两端同时乘以 $\dfrac{L_{ad}}{L_{ffd}}$ 可得:

$$\frac{L_{ad}}{L_{ffd}}\psi_{fd} = E'_q = -\frac{L_{ad}^2}{L_{ffd}}i_d + L_{ad}i_{fd} = -\frac{L_{ad}^2}{L_{ffd}}i_d + E_1 \tag{1-18}$$

而 $\dfrac{L_{ad}^2}{L_{ffd}} = L_d - L'_d$,因此式(1-18)可进一步写为:

$$E'_q = E_1 - (L_d - L'_d)i_d \tag{1-19}$$

式(1-19)将磁链关系的状态描述成了电路关系,由此已经可以绘制出所限定关系的向量图了。同时还可以发现,当没有定子电流(电枢电流)时,状态变量 E'_q 就是励磁空载电势 E_1,这也是大量教材、专著内首先推导完整的同步发电机空载特性,再去考虑负载特性的原因。当掌握了状态变量 E'_q 的物理内涵后,就能快速归纳出相关特征的差异性,从而在复杂难记的方程簇中掌握同步发电机模型的理论推导了。

可是,还未体现出的"状态"的问题呢?状态变量与状态方程又是怎么推导出来的呢?

其实,这个关系也很好推导,不需要记忆。已知 E'_q 是替代 ψ_{fd} 的状态变量,再列写励磁绕组上的电压变化过程,就是 E'_q 的状态传递过程了。先列写励磁绕组上的电压回路方程为：

$$p\psi_{\mathrm{fd}} = e_{\mathrm{fd}} - R_{\mathrm{fd}}i_{\mathrm{fd}} \tag{1-20}$$

再用 $\dfrac{L_{\mathrm{ad}}}{L_{\mathrm{ffd}}}$ 遍乘上式，并用新变量表示后得出同步发电机 E'_{q} 描述的重要状态方程之一：

$$\begin{cases} p\dfrac{L_{\mathrm{ad}}}{L_{\mathrm{ffd}}}\psi_{\mathrm{fd}} = \dfrac{L_{\mathrm{ad}}}{L_{\mathrm{ffd}}}e_{\mathrm{fd}} - \dfrac{L_{\mathrm{ad}}}{L_{\mathrm{ffd}}}R_{\mathrm{fd}}i_{\mathrm{fd}} \\[2mm] pE'_{\mathrm{q}} = \dfrac{1}{T'_{\mathrm{d0}}}(E_{\mathrm{fd}} - E_1) \end{cases} \tag{1-21}$$

此状态方程实现了连接励磁绕组作用在电枢绕组上的磁链-电压关系，与后文出现的考虑阻尼后的状态方程、转子运动方程等组成了同步发电机机电暂态过程，也就是高阶的同步发电机状态方程。这里若只利用 $E_1 = L_{\mathrm{ad}}i_{\mathrm{fd}}$ 的定义显然是无法对方程进行求解的，因为只有一个状态变量，而励磁电流 i_{fd} 的值仍然是未知变量。那么，如何消去方程中的变量 i_{fd} 呢？这就需要利用向量图的关系来解决励磁电流的消去过程了。

这里先直接给出忽略定子电阻的单机-无穷大系统并网过程向量图，如图1-7所示，图中 I_{t} 为发电机机端电流，p.u.；U_{t} 为机端电压，p.u.；E' 为暂态电势，p.u.。

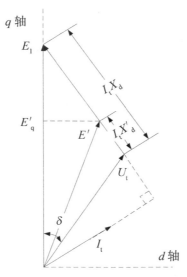

图 1-7 单机-无穷大系统的简化向量关系图（隐极机，不计定子电阻）

结合方程(1-19)已经给出的 E'_q 电路关系,很容易梳理出机端电压 U_t 至暂态电势 E' 的叠加路径。其中 E'_q 为暂态电势 E' 在 q 轴上的分量,i_d 为定子电流 I_t 在 d 轴上的分量。同理,由图 1-7 可知,U_t 在 d 轴上的电压 U_d 即为 $E_1 - I_d X_d$,反过来就得到了 E_1。

还可以考虑定子电阻 r,并且区分隐极机和凸极机,推导可得:隐极机的 $E_1 = U_t + I_t r + jIX_d$,凸极机的 $E_1 = U_t + I_t r + jI_d X_d + jI_q X_q$。

由上述推导可知,E_1 与机端电压 U_t 的 d 轴分量建立了计算依据。还可进一步推导其在电磁功率等方面的关系,只要与 E_1 相关的分量均是受励磁影响的,同理推导相关公式,就可以找到与励磁暂态相关的所有状态过程。在分析稳定性相关问题时做出的诸多假设,也是以此为依据的。

综上所述,当不考虑控制系统瞬时过程对发电机有功、无功的影响时,可以用状态方程来评价和计算系统的稳定性。从感性上来认识就是,数值解析法(状态方程)模拟分析的细节有限(考虑的是局部线性化),即机电暂态过程;如果要分析瞬时过程并且考虑控制器的高频控制响应,就应考虑精细化的电磁暂态过程。电力系统机电暂态可用解析法求解,而电磁暂态是一个高阶非线性系统,求解复杂,需借助计算机仿真手段。

1.2.5 控制系统——(GOV+EXC)

前面说到了瞬时过程要考虑控制系统的控制响应特性,那么与同步发电机并网模型关联的控制都有哪些必要的元素呢?图 1-8 总结了一般的风、光、水、火电站机电-电磁暂态模型,并从中获得了建模的统一化框架结构。动力部分一定会将任一形式的机械转矩 T_m 传递给发电载体,然后通过发电载体的无功控制,匹配电网的并网特性实现发电。受发电形式影响,机电耦合过程并非必要项。例如,经全功率变流器或半穿越结构的双馈风电,虽有旋转载体,但机理已与同步机有较大的差异,光伏发电则完全无旋转载体。由此可知,新能源在有功功率控制上相较火、水电的阻尼特征已明显削弱。旋转式载体的发电单元拥有机电耦合特性,电气部分会将机电耦合态中的电转速、机械转速变化量传递回动力部分;无旋转载体的发电形式,其有功控制、无功控制均通过电力电子变流器实现。建立机电-电磁的多源发电模型,需考虑从动力部分至并入电网系统过程中的全部环节,涉及电气单元和动力单元。

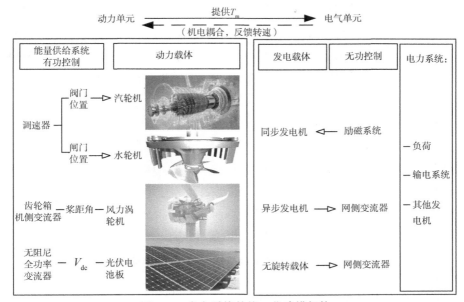

图1-8 发电系统的统一化建模架构

电气控制系统决定了机组并网状态下的响应跟随特性,也影响着扰动工况下的系统稳定性问题。同步发电机机电-电磁暂态过程重点考虑两个控制系统:原动机调速系统和励磁系统。这两大核心控制系统在单机并网模型中的流程架构如图1-9所示。

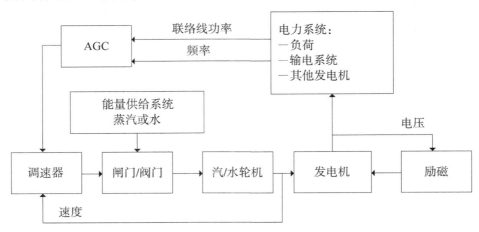

图1-9 发电控制系统功能方框图

动力部分中水轮机和热能系统的全过程建模是庞大且烦琐的,但任何给定研究所要求的建模详细程度取决于研究的范围和系统特性。从暂态稳定性来看,调速器的响应较为缓慢,机械转矩不足以跟随电磁功率的快速变化而产生运动位移;而从小信号稳定性分析的角度来看,调速器对频率为 1.0 Hz 的局部站域振荡模式的影响通常可以忽略,对 0.5 Hz 以下的地区间低频振荡模式的影响可能是明显的。

电气部分中的励磁控制则必须考虑励磁系统的调节特性,这也是源网得以保持功角稳定的重中之重。励磁系统采用较大的稳态增益,用于提高闭环系统的稳定性,当考虑控制器的 PID 过程时,还引入了更为丰富的动态增益和暂态增益调节行为。在现代控制理论的指导下,励磁及调速系统控制环节中还引入了多状态量判别的综合控制体系。对控制系统建模的精细化程度取决于研究主体的模型需求,例如,在研究机–网、机–机稳定性问题时,参照指导性规程文件选择标准型库例文件即可。常规的发电厂生产模式中,调速器及其执行机构属于热工自动化专业管理,励磁系统属于电气专业管理。

励磁、调速均为动态系统的控制问题,我们会在厂家资料中看到大量以传递函数的方式描述的这一控制过程,需要说明的是,真实控制过程远不止传递函数展示的那样简单。但开展发电站电气单元并网系统的分析、建模与仿真时,还需要正确认识传递函数的作用。以下从 3 个方面对控制过程建立初步认识。

1.2.5.1　拉氏变换

拉氏变换(Laplace Transform)对于工程人员来说并不陌生,它将控制过程中的卷积问题、微分问题变换至 s 域内的代数问题,从而简化了控制系统的实现过程。

$$f(t) \quad \overset{\text{Laplace}}{\Rightarrow} \quad F(s)$$

时域　　　　　　　　s 域　　$s = \sigma + j\omega, j = \sqrt{-1}$

需要注意的是,拉氏变换不等于频域变换,工程中常会误解为拉氏变换就是一个频域过程。如图 1–10 所示,拉氏变换实质上是将一个二维的时域过程在 s 域下的三维空间展开。

当 $\sigma = 0$ 时,也就是在图 1–10(b)中从 s 域的右视图看过去,得到了 $F(j\omega)$,$j\omega$ 的二维平面就是获得了 $f(t)$ 的傅里叶变换,这才是一个纯频域的对应关系,也是傅里叶变换与拉氏变换的数学关系。

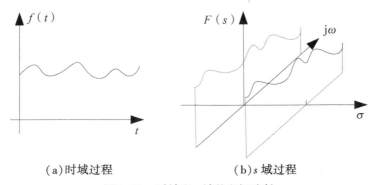

（a）时域过程   （b）s 域过程

图 1-10　时域和 s 域的空间映射

从数学上也容易推导，如式（1-22）所示：

$$L[f(t)] = F(s) = \int_0^\infty f(t)\,\mathrm{e}^{-st}\mathrm{d}t \tag{1-22}$$

当 $\sigma = 0$ 时，获得了：

$$F(s) = F(\mathrm{j}\omega) = \int_0^\infty f(t)\,\mathrm{e}^{-\mathrm{j}\omega t}\mathrm{d}t \tag{1-23}$$

当然，工程上并不纠结于 s 域不等同于频域的概念性问题，而是关注控制系统的稳定性——收敛特性的问题，即在图 1-10(b) 中从 s 域的俯视图看下去，得到复平面 $\{\sigma, \mathrm{j}\omega\}$ 上的零点、极点，这也是经典控制理论中设计控制系统的重要手段。

$$f(t) = t \qquad\qquad L[f(t)] = \frac{1}{s^2}$$

$$f(t) = \mathrm{e}^{at} \qquad\qquad L[f(t)] = \frac{1}{a+s}$$

$$f(t) = \sin at \qquad\qquad L[f(t)] = \frac{a}{a^2+s^2}$$

$$f(t) = \cos at \qquad\qquad L[f(t)] = \frac{s}{a^2+s^2}$$

$$L[f(t-T)1(t-T)] \qquad\qquad \mathrm{e}^{-Ts}F(s)$$

$$L\left[\int f(t)\,\mathrm{d}t\right] \qquad\qquad \frac{F(s)}{s} + \frac{\int f(t)\,\mathrm{d}t\Big|_{t=0}}{s}$$

$$L[f'(t)] \qquad\qquad sF(s) + f(0)\Big|_{t=0}$$

上面展示的是几种常见控制系统里的拉氏变换公式,复杂的传递函数都可由前述变换转化计算。

1.2.5.2 收敛性

前面说了拉氏变换可以简化微分方程为代数求解运算,而微分方程是描述动态系统的直接表现形式,用数学语言来说,就是利用状态变量 $\dfrac{\mathrm{d}x}{\mathrm{d}t}$ 描述系统变化的时间积累过程。

对于简单控制系统,我们所遇到的问题是常系数线性系统,也就是线性时不变系统。对于非线性问题,要么在平衡点附近做线性化处理转变为局部线性系统,要么直接采用非线性分析的手段。

而收敛性则是通过对微分方程解的拉氏逆变换判别,也可以利用拥有零极点结构式的 s 域表达式判断。

例 1-1 实数型极点。

对于 $F(s) = \dfrac{5-s}{s^2 + 5s + 4}$,可获得极点形式的展开式:

$$F(s) = \frac{5-s}{s^2 + 5s + 4} = \frac{-3}{s+4} + \frac{2}{s+1}$$

拉氏反变换后有:

$$L^{-1}[F(s)] = L^{-1}\left[\frac{-3}{s+4} + \frac{2}{s+1}\right] = -3\mathrm{e}^{-4t} + 2\mathrm{e}^{-t}$$

解析后,易得到该传递函数 $s = -4$ 和 $s = -1$ 的极点,收敛性如图 1-11 所示。若极点非负,则时域呈发散趋势。

例 1-2 复数型极点。

对于 $F(s) = \dfrac{4s+8}{s^2 + 2s + 5}$,用简单数学关系可获得:

$$F(s) = \frac{2+\mathrm{j}}{s+1+2\mathrm{j}} + \frac{2-\mathrm{j}}{s+1-2\mathrm{j}}$$

拉氏反变换后有:

$$
\begin{aligned}
L^{-1}[F(s)] &= L^{-1}\left[\frac{2+\mathrm{j}}{s+1+2\mathrm{j}} + \frac{2-\mathrm{j}}{s+1-2\mathrm{j}}\right] \\
&= \mathrm{e}^{-t}[\mathrm{j}(\mathrm{e}^{-2\mathrm{j}t} - \mathrm{e}^{2\mathrm{j}t}) + 2(\mathrm{e}^{-2\mathrm{j}t} + \mathrm{e}^{2\mathrm{j}t})] \\
&= \mathrm{e}^{-t}(2\sin 2t + 4\cos 2t)
\end{aligned}
$$

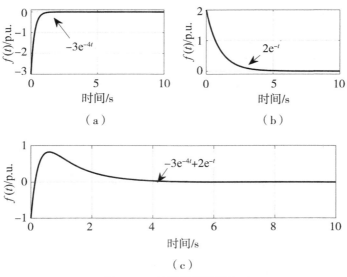

图 1-11 时域解析结果(一)

解析后,易得到该传递函数 $s = -1 \pm j2$ 的极点,收敛性如图 1-12 所示。若极点存在虚部,则会叠加衰减(或发散)的振荡趋势,极点虚部始终为周期性变化,整体收敛性依然由极点的实部决定。

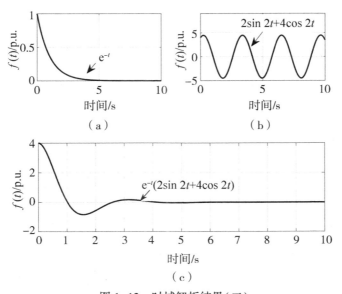

图 1-12 时域解析结果(二)

总的来说,在一个输入为 $U(s)$、传递函数为 $G(s)$、输出为 $Y(s)$ 的控制系统中,为 $\{U(s)G(s)\}$ 配置合适的极点,可实现收敛且稳定的控制特性。

发电机的励磁系统、调速系统依据控制对象、状态变量的不同,有着各自控制独立却整体耦合的关联特性。在分析这两者时,不但要关注控制环节的输入输出特征,还要建立起整体作用后的系统状态过程的分析体系,也就是传递函数、拉氏变换和微分方程之间的动态转换关系。

1.2.5.3 传递函数

励磁控制、调速控制在发电机并网系统里尽管是一个同时空耦合的高阶复杂系统,但针对各自的控制目标而言,还是独立的局部控制系统,通过经典控制的传递函数理论实现控制目标,如维持机端电压水平在设定目标范围内的励磁自动电压调节器(AVR),其典型传递函数如图 1-13 所示。

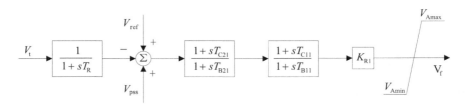

图 1-13 典型 AVR 传递函数

有了前面的认识,我们可以快速写出图 1-13 的开环传递函数:

$$G(s) = K_{\text{R1}} \frac{1 + sT_{\text{C21}}}{1 + sT_{\text{B21}}} \frac{1 + sT_{\text{C11}}}{1 + sT_{\text{B11}}} \tag{1-24}$$

机端电压采样值作为输入 $U(s)$,与式(1-24)的传递函数 $G(s)$ 作用后输出的励磁电压 $Y(s)$ 构成了发电机励磁部分的局部控制系统。而此处的机端电压 $U(s)$ 和励磁电压 $Y(s)$ 又参与了发电机模型的状态变量,组成了另外的状态方程。

调速系统的动态过程同理。由此可见,控制系统作用与发电站电气单元并网系统的数学关系是密切相关的,对其考虑的复杂性主要体现在各自局部系统内的传递函数模型。

综上所述,我们已对坐标系、电抗、时间常数、状态变量 E'_{q} 和控制系统的基本概念进行了重述和回顾,有了这样的初步认识后,再来对发电机并网过程进行推导分析,就比较容易获得分析同步发电机机电暂态问题的认识架构了。

1.3　同步发电机的状态方程

前面对同步发电机机电暂态问题的一般性概念进行了重述,有了这样的认识之后开始总结同步发电机的状态方程。由于发电机的定子部分与电力系统相连,状态特征量总是希望以定子的角度来看问题,因而转子侧的电流、磁链要转换到定子侧的假想电动势,如 E'_d、E'_q、E''_d、E''_q 和 E_{fd} 等。其中 E_{fd} 是可测得且有真实绕组路径的励磁电压 U_{fd} 的折算值,它是以可互逆 X_{ad} 为基准的励磁电压标幺值。在电抗类概念回顾中已经认识到,这样的好处在于互感矩阵可转置、计算方便,可直接作用于发电机的方程中。

发电机的状态方程主要涉及两大部分,一是这些电动势的微分方程,二是转子运动方程。前者的精细化程度取决于多种场景是否进行忽略,后者则是一个通行性的描述,只不过还可以在方程中增加体现调速器动态过程的部分。

1.3.1　方程阶数与成立条件

在若干同步发电机方程组中,首先是以转子阻尼绕组的忽略与否来确定模型的精细化程度的。

现有对汽轮发电机较为精细化的建模为六绕组模型,它的计数是包含定子电枢的 d、q 绕组,转子 d 轴上的励磁绕组和一个阻尼绕组,转子 q 轴上的两个阻尼绕组,共六个。也就是前面说到的转子下标"kd"中"k"取 1,"kq"中的"k"取 2。等同地,对于水轮发电机 q 轴上的阻尼绕组仅用一个绕组模拟,这样就成了五绕组模型,即 d、q、fd、kd、kq。

当然文献材料中也存有不同的命名规则,常见的关系如下:

五绕组转子量:fd　　kd　　　　kq

六绕组转子量:fd　　1d　　　1q　　2q

有的文献:　　　fd　　D　　　　Q　　g

六绕组(五绕组)是转子侧考虑较为完备的情况,阻尼绕组的考虑有的是基于真实路径(如阻尼条、导线绕组),也有的是基于虚拟路径。对于汽轮发电机而言,转子是实心钢锻造,阻尼电流在钢体上流过,为模拟阻尼效应,于是假定了阻尼的路径。有了这个基准,另外的简化分别是四绕组模型和三绕组模型。

四绕组模型的转子侧只考虑了 fd 和一个 kq 绕组,即不计 d 轴阻尼。这样的简化是指，d 轴由于存在励磁绕组 fd，绕组中有不得忽略的直流电阻 R，因而 d 轴的 fd 绕组就可以看作一个阻尼绕组，只不过 fd 更重要的作用在于对发电机输入励磁电流。此时 kq 绕组在汽轮机和水轮机模型之间也不再区分了，均只考虑一个阻尼结果。

三绕组模型的转子侧只考虑 fd 绕组，并完全不计阻尼。这样的简化在研究稳定性问题（特别是小干扰稳定）中是被允许的。因为阻尼绕组的时间常数在 $0.01\sim0.04$ s，转子摆动周期在 1 s 左右，数量级决定了阻尼分量衰减对分析结果的影响是可以忽略不计的。由于完全不计阻尼，因此次暂态量不再存在，方程得到了极大简化，此时在汽轮机和水轮机模型之间也不再详细区分了，均只考虑一个励磁绕组存在的结果。

也就是说，从绕组数目来区分模型的精细化程度，主要决定因素在于对阻尼的考虑。全阻尼为六绕组（五绕组）模型，d、q 轴各计一个阻尼为四绕组模型，不计阻尼为三绕组模型。

以转子绕组数来决定方程阶数与其成立条件已经是清晰可见的了，但在一些材料中，如中国电力科学研究院电力系统电磁暂态仿真软件 PSASP、ADPSS 中，还提到一种叫 E'_q 恒定的模型。以这种假想电动势决定的方程并没有引入新的条件，因为这些假想电动势也是由标幺系统下的磁链方程关系得来的，这里先给出结果。

1.3.1.1　E' 恒定模型

E' 恒定等价于励磁绕组磁链不衰减且认为 $E' = 0$，完全不计及阻尼绕组磁链，模型的微分方程只有转子运动方程。

1.3.1.2　E'_q 恒定模型

E'_q 恒定等价于励磁绕组磁链不衰减但不为零，模型近似模拟了励磁调节器的作用，依然不计入阻尼。

1.3.1.3　E'' 恒定模型

E'' 恒定也就是次暂态电势恒定，符合短路瞬间对转子绕组磁链看作不变的假设。因此，该模型只用于短路计算，即在 PSASP 软件特定的场景中使用，该模型有 d、q 轴阻尼绕组，但不计及阻尼磁链衰减特性。

综上，获得了同步发电机方程的阶数、类型和成立条件，使用比较多的是六绕组（五绕组）全阻尼模型和不计及阻尼的三绕组模型。对于其他软件、专著等提及的不同叫法，只需关注其是否考虑了阻尼绕组，如果考虑了阻尼绕组，那么需关注是否又计及了阻尼的动态,便容易梳理出这些模型各自的特点了。

最后要强调的一点是,关于"阶数"和"绕组数"的问题:同步发电机就设备特性而言,"阶数"与"绕组数"是等值的,N绕组便对应了N阶方程,所涉及变量均为电磁暂态状态变量;但是同步发电机正常工作时离不开原动机的拖动和与电网的相连,因此还需要转子运动方程的部分,从而增加了两个机电状态变量(ω、δ),与电网相连的网络方程属于纯代数方程,因此不新增状态变量。一些材料中出现了"七阶模型""八阶模型",实质上是五绕组、六绕组的全阻尼模型计及了机电部分的两个方程而得来的,方程阶数还是受同步发电机的绕组数目决定,使用时要注意区分研究对象对于电机绕组建模的忽略条件。

1.3.2　六绕组模型（全阻尼模型）

先从六绕组也就是全阻尼模型开始推导,在模型推导的方程中均以可互逆X_{ad}为基准的标幺值表示。建模的基本思路为:

(1)先从最基础的关系整理发电机的电压和磁链,列写定、转子方程。

(2)用假想电动势E'_d、E'_q、E''_d、E''_q和E_{fd}等把转子上的磁链关系替代掉。

(3)再利用电压、磁链关系写出微分方程,结合几个转子上的时间常数定义整理状态方程。

(4)最后把转矩、功率的运动方程写出来,完成全模型的方程整理。

按上述思路对六绕组模型进行推导,步骤如下。

1.3.2.1　步骤一:电压、磁链方程

定子侧:

$$
\begin{cases}
u_d = p\psi_d - \omega\psi_q - ri_d \approx -\psi_q - ri_d \\
u_q = p\psi_q + \omega\psi_d - ri_q \approx \psi_d - ri_q \\
\psi_d = -x_d i_d + x_{ad} I_{fd} + x_{ad} I_{1d} \\
\psi_q = -x_q i_q + x_{aq} I_{1q} + x_{aq} I_{2q}
\end{cases}
\tag{1-25}
$$

式中,p为微分算子;$p\psi_d$和$p\psi_q$叫作变压器电动势,p.u.,加上电阻上的压降后就是常规通电螺线管的法拉第电磁感应关系;比较特殊的是$\omega\psi_d$、$\omega\psi_q$,称为旋转电动势,p.u.,数值上远大于变压器电动势;x_{ad}、x_{aq}分别是d、q轴上定子与转子绕组相连部分磁链产生的互感,p.u.。此时在标幺制下,转子与定子的互感依

然为 x_{ad}、x_{aq}，若假设转子的机械转速与电气角速度相对同步，则 $\omega\psi_d$、$\omega\psi_q$ 可看为 ψ_d、ψ_q。

式（1-25）中的 $p\psi_d$、$p\psi_q$ 和 $\omega\psi_d$、$\omega\psi_q$ 两类电动势是三相 ABC 坐标系的电压方程写到 dq 坐标系后产生的，将 ψ_d、ψ_q 看作 $\theta = \omega t + \theta_0$ 对变量 t 的复合函数，数学上很容易得出式（1-25）的结果。那么这两类电动势的物理含义是什么？新出现的两个旋转电动势的符号为何是相反的？

原始坐标系中的 $p\psi_A$、$p\psi_B$ 和 $p\psi_C$ 是 A、B、C 三相磁链的微分，物理意义是定子三相绕组的内电势。变换后的 $p\psi_d$、$p\psi_q$ 是定子上等效 d 和 q 绕组磁链的微分，即两个等效绕组的内电势。由于正常运行时，转子励磁绕组和等效的 d、q 绕组都是直流分量，因此 ψ_d、ψ_q 是常数，则它们的微分项是零，即等效绕组的内电势为零。定子三相绕组的内电势被变换到 $\omega\psi_d$、$\omega\psi_q$ 中去了，而且很形象，它是恒定的 d、q 绕组磁链乘以转速，这就是导体切割磁场产生电动势的本质机理。$p\psi_d$、$p\psi_q$ 被称为变压器电势，$\omega\psi_d$、$\omega\psi_q$ 称为发电机电势（体现切割行为）。

$-\omega\psi_d$、$\omega\psi_q$ 在控制中常常被称为交叉耦合项，因为变换后的 ψ_d 被叠加到 q 轴方程，而 ψ_q 被叠加到 d 轴方程。这里的物理概念也好理解，d 轴的方程叠加的是 q 轴的感应电势，这是因为感应电势滞后于磁通 90°，而两轴之间也相差 90°，所以形成了交叉感应项；总是存在一正一负也就好理解了，这里也再次体会到坐标变换的作用。

转子侧：

$$\begin{cases} U_{fd} = p\psi_{fd} + R_{fd}I_{fd} \\ 0 = p\psi_{1d} + R_{1d}I_{1d} \\ 0 = p\psi_{1q} + R_{1q}I_{1q} \\ 0 = p\psi_{2q} + R_{2q}I_{2q} \end{cases} \quad (1-26)$$

$$\begin{cases} \psi_{fq} = X_{ffd}I_{fd} + X_{f1d}I_{1d} - x_{ad}i_d \\ \psi_{1d} = X_{f1d}I_{fd} + X_{11d}I_{1d} - x_{ad}i_d \\ \psi_{1q} = X_{11q}I_{1q} + x_{aq}I_{2q} - x_{aq}i_q \\ \psi_{2q} = x_{aq}I_{1q} + X_{22q}I_{2q} - x_{aq}i_q \end{cases} \quad (1-27)$$

式中，X_{ffd}、X_{kkd}、X_{kkq}（$k=1,2$）为转子绕组的自感抗，p.u.；X_{f1d} 为 fd 绕组和 1d 绕组的互感抗，p.u.；q 轴的互感抗前面已说明。这里看到 q 轴阻尼之间的互感与定子互感都记为了 x_{aq}，那么为什么 d 轴 fd 绕组和 1d 绕组的互感抗在标幺制下

却不能用 x_{ad} 代替呢？

一些研究提到了一般情况下近似认为 $X_{fld} = x_{ad}$，而对于整个圆周没有连在一起的阻尼绕组的情况，如只有磁极上有阻尼条、磁极间无阻尼条时，$X_{fld} \neq x_{ad}$[12]，这对于同步发电机过渡过程将有着可观的影响。磁极间阻尼的判别位置如图 1-14 所示。

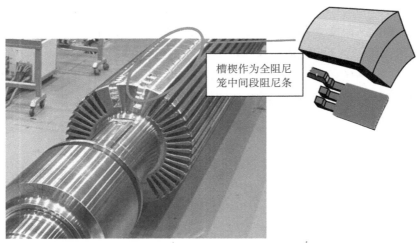

图 1-14　磁极间有阻尼转子结构实体图

阻抗和电流用大写字母表示的是已经折合后的转子量值。

需要说明的是，磁链和电压是比较容易理解的物理概念，每个绕组上的磁链等于该绕组电流在电感上的磁链叠加其他绕组互感磁链的和，呈正交电角度的 d、q 轴之间没有互感，从而列写出电压和磁链方程。通过式（1-27）还可以看出，定子电流对于转子磁场的作用是去磁的，即与发电机的电磁功率输出耦合。后面还会介绍转矩与定子电流的方程关系。

1.3.2.2　步骤二：假想电动势

这一步是同步发电机建模里较难理解的部分，对于工程人员而言，可以查询相关资料直接运用结果即可。这一步的重点在于要将转子磁链关系定子化，通俗来说就是几项假设关系。由 1.2 节的坐标系、电抗的基础概念容易掌握并推导出相关的关系。

梳理之前需要再次强调，下面的方程关系里的" E_{xx} "是虚构电动势，而" U、u "才是转子、定子上的实际电压。

现在开始假设第一个电动势" E "的存在：

该电动势依然由 d 轴分量和 q 轴分量组成，即 E_d、E_q。假设它们分别与 d 轴励磁电流、q 轴阻尼电流(可认为是 1q)成正比，定义它们的关系为：

$$\begin{cases} E_q = x_{ad}I_{fd} \\ E_d = -x_{ad}I_{kq} \end{cases} \qquad (1-28)$$

由于 q 轴超前 d 轴电角度 90°，因此 E_d 多一个负号。这个"E"的假设电动势十分基础，三、四、五及六绕组模型都是基于式(1-28)来完成励磁电流及 q 轴阻尼电流的替代从而建立方程的(三绕组模型里 $E_d = 0$)，只不过考虑的绕组数目不同，精细化程度不同，复杂度也不同。

式(1-28)中的励磁电流应该怎么替代呢？从 1.2 节的概念中可以得到：E'_q 并不是同步发电机的真实电势，它只表示与励磁绕组磁链成比例的一个虚构量，它等于 $\dfrac{L_{ad}}{L_{ffd}}\psi_{fd}$，标幺制下又等于 $\dfrac{x_{ad}}{X_{ffd}}\psi_{fd}$。

如此，先来看式(1-28)中的励磁电流替代，不妨先来考察 $E_q - E'_q$：

$$E_q - E'_q = x_{ad}I_{fd} - \frac{x_{ad}}{X_{ffd}}\psi_{fd} \qquad (1-29)$$

再把式(1-27)中的励磁磁链关系式代入，整理得：

$$E_q - E'_q = x_{ad}I_{fd} - \frac{x_{ad}}{X_{ffd}}(X_{ffd}I_{fd} + X_{f1d}I_{1d} - x_{ad}i_d)$$
$$= \frac{x_{ad}^2}{X_{ffd}}i_d - \frac{x_{ad}}{X_{ffd}}X_{f1d}I_{1d} \qquad (1-30)$$

而 $\dfrac{x_{ad}^2}{X_{ffd}} = x_d - x'_d$，其中 x'_d 的定义为 $x'_d = X_1 + \dfrac{x_{ad}X_{fdl}}{x_{ad} + X_{fdl}}$，则：

$$E_q - E'_q = (x_d - x'_d)i_d - \frac{x_{ad}}{X_{ffd}}X_{f1d}I_{1d} \qquad (1-31)$$

假如没有阻尼电流，就实现了利用 E'_q 消去励磁电流 I_{fd}。在不考虑 1d 阻尼时，这也就是三、四绕组模型的方程了。那么现在五、六绕组模型的阻尼电流该如何消去呢？从上面的经验来看势必要引出新的定义式了。

假设新构造的电动势 E''_q 与励磁磁链和 1d 绕组磁链的和成正比：

$$E''_q = \frac{x_{ad}}{X_{ffd}X_{11d} - x_{ad}^2}(X_{1d1}\psi_{fd} + X_{fd1}\psi_{1d}) \qquad (1-32)$$

式中，X_{1d1} 和 X_{fd1} 分别表示 d 轴阻尼绕组的漏抗和励磁绕组的漏抗，p.u.。

有这个定义后取法乎上,把式(1-27)中的 1d 阻尼磁链关系式代入,这里过程复杂,直接给出结果:

$$E_q - E''_q = \left(x_{ad} - \frac{x_{ad}X_{fdl}X_{1dl}}{x_{ad}X_{fdl} + X_{fdl}X_{1dl} + x_{ad}X_{1dl}} \right) i_d \qquad (1-33)$$

将 x''_d 的定义 $x''_d = X_1 + \dfrac{x_{ad}X_{fdl}X_{1dl}}{x_{ad}X_{fdl} + X_{fdl}X_{1dl} + x_{ad}X_{1dl}}$ 代入后,得:

$$E_q - E''_q = (x_d - x''_d) i_d \qquad (1-34)$$

可以看到,虽然过程十分麻烦,但利用次暂态电抗和暂态电抗后的结果是很简洁的。

对 d 轴的计算思路可以借鉴对 q 轴的计算。首先是 d 轴暂态电势 E'_d 的假设,可以与 E'_q 进行坐标和绕组上的对称化处理,结合式(1-28)推导为 $E'_d = \dfrac{x_{aq}}{X_{kkq}}\psi_{kq}$。考虑到六绕组模型中有两个 q 轴阻尼,对这里的暂态量相关阻尼绕组先认为它是由 1q 引起的,因而 $E'_d = \dfrac{x_{aq}}{X_{11q}}\psi_{1q}$。

对称地,会有 $\dfrac{x_{aq}^2}{X_{11q}} = x_q - x'_q$,其中 x'_q 的定义为 $x'_q = X_1 + \dfrac{x_{aq}X_{1ql}}{x_{aq} + X_{1ql}}$,于是:

$$E - E'_d = -(x_q - x'_q) i_d - \frac{x_{aq}}{X_{11q}} X_{aq} I_{2q} \qquad (1-35)$$

假设新构造的电动势 E''_d 与 1q 和 2q 绕组磁链的和成正比:

$$E''_d = \frac{x_{aq}}{X_{22q}X_{11q} - x_{aq}^2}(X_{1ql}\psi_{2q} + X_{2ql}\psi_{1q}) \qquad (1-36)$$

式中,X_{11q}、X_{1ql} 分别为 1q 绕组的全电抗和漏电抗,X_{22q},X_{2ql} 分别为 2q 绕组的全电抗和漏电抗,p.u.。

最终得到:

$$E_d - E''_d = -(x_q - x''_q) i_q \qquad (1-37)$$

1.3.2.3　步骤三:微分方程

借用 1.2 节中式(1-20)与式(1-21)的变换关系来处理六绕组模型中励磁磁链的式子,便可获得关于新增的电动势(E'_d、E'_q、E''_d、E''_q)的微分方程。有关 d 轴的推导,因其与 q 轴有镜像关系,故此处略去推导过程,六绕组模型的最终公式总结如表 1-2 所列,几个时间常数的定义参见 1.2.3 节。

表 1-2　六绕组模型回路方程与状态方程

经典方程	状态方程
$u_d = -\psi_q - ri_d$ $u_q = \psi_d - ri_q$	$u_d = E''_d + x''_q i_q - ri_d$ $u_q = E''_q - x''_d i_d - ri_q$
$\psi_{fd} = X_{ffd} I_{fd} + X_{f1d} I_{1d} - x_{ad} i_d$ $\psi_{1d} = X_{f1d} I_{fd} + X_{11d} I_{1d} - x_{ad} i_d$	$E_q = \dfrac{x_d - x_1}{x'_d - x_1} E'_q - \dfrac{x_d - x'_d}{x'_d - x_1} E''_q + \dfrac{(x_d - x'_d)(x''_d - x_1)}{x'_d - x_1} i_d$
$\psi_{1q} = X_{11q} I_{1q} + X_{aq} I_{2q} - x_{aq} i_q$ $\psi_{2q} = X_{aq} I_{1q} + X_{22q} I_{2q} - x_{aq} i_q$	$E_d = \dfrac{x_q - x_1}{x'_q - x_1} E'_d - \dfrac{x_q - x'_q}{x'_q - x_1} E''_d + \dfrac{(x_q - x'_q)(x''_q - x_1)}{x'_q - x_1} i_q$
$U_{fd} = p\psi_{fd} + R_{fd} I_{fd}$	$pE'_q = \dfrac{1}{T'_{d0}} \left(E_{fd} - \dfrac{x_d - x''_d}{x'_d - x''_d} E'_q + \dfrac{x_d - x'_d}{x'_d - x''_d} E''_q \right)$
$0 = p\psi_{1d} + R_{1d} I_{1d}$	$pE''_q = \dfrac{1}{T''_{d0}} \left[E'_q - E''_q - (x'_d - x''_d) i_d \right]$
$0 = p\psi_{1q} + R_{1q} I_{1q}$	$pE''_d = \dfrac{1}{T''_{q0}} \left[E'_d - E''_d - (x'_q - x''_q) i_q \right]$
$0 = p\psi_{2q} + R_{2q} I_{2q}$	$pE'_d = \dfrac{1}{T'_{q0}} \left(-\dfrac{x_q - x''_q}{x'_q - x''_q} E'_d + \dfrac{x_q - x'_q}{x'_q - x''_q} E''_d \right)$

1.3.2.4　步骤四:转矩方程与运动方程

转矩方程与运动方程采用通行性的处理方式,在各类型模型中均保持一致。首先是转矩方程:

$$T_e = \psi_d i_q - \psi_q i_d = \frac{1}{\omega} (u_d i_d + u_q i_q) \qquad (1-38)$$

运动方程:

$$\begin{cases} p\Delta\omega = \dfrac{1}{T_J} (T_m - T_e) - \dfrac{D}{T_J} \Delta\omega \\ p\delta = \omega_0 \Delta\omega \end{cases} \qquad (1-39)$$

式中,T_J 为发电机转子轴系的惯性时间常数,s;T_m 为机械转矩,p.u.;D 为阻尼系数,p.u.(表示的是旋转运动过程中风阻、摩擦等阻尼因素)。这里要注意的是所述的 T_m、T_e、$\Delta\omega$ 是标幺量,而 ω_0 是有单位的,为 rad/s,其数值为额定转子角速度 $\omega_0 = 2\pi f_0$。

式(1-39)的形式为典型状态方程的结构,将 $\Delta\omega$ 视为状态变量,δ 视为输出变量,$T_m - T_e$ 视为状态方程的输入,容易推导出运动过程的控制框图(图 1-15)。

图 1-15 运动过程的控制框图

关于转子惯性时间常数 T_J(外文材料中也有表达为惯性常数 $2H = T_J$),是利用发电机厂家所提供的转动惯量——飞轮转矩 GD^2($\text{t} \cdot \text{m}^2$)计算得到的。转动惯量表示的是物质质量和轴心距离的关系,有的厂家提供的是常数 J,$\text{kg} \cdot \text{m}^2$(表 1-3)。计算上,为了方便转换,这里给出计算规则:

$$T_J = \left(\frac{2\pi n}{60}\right)^2 \frac{250 \times GD^2}{10^6 \times S_N} = \frac{J \times \left(\frac{2\pi n}{60}\right)^2}{10^6 \times S_N} \tag{1-40}$$

式中,$J = GD^2/4g \times 1\,000 = GD^2 \times 250$,$\text{kg} \cdot \text{m}^2$;$n$ 为转速,r/min;S_N 为机组视在容量,MVA。

表 1-3 自并励式汽轮发电机系统转子惯性时间常数一般值

型号	视在容量 /MVA	额定有功 功率/MW	励磁方式	发电机 GD^2 /($\text{t} \cdot \text{m}^2$)	全轴系 J /($\text{kg} \cdot \text{m}^2$)	计算 T_J 值 /s
QFR	182.30	155	自并励	18.05	19 826.55	10.734
TAKS	235.50	200	自并励	30.30	15 737.28	6.595
QFKN	235.50	200	自并励	31.20	14 874.50	6.234
QFSN	667.00	600	自并励	38.40	58 037.00	8.588
DH-G	667.00	600	自并励	39.00	56 530.00	8.365
QFSN	700.00	630	自并励	39.20	58 375.00	8.230
QFSN	744.44	670	自并励	39.40	60 580.00	8.031

1.3.3 三绕组模型（无阻尼模型）

三绕组模型即转子侧只考虑励磁绕组的无阻尼模型,有了前面全绕组模型的推导,三绕组的模型就很容易理解了。其建模基本思路依旧遵循如下步骤:

(1)先从最基础的关系整理发电机的电压和磁链,列写定、转子方程。

(2)用假想电动势 E_q、E'_q 和 E_{fd} 等把转子上的磁链关系替代掉。

(3)再用电压、磁链关系写出微分方程,结合转子时间常数整理状态方程。

（4）最后把转矩、功率的运动方程写出来，完成全模型的方程整理。

无阻尼时，所有阻尼电流恒等于零，将阻尼绕组的电阻和电抗视为无穷大。

1.3.3.1　步骤一：电压、磁链方程

同样地，在定子电压方程中，忽略变压器的电动势分量，并假设相对转速不变。

定子侧：

$$\begin{cases} u_{d} = -\psi_{q} - ri_{d} \\ u_{q} = \psi_{d} - ri_{q} \\ \psi_{d} = -x_{d}i_{d} + x_{ad}I_{fd} \\ \psi_{q} = -x_{q}i_{q} \end{cases} \tag{1-41}$$

转子侧：

$$\begin{cases} U_{fd} = p\psi_{fd} + R_{fd}I_{fd} \\ \psi_{fd} = X_{ffd}I_{fd} - x_{ad}i_{d} \end{cases} \tag{1-42}$$

1.3.3.2　步骤二：假想电动势的列写

因为没有横轴阻尼，$I_{kq} = 0$，所以 $E_d = 0$，$E = jE_q$，电动势 E 总在 q 轴上。

暂态电抗 $x'_q = X_1 + \dfrac{x_{aq}X_{1ql}}{x_{aq} + X_{1ql}}\bigg|_{X_{1ql}\to\infty} = X_1 + x_{aq} = x_q$。按照定义还有 $E'_d = E''_d = E''_q = 0$。

暂态电抗 $x'_d = X_1 + \dfrac{x_{ad}X_{fdl}}{x_{ad} + X_{fdl}}$ 后的电动势，即状态变量 E'_q 仍存在：

$$E_q - E'_q = (x_d - x'_d)i_d \tag{1-43}$$

1.3.3.3　步骤三：微分方程

将磁链方程代入电压方程，并用假想电动势进行替换后，三绕组模型的微分方程为：

$$pE'_q = \frac{1}{T'_{d0}}(E_{fd} - E_q) \tag{1-44}$$

三绕组模型的最终公式总结如表1-4所列。

表1-4　三绕组模型回路方程与状态方程

经典方程	状态方程
$u_d = -\psi_q - ri_d$	$u_d = x_q i_q - ri_d$
$u_q = \psi_d - ri_q$	$u_q = E_q - x_d i_d - ri_q$

续表

经典方程	状态方程
$\psi_{fd} = X_{ffd}I_{fd} - x_{ad}i_d$	$E_q = E'_q + (x_d - x'_d)i_d$
$U_{fd} = p\psi_{fd} + R_{fd}I_{fd}$	$pE'_q = \dfrac{1}{T'_{d0}}(E_{fd} - E_q)$

1.3.3.4　步骤四:转矩方程与运动方程

转矩方程与运动方程分别同方程(1−38)、(1−39)。

在表1−2和表1−4的总结下,我们看到的状态方程是由电动势和若干暂态、次暂态电抗串联(并联)而成的,这样也便于与电网网络方程式的联立求解。

1.3.4　相量图与等值电路

既然同步发电机已经可以描述为电动势与内阻抗连接的电压源,那么不论中间形式有多么复杂,等值电路都是描述这种阻抗关系最好的方式。

等值电路中有表示 $\psi - i$ 关系的 d 轴、q 轴等值电磁路图,这种电磁路虽然详细描述了 $\{\psi_{fd}、\psi_{kd}、\psi_{kq}\}$ 与 $\{i_d、i_q、i_{fd}、i_{kd}、i_{kq}\}$ 的关系,但对于工程人员来说并不实用,磁链的概念也不为大多数人所熟悉。我们认为,发电机状态方程的精华在于虚拟电势和内阻抗的表达,也就是所获得的等值电路是应该被重点掌握和记忆的。方程式、等值电路和相量图之间是可以相互转换的(图1−16),更是便于记忆和推导的。

图1−16　方程式、等值电路和相量图的相互转换

我们先来看等值电路的部分。同步发电机可分别用3个时间域:次暂态、暂态和稳态来表征。例如,假设所分析的机组为隐极机,则其等效电路如图1−17所示。

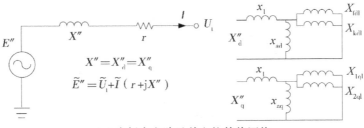

（a）次暂态电路及其电抗等值网络

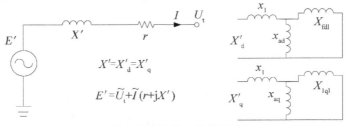

（b）暂态电路及其电抗等值网络

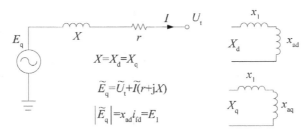

（c）稳态电路及其电抗等值网络

图 1-17　同步发电机等值电路（忽略转子各回路电阻）

　　由图 1-17 可见，原本难以记忆的次暂态电抗、暂态电抗其实就是几个转子漏抗的并联，次暂态是并联最多的情况，暂态只考虑一个转子量，稳态则没有转子上的分量。等值电路具有严格对称的形式且定义也保持了较高的统一性。

　　为了更清晰地展示相量图关系，逐步对相量图进行全解析。

　　首先是次暂态过程，由六绕组的次暂态电压方程和等值电路容易获得如图 1-18 所示的同步发电机次暂态相量图。

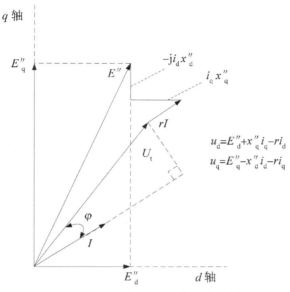

图 1-18　同步发电机次暂态相量图

　　这一步比较简单。前面对次暂态电抗的等值回路进行了推导,因此很快就可以得到从机端电压到次暂态假想电动势的关系了。

　　其次是暂态过程,可以发现六绕组模型的暂态相量很难获得,因为中间变量励磁电流和阻尼电流没有消去,而消去的过程又是一个次暂态过程的微分关联过程,根据前一节的结论:$pE''_q = \dfrac{1}{T''_{d0}}[E'_q - E''_q - (x'_d - x''_d)i_d]$、$pE''_d = \dfrac{1}{T''_{q0}}[E'_d - E''_d - (x'_q - x''_q)i_q]$,暂态电路的完整解析需要通过次暂态状态方程求解才可以获得。

　　也就是说,六绕组的暂态相量图无法有直接的代数解析关系,受阻尼电流控制的同步发电机暂态相量图如图 1-19 所示。

　　最后是稳态过程,如图 1-20 所示。稳态模型能否实现全计算呢?结论是可以的,可以在不借助转子上的任何电流的情况下由机端电压、机端电流和同步电抗计算得到电动势 E。同时发现,获得电动势 E 之后,通过拆解其在 d、q 轴上的分量,还可以间接计算励磁电流和 1q 阻尼绕阻的阻尼电流。

　　综上所述,结合状态微分方程,利用同步发电机的相量关系可以对全系统进行解析计算。这也是同步发电机等效为多电势+内电抗建模的全部内容。

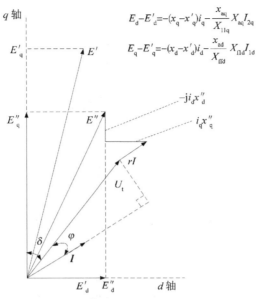

图 1-19　同步发电机暂态相量图

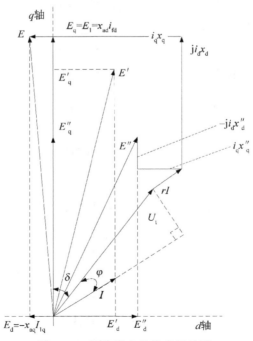

图 1-20　同步发电机稳态相量图

1.4　同步发电机特征参数

前面我们推导了同步发电机并网模型的状态方程,并针对方程、电路和相量图建立了一个完整的模型体系,同时认识到了考虑不同条件对于模型简化的作用。模型简化后的主要特性体现在状态方程数量少了、涉及参数少了。接下来认识这些模型中的重要元素——特征参数。

同步发电机模型中的特征参数(有的也称标准参数)与常规电路中的电感、电阻等基本参数虽然是同一个物理概念,但对于 dq 坐标系下的时间常数与电抗值的描述形式,很多工程人员并不容易建立起对一个电路的认识,那么应该如何理解这种与时间常数共同作用后的特征参数在不同时间域下(次暂态、暂态、稳态)所起到的效果呢?

实际上,利用传递函数的思想就可以解释这样的问题。从发电机的定子侧来看,利用端口网络容易知道 d、q 轴电流作用下产生的 d、q 轴磁链,其中 d 轴磁链网络里还有励磁电动势 E_{fd},注意这是折合到定子侧的假想电动势。其端口网络图如图 1-21 所示。

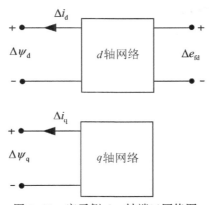

图 1-21　定子侧 d、q 轴端口网络图

将网络用运算参数 $x_d(s)$ 和 $x_q(s)$ 代替,再将励磁电动势 E_{fd} 在网络里的关系用传递函数 $G(s)$ 表示,其中 s 是我们熟悉的 Laplace 算子,可以获得:

$$\begin{cases} \Delta\psi_d(s) = G(s)\Delta e_{fd}(s) - x_d(s)\Delta i_d(s) \\ \Delta\psi_q(s) = - x_q(s)\Delta i_q(s) \end{cases} \tag{1-45}$$

下面来推导 $x_d(s)$ 和 $x_q(s)$。

以 d 轴为例,将全阻尼的六绕组模型的运算形式列写出来:

$$
\begin{cases}
\psi_{\mathrm{d}}(s) = -x_{\mathrm{d}}i_{\mathrm{d}}(s) + x_{\mathrm{ad}}i_{\mathrm{fd}}(s) + x_{\mathrm{ad}}i_{\mathrm{1d}}(s) \\
\psi_{\mathrm{fd}}(s) = -x_{\mathrm{ad}}i_{\mathrm{d}}(s) + L_{\mathrm{ffd}}i_{\mathrm{fd}}(s) + x_{\mathrm{ad}}i_{\mathrm{1d}}(s) \\
\psi_{\mathrm{1d}}(s) = -x_{\mathrm{ad}}i_{\mathrm{d}}(s) + x_{\mathrm{ad}}i_{\mathrm{fd}}(s) + L_{\mathrm{11d}}i_{\mathrm{1d}}(s) \\
e_{\mathrm{fd}}(s) = s\psi_{\mathrm{fd}}(s) - \psi_{\mathrm{fd}}(0) + R_{\mathrm{fd}}i_{\mathrm{fd}}(s) \\
0 = s\psi_{\mathrm{1d}}(s) - \psi_{\mathrm{1d}}(0) + R_{\mathrm{1d}}i_{\mathrm{1d}}(s)
\end{cases}
\tag{1-46}
$$

式中,$\psi_{\mathrm{d}}(0)$、$\psi_{\mathrm{fd}}(0)$ 和 $\psi_{\mathrm{1d}}(0)$ 为磁链初值,用增量的形式便可消去初始状态。另外,式(1-46)假设 fd 与 1d 绕组之间的互感相等,均为 x_{ad},便于公式化简推导。于是:

$$
\begin{cases}
\Delta e_{\mathrm{fd}}(s) = s\Delta\psi_{\mathrm{fd}}(s) + R_{\mathrm{fd}}(s)\Delta i_{\mathrm{fd}}(s) \\
\qquad = -sx_{\mathrm{ad}}i_{\mathrm{d}}(s) + (R_{\mathrm{fd}} + sL_{\mathrm{ffd}})\Delta i_{\mathrm{fd}}(s) + sx_{\mathrm{ad}}i_{\mathrm{1d}}(s) \\
0 = s\Delta\psi_{\mathrm{1d}}(s) + R_{\mathrm{1d}}(s)\Delta i_{\mathrm{fd}}(s) \\
\qquad = -sx_{\mathrm{ad}}i_{\mathrm{d}}(s) + sx_{\mathrm{ad}}\Delta i_{\mathrm{fd}}(s) + (R_{\mathrm{1d}} + sL_{\mathrm{1d}})i_{\mathrm{1d}}(s)
\end{cases}
\tag{1-47}
$$

将式(1-47)中的励磁电流和阻尼电流提取出来,可得 $\Delta i_{\mathrm{fd}}(s) = f[\Delta e_{\mathrm{fd}}(s),\ \Delta i_{\mathrm{d}}(s)]$ 和 $\Delta i_{\mathrm{1d}}(s) = f[\Delta e_{\mathrm{fd}}(s),\ \Delta i_{\mathrm{d}}(s)]$ 的函数关系。再将这个关系代入式(1-46)中的 $\psi_{\mathrm{d}}(s)$ 并整理成式(1-45)的形式,便得到了 $x_{\mathrm{d}}(s)$ 和 $G(s)$ 的表达式。省略中间过程,d 轴运算参数的最终表达式为:

$$
\begin{cases}
x_{\mathrm{d}}(s) = x_{\mathrm{d}}\dfrac{(1 + sT'_{\mathrm{d}})(1 + sT''_{\mathrm{d}})}{(1 + sT'_{\mathrm{d0}})(1 + sT''_{\mathrm{d0}})} \\[3mm]
G(s) = \dfrac{x_{\mathrm{ad}}}{R_{\mathrm{fd}}}\dfrac{1 + sT_{\mathrm{kd}}}{(1 + sT'_{\mathrm{d0}})(1 + sT''_{\mathrm{d0}})}
\end{cases}
\tag{1-48}
$$

式中,

$$
x_{\mathrm{d}} = x_{\mathrm{ad}} + L_1,\ L_{\mathrm{ffd}} = x_{\mathrm{ad}} + L_{\mathrm{fd}},\ L_{\mathrm{11d}} = x_{\mathrm{ad}} + L_{\mathrm{1d}}
$$

$$
T_{\mathrm{kd}} = \frac{L_{\mathrm{1d}}}{R_{\mathrm{1d}}},\ T'_{\mathrm{d}} = \frac{1}{R_{\mathrm{fd}}}\left(L_{\mathrm{fd}} + \frac{x_{\mathrm{ad}}L_1}{x_{\mathrm{d}}}\right),\ T'_{\mathrm{d0}} = \frac{L_{\mathrm{ffd}}}{R_{\mathrm{fd}}}
$$

$$
T''_{\mathrm{d0}} = \frac{1}{R_{\mathrm{1d}}}\left(L_{\mathrm{1d}} + \frac{x_{\mathrm{ad}}L_{\mathrm{fd}}}{L_{\mathrm{ffd}}}\right),\ T''_{\mathrm{d}} = \frac{1}{R_{\mathrm{1d}}}\left(L_{\mathrm{1d}} + \frac{x_{\mathrm{ad}}L_{\mathrm{fd}}L_1}{x_{\mathrm{ad}}L_1 + x_{\mathrm{ad}}L_{\mathrm{fd}} + L_{\mathrm{fd}}L_1}\right)
$$

同理,q 轴运算参数的最终表达式也可对应写出:

$$
x_{\mathrm{q}}(s) = x_{\mathrm{q}}\frac{(1 + sT'_{\mathrm{q}})(1 + sT''_{\mathrm{q}})}{(1 + sT'_{\mathrm{q0}})(1 + sT''_{\mathrm{q0}})}
\tag{1-49}
$$

关于式(1-49)中元素的解析式见 1.2.3 节。关于时间常数,前面也提到过,时间常数提供了参数作用的频域段响应问题。

在 $s=0$ 时的稳态条件下,$x_{\mathrm{d}}(s)$ 的有效值为 $x_{\mathrm{d}}(0)=x_{\mathrm{d}}$,这表示的是 d 轴同步电感,标幺值下也等同于 x_{d}。同理有 $x_{\mathrm{q}}(0)=x_{\mathrm{q}}$。

在一个快速的暂态过程中,$s=\infty$,因此 $x_{\mathrm{d}}(\infty)=x_{\mathrm{d}}\dfrac{T'_{\mathrm{d}}T''_{\mathrm{d}}}{T'_{\mathrm{d}0}T''_{\mathrm{d}0}}$,记为 L''_{d},这就是 d 轴次暂态电感,标幺值下也等同于 x''_{d}。由时间常数解析式再次看到这就是引入了阻尼后才有的短时状态。同理有 $x_{\mathrm{q}}(\infty)=x_{\mathrm{q}}\dfrac{T'_{\mathrm{q}}T''_{\mathrm{q}}}{T'_{\mathrm{q}0}T''_{\mathrm{q}0}}=L''_{\mathrm{q}}=x''_{\mathrm{q}}$。

以 s 的某一数值来看暂态过程,无法有确定的频域。不过我们可以把阻尼拿掉,也将 s 设为无穷大,则 $x_{\mathrm{d}}(\infty)=x_{\mathrm{d}}\dfrac{T'_{\mathrm{d}}}{T'_{\mathrm{d}0}}$,记为 L'_{d},这就是 d 轴暂态电感,标幺值下也等同于 x'_{d}。同理有 $x_{\mathrm{q}}(\infty)=x_{\mathrm{q}}\dfrac{T'_{\mathrm{q}}}{T'_{\mathrm{q}0}}=L'_{\mathrm{q}}=x'_{\mathrm{q}}$。

上述就是通过连续运算电路求极限计算的特征参数的表达式。先利用端口网络的磁链关系写出磁链和电压的运算式,将励磁电流和阻尼电流作为中间变量消去,获得端口网络中 d、q 轴网络电感的运算形式 $x_{\mathrm{d}}(s)$ 和 $x_{\mathrm{q}}(s)$,通过对运算电感网络表达式的定义,产生了 8 个时间常数的特征参数;再对运算电感网络求极限,把 3 个时间域(稳态、暂态、次暂态)的电感定义出来,获得了 6 个电感值的特征参数,即获得了:

d 轴特征参数:x_{d}、x'_{d}、x''_{d}、T'_{d}、T''_{d}、$T'_{\mathrm{d}0}$、$T''_{\mathrm{d}0}$

q 轴特征参数:x_{q}、x'_{q}、x''_{q}、T'_{q}、T''_{q}、$T'_{\mathrm{q}0}$、$T''_{\mathrm{q}0}$

一般认为这 14 个参数即为发电机的标准特征参数,但从实际出发,还有额外且必要的 2 个参数作为补充特征参数,分别是发电机漏感 L_1、定子电阻 r。

工程人员对这些特征参数一定不会陌生,细心的读者也已经发现暂态、次暂态的电感其实可以利用基本电感的定义式和时间常数的公式去相互反算,但其并不是总能和计算结果完全吻合。总的来说,特征参数被广泛使用,但在执行一些具体的求解时还需要在局部电路参数下完成计算。例如,在短路计算时往往可以直接使用特征电感,但在电磁暂态计算时则需要把特征参数还原至定子、转子(含阻尼绕组)电路里的电阻、电感值之后再完成计算。那么,这样二次折合计算的意义是什么?计算的误差又由什么产生呢?

先回答第一个问题——特征参数的意义。从工程实际出发,我们将其总结为三个方面:

(1)统一描述。特征参数源于发电机厂家的设计手册,设计手册中的参数由厂家通过开路、短路条件下的各种试验测得。仿真软件、文献和各类设计手册中均采用标准的特征参数来描述。

(2)反映发电机真实特性。建模中可以考虑建立三、四、五、六绕组模型,可视需要做必要的假设和简化。但特征参数所表现的电机特性是全绕组模型,提供了真实和标准的电机性能描述,不存在任何假设和简化。

(3)便于饱和特征的描述。这也是最重要的意义。前面说过主磁通在定子铁芯内的所有电感均存在饱和问题,那么用传统的定、转子电路中的电感值来描述饱和将非常复杂,而 x_{ad} 基值下已经解决了互感不可逆的问题,饱和特性则利用特征参数的形式快速解耦: $x_d = x_{ad} + L_1$, L_1 所表征的漏感,因其磁通路径不在铁芯内而无饱和现象,因而在计算中只需对 x_{ad} 部分计及饱和影响。工程中描述饱和特性所依据的 I_{fd} 值在特征参数下是一个重要的中间变量,从而使得可以在不增加方程阶数和个数的情况下进行计算。

第二个问题——参数折算的误差出处。在前面的推导中有一个假设,fd 与 1d 绕组之间的互感相等且均为 x_{ad} ,但实际中它们并不总是相等。另外,上述计算时间常数的公式是简化式,Kundur 博士在文献[13]中给出了更精细的表达公式:

$$
\begin{cases}
T'_d = \dfrac{1}{R_{fd}}\left(L_{fd} + \dfrac{x_{ad}L_1}{x_d}\right) + \dfrac{1}{R_{1d}}\left(L_{1d} + \dfrac{x_{ad}L_1}{x_d}\right) \\[2mm]
T''_d = \dfrac{1}{R_{1d}}\left(L_{1d} + \dfrac{x_{ad}L_{fd}L_1}{x_{ad}L_1 + x_{ad}L_{fd} + L_{fd}L_1}\right)\left[\dfrac{1}{R_{fd}}\left(L_{fd} + \dfrac{x_{ad}L_1}{x_d}\right) / T'_d\right] \\[2mm]
T'_{d0} = \dfrac{L_{ffd}}{R_{fd}} + \dfrac{L_{11d}}{R_{1d}} \\[2mm]
T''_{d0} = \dfrac{1}{R_{1d}}\left(L_{1d} + \dfrac{x_{ad}L_{fd}}{L_{ffd}}\right)\left(\dfrac{L_{ffd}}{R_{fd}} / T'_{d0}\right)
\end{cases}
$$

$$(1-50)$$

类似的表达可用于 q 轴参数。另一个需要注意的是,时间常数标幺值要除以 $2\pi f$ 才是以单位秒表示的真值。

在认识特征参数的概念后,可以以厂家提供的设计数据为基准来计算电机参数。以 QFSN-660-2 型的 660 MW、2 极水氢氢汽轮发电机为例,图 1-22 为该机组的外观示意图,表 1-5 为设计手册中的特征参数。设 fd 与 1d 绕组之间的互感相等且均为 L_{ad},试确定基本参数,即 d 轴和 q 轴等值电路中各元件的标幺值。

图 1-22　某 660 MW 水氢氢汽轮发电机结构图

表 1-5　QFSN-660-2 型发电机设计参数

发电机参数表			
厂站名称	某某电厂	机组编号	#号
发电机型式	汽轮发电机	型号	QFSN-660-2
额定容量	733 MVA	额定功率	660 MW
额定功率因数	0.9(滞后)	额定转速	3 000 r/min
额定电压	20 kV	额定电流	21 169 A
空载励磁电流	1 472 A	空载励磁电压	139 V
负载励磁电流	4 534 A	负载励磁电压	445 V
参数名称	参数含义	数值	单位	说明
r	定子电阻	1.109×10^{-3}	Ω	15 ℃
R_{fd}	转子电阻	0.075 5	Ω	15 ℃
L_{fd}	转子线圈自感	0.701	H	
X_1	定子漏抗	0.164	标幺值(p.u.)	

续表

参数名称	参数含义	数值	单位	说明
X_2	负序电抗	0.249	标幺值（p.u.）	
X_2（饱和）	负序电抗（饱和）	0.229	标幺值（p.u.）	
X_0	零序电抗	0.011 4	标幺值（p.u.）	
X_0（饱和）	零序电抗（饱和）	0.010 8	标幺值（p.u.）	
T'_{d0}	纵轴励磁绕组时间常数	8.610	秒（s）	
T'_{q0}	横轴励磁绕组时间常数	0.956	秒（s）	
T''_{d0}	纵轴阻尼绕组时间常数	0.045	秒（s）	
T''_{q0}	横轴阻尼绕组时间常数	0.066	秒（s）	
T'_d	直轴短路瞬变时间常数	1.072	秒（s）	
T'_q	交轴短路瞬变时间常数	0.176	秒（s）	
T''_d	直轴短路超瞬变时间常数	0.035	秒（s）	
T''_q	交轴短路超瞬变时间常数	0.035	秒（s）	
X_d	发电机纵轴同步电抗	2.38	标幺值（p.u.）	
X_d（饱和）	发电机纵轴同步电抗（饱和）	—	标幺值（p.u.）	
X_q	发电机横轴同步电抗	2.32	标幺值（p.u.）	
X_q（饱和）	发电机横轴同步电抗（饱和）	—	标幺值（p.u.）	
X'_d	发电机纵轴暂态电抗	0.336	标幺值（p.u.）	
X'_d（饱和）	发电机纵轴暂态电抗（饱和）	0.296	标幺值（p.u.）	
X'_q	发电机横轴暂态电抗	0.485	标幺值（p.u.）	
X'_q（饱和）	发电机横轴暂态电抗（饱和）	0.427	标幺值（p.u.）	
X''_d	发电机纵轴次暂态电抗	0.251	标幺值（p.u.）	
X''_d（饱和）	发电机纵轴次暂态电抗（饱和）	0.231	标幺值（p.u.）	
X''_q	发电机横轴次暂态电抗	0.247	标幺值（p.u.）	
X''_q（饱和）	发电机横轴次暂态电抗（饱和）	0.227	标幺值（p.u.）	
GD_2	发电机飞轮转矩	38	t·m²	

首先计算不饱和互感：

$$x_{ad} = x_d - L_1 = 2.38 - 0.164 = 2.216 \text{ p.u.}$$

$$x_{aq} = x_q - L_1 = 2.32 - 0.164 = 2.156 \text{ p.u.}$$

将上式中的数据代入暂态电感的定义式 $x'_d = X_1 + \dfrac{x_{ad}X_{fdl}}{x_{ad} + X_{fdl}}$、$x'_q = X_1 + \dfrac{x_{aq}X_{1ql}}{x_{aq} + X_{1ql}}$ 中，计算暂态漏磁电抗：

$$0.336 = 0.164 + \frac{2.216X_{fdl}}{2.216 + X_{fdl}}$$

$$0.485 = 0.164 + \frac{2.156X_{1ql}}{2.156 + X_{1ql}}$$

解得：$X_{fdl} = 0.186 \text{ p.u.}$，$X_{1ql} = 0.377 \text{ p.u.}$。

同样地，再将数据代入次暂态电感的定义 $x''_d = X_1 + \dfrac{x_{ad}X_{fdl}X_{1dl}}{x_{ad}X_{fdl} + X_{fdl}X_{1dl} + x_{ad}X_{1dl}}$、$x''_q = X_1 + \dfrac{x_{aq}X_{1ql}X_{2ql}}{x_{aq}X_{1ql} + X_{1ql}X_{2ql} + x_{aql}X_{2ql}}$ 中，解得次暂态的阻尼绕组漏电抗：

$$0.251 = 0.164 + \frac{2.216 \times 0.186X_{1dl}}{2.216 \times 0.186 + X_{1dl}(2.216 + 0.186)}$$

$$0.247 = 0.164 + \frac{2.156 \times 0.377X_{2ql}}{2.156 \times 0.377 + X_{2ql}(2.156 + 0.377)}$$

解得：$X_{1dl} = 0.176 \text{ p.u.}$，$X_{2ql} = 0.112 \text{ p.u.}$。

利用时间常数的概念来计算各转子绕组上的电阻值，这里运用简化版的时间常数定义：

$$L_{ffd} = x_{ad} + L_{fdl}, L_{kkd,q} = x_{ad,q} + L_{kd,ql}$$

$$T'_{d0} = \frac{L_{ffd}}{R_{fd}}, T''_{d0} = \frac{1}{R_{1d}}\left(L_{11d} + \frac{x_{ad}L_{ffd}}{L_{ffd}}\right)$$

$$T'_{q0} = \frac{x_{aq} + L_{11q}}{R_{1q}}, T''_{q0} = \frac{1}{R_{2q}}\left(L_{22q} + \frac{x_{aq}L_{11q}}{x_{aq} + L_{11q}}\right)$$

跳过计算步骤直接给出结果：

$$R_{fd} = 0.000\,88 \text{ p.u.}, R_{1q} = 0.008 \text{ p.u.}$$

$$R_{1d} = 0.024 \text{ p.u.}, R_{2q} = 0.208 \text{ p.u.}$$

表 1-5 中提供了转子电阻和电感的有名值,用标幺值反变换还原计算的结果可以得到:

$$R_{fd}:\overline{R}_{fd} \times Z_{fdbase} = \frac{0.000\ 88 \times 733 \times 10^6}{(1\ 472 \times 2.216)^2}(75\ ℃)$$

$$= 0.060\ 6 \times \frac{235 + 75}{235 + 15} = 0.075\ 1\ Ω(15\ ℃)$$

设计值 $= 0.075\ 5\ Ω(15\ ℃)$

$$L_{ffd}:\overline{L}_{ffd} \times L_{fdbase} = (0.186 + 2.216) \times \frac{733 \times 10^6}{(1\ 472 \times 2.216)^2 \times 314} = 0.527\ H$$

设计值 $= 0.701\ H$

可以看到,结果中电阻值比较吻合,而电感值虽近似但有少许误差,说明该型发电机所设计的 fd 与 1d 绕组之间的互感值可能并不相等,应当在该型发电机的模型中给予考虑,但标幺制下所进行的建模计算对于求解定子电压、电流的结果是没有影响的。

1.5　同步发电机模型进展

对于常规稳定性分析、电磁暂态计算,上述理论即可满足一般的工程需求,因此也将上述理论称为传统实用模型。众所周知,同步发电机模型自 1969 年起开始形成[14],被用来模拟短路电流变化的暂态过程,为继电保护整定计算、一次元器件选型提供参考。而后用于稳定性计算,是因为其对定子侧动态过程的模拟较准确,而且所使用的参数均能利用试验法从实测曲线获得,尽管各实用参数的定义有误差,但并不妨碍其对大扰动的建模计算。

例如,我们熟悉的暂态教材中同步发电机空载态机端三相短路的故障电流数学解析式:

$$i_f = u_{t0}\left(\frac{1}{x_d} + \frac{x_d - x'_d}{x_d x'_d}e^{\frac{-t}{T'_d}} - \frac{x'_d - x''_d}{x'_d x''_d}e^{\frac{-t}{T''_d}}\right)\cos(\omega_0 t + \theta) \tag{1-51}$$

利用表 1-5 中的数据,模拟空载短路后不难获得单相故障电流曲线,如图 1-23 所示。

故障电流曲线有着明显的分段衰减特性,若在实际中开展这样的试验,则容易辨识出式(1-51)的运算参数,这就是传统模型在定子侧暂态上关于短路计算的应用体现。此外,发电机五、六绕组模型中的微分方程求解还可以获得各阶阻尼绕组、励磁绕组中流过的电流,对励磁电流的计算和模拟可以观测和指导励磁系统元件级的设备选型。

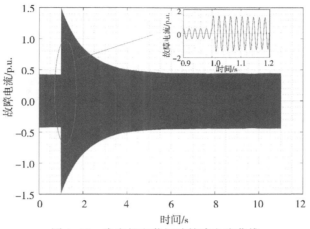

图 1-23 发电机空载短路故障电流曲线

利用表 1-5 中的数据模拟同步发电机空载态机端单相故障后 0.5 s 跳开灭磁开关工况下的励磁电压、励磁电流曲线,如图 1-24 所示,其中灭磁方式配置为大型火电机组宜选用的线性电阻灭磁方式。可以看到,该工况下跳开灭磁开关后转子电流迅速衰减至 100 A 左右,转子反向电压值在 100 V 以内,转子耗能回路负担不高,从而校验了灭磁容量的设计选型。其他工况也可以依照此方式进行校验。

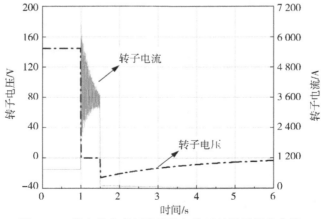

图 1-24 发电机空载短路故障切除后的转子暂态曲线

传统实用模型理论虽然指导了重要系统的方案设计，但工程中依然要考虑误差并保留有一定的裕量。比如，与式（1-51）对应的转子电流非周期分量为：

$$I_{fd} = I_{fd0} + I_{fd0} \frac{x_d - x'_d}{x'_d} \left[e^{\frac{-t}{T'_d}} - \left(1 - \frac{T_D}{T''_d} \right) e^{\frac{-t}{T''_d}} \right] \qquad (1-52)$$

式中，T_D 为 d 轴阻尼绕组的时间常数，s。阻尼绕组上的电阻和电抗不能直接测量，都由运算参数计算得到。这样的变量定义方式所引入的近似等效将积累误差，使得计算的结果与实际值存在偏离。

下面总结一下前面在传统模型建立时所遇到的通行性假设条件。

（1）假设条件一：阶数固化。

假设全阻尼是用 d 轴 1 个阻尼绕组、q 轴不多于 2 个阻尼绕组来表征扰动过程中的阻尼效应的。又因励磁绕组也是一个阻尼绕组，即 2+2 阻尼绕组假设就是模型方程的假设[15]。

（2）假设条件二：转子互感相等。

为简便起见，认为 d、q 轴上各线圈间互感磁链即互电抗相等且等于电枢反应电抗。

（3）假设条件三：暂态与次暂态完全解耦。

认为暂态和次暂态过程在时间上完全解耦。例如，d 轴暂态参数 x'_d、T'_d、T'_{d0} 的定义只考虑励磁线圈，而忽略 1d 阻尼绕组的作用。

d 轴暂态参数 x''_d、T''_d、T''_{d0} 中也假设了励磁绕组无电阻。

q 轴定义假设了一样的规律。

（4）假设条件四：初始态时不变——磁通链的动态恒定。

在某些量的计算中，忽略绕组上的电阻，从而假设磁通链恒定。例如，计算定子电流非周期分量和励磁电流基波分量时，假设转子的磁通链不变，保持初始态的初值恒定，即转子侧电阻等于 0。

（5）假设条件五：初始态时不变——控制恒定。

在某些状态变量的计算中，忽略控制系统的响应。如式（1-51）成立的条件是假设故障暂态期间励磁电压恒定，也就是 $\Delta U_{fd} = 0$。这样的处理还有很多，例如，在同步发电机运行的某个平衡点下，认为其输出的转矩 T_m 恒定，且不受转速波动的影响，保持扰动前时刻的初值恒定。

控制恒定条件特指转子电压控制——发电机与励磁系统、转矩平衡控制——原动机与调速系统，也就是无功功率响应过程和有功功率响应过程。

上述假设条件都是在解释现象、总结规律、描述数学方程时运用的。有些是理论认识不足,有些是工具计算能力受限,导致经典理论在模型结果中不可避免地引入误差。接下来对照传统模型的五项假设,来总结同步发电机模型的发展情况。

首先是方程阶数的问题。瑞士 ABB 公司的 I. M. Canay 在该领域做出了系列化工作,提出了多转子回路模型并讨论了参数实测问题。文献[16~17]提出了一种根据给定的频率响应确定特征量和模型参数的方法,利用静止状态下大型汽轮发电机的测量曲线实现确定各种模型(每个轴上有四个、三个和两个转子电路)的特征值和模型参数。图 1-25 为多转子回路的结构图与电路图。这是利用特征多项式、运算电抗的倒数、电路变换等手段的一种转换方法。这里指出了需要用三个等值回路才能精确表达同步发电机 d、q 轴的行为。

d、q 轴上第三个等值阻尼绕组提供的响应称为"次次暂态",这个 T''' 的时间常数通常为 0.001~0.005 s,相较于转子阻尼的 0.01~0.04 s,变化已经十分迅速。但是 T''' 对非同步力矩影响较大,是精确模拟电机的静、动态启动,暂态电压跌落等行为的必要条件。

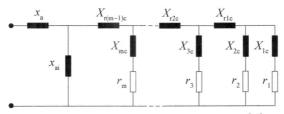

图 1-25　I. M. Canay 的多转子回路模型图[18]

多转子回路模型可以与扰动后转子侧的响应契合紧密,能提高机电暂态中非同步力矩的模拟准确性,也是改善发电机电磁暂态、谐波分析等精度的重要手段。

后续延伸的发展为利用有限元方式对转子回路进行进一步的磁链分段和建模。应该指出,当计入第三个阻尼绕组后,频率响应范围已经达到 0.2~10 kHz了,尽管状态空间上存在任意次基本参数,并且可以推导出多转子回路模型,但是阶数太高就失去了实际意义,因为很难观测到这个部分的准确性。另外,尽管此理论方法被证明是正确且完善的,但获取参数的渠道仍是制约其应用的主要因素,其测试条件只能全部限定在设备厂内才可完成,目前行业内对电机设备的测试也未见有计入高于 8 次暂态以上的记录。

其次是互感不相等的问题。关于这个现象,在大量文献中均有提及,本质也不难理解。以 d 轴场景为例,电路如图 1-26 所示,磁通路径示意如图 1-27 所示,即把原来的电抗路径多拆解出一个转子漏磁通不穿过气隙的路径。原来是将 B_{fdl} 计入了 B_{ad} 中,因为穿过气隙的磁通能量远高于在转子铁芯内的磁通,从而可忽略这个值。

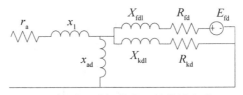

(a)转子互感相等的 d 轴等效电路

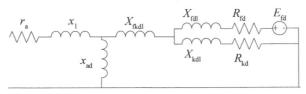

(b)转子互感不等的 d 轴等效电路

图 1-26　转子互抗相等与不等时的 d 轴等效电路

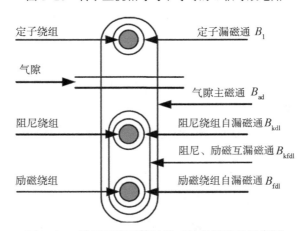

图 1-27　转子互抗不等时的 d 轴磁通路径示意图

需要注意的是:对于隐极发电机,B_{fkdl} 通过阻尼条上方的齿和槽端部闭合,为正值;对于凸极发电机,阻尼线圈的截面积小于励磁线圈,穿过气隙的磁通有一部分能进入励磁线圈并在阻尼线圈之外,B_{fkdl} 用来反映励磁和阻尼绕组之间耦合弱于励磁和定子绕组之间耦合的情况,为负值。这样的微小差异在假设条件二中是忽略的,造成的影响是励磁电流的计算不精确以及对基本元件参数进行推算带来误差。比较易知:忽略 X_{fkdl} 后导致电流重新在励磁和阻尼绕组间分配,对隐极发电机的励磁电流可能有较大的助增效果,对凸极发电机则相反。该部分的解析计算也较易得到,对 X_{fdl} 值的推算结合图 1-27 有:

$$\begin{cases} x''_d = x_1 + x_{ad} \mathbin{/\!/} (X_{fkdl} + X_{fdl} \mathbin{/\!/} X_{kdl}) \\ T''_{d0} = [X_{kdl} + (x_{ad} + X_{fkdl}) \mathbin{/\!/} X_{fdl}]/R_{kd} \\ T''_d = [X_{kdl} + (x_{ad} + X_{fkdl}) \mathbin{/\!/} X_{fdl}]/R_{kd} \end{cases} \tag{1-53}$$

当然也有学者认为等值电路的差异不是决定因素,重要的是获取足够准确的标准参数,转子回路互抗不相等的考虑是提高转子侧电气量仿真精度的重要途径。

对于假设条件三,文献[19]也给出了复杂的推导。例如,对于暂态电抗,传统模型里的定义是 $x'_d = x_d - \dfrac{x_{ad}^2}{X_{ffd}}$,而一种更精确的、计入了转子回路电阻后的表达式为[20]:

$$x'_d = \frac{R_{kd}(x_d X_{fd} - x_{ad}^2) + R_{fd}(x_d X_{kd} - x_{ad}^2)}{R_{kd} X_{fd} + R_{fd} X_{kd}} \tag{1-54}$$

使用较高精度的表达式,利用曲线匹配和迭代求解技术获取等值电路,不能除去所有的假设或近似,而且实用参数的表达式对电路基本参数是冗余的,因此试验人员需要决定哪些实用参数应具有更高的准确度、允许保有哪些误差,由此同套实测数据可能对应不同的等值电路。

另外,假设条件三、四所导致的模型不准确,主要原因还是传统模型里用运算参数而不是实测值计算基本参数。关于磁链运行状态的假设也有其特定的应用场景。例如,工程师在评估励磁系统时一定要建立全阻尼模型来讨论转子移能设计,即安全灭磁问题[21-24]。发电机参数的不准确还体现在电机饱和特性上[25-26],关于参数的静态试验、饱和特性、多转子模型等也都在 IEEE 的 IEEE Std.115 和 Std.1110 系列导则中被引用,比较全面的论述还有 Kundur 的经典著作 *Power System Stability and Control*。

现今,还有一种面向人工智能的同步发电机并网系统动态仿真器的设计,鲜有用同步发电机进行数据驱动建模,文献[27-28]将同步发电机微分代数方程组(differential algebraic equation, DAE)的结构特性和同步发电机的物理特性(特指磁饱和问题)融入神经网络,实现对单台发电机特性的高准确度描述。数字驱动建模运用了如今先进、准确和广泛的量测技术,建立的发电机行为描述特征模型具有一定的数字化特征,研究还在不断完善中。与之相关的便是数字孪生(digital twin)的集成化系统建模。在2003年提出的数字孪生技术应用在军工及航空航天领域[29-30]。数字孪生落地应用的首要任务是创建应用对象的数字孪生模型。从单元级模型、局部系统模型到复杂系统建立数字映射关系。

系统级建模元素主要解决发电机系统的参数辨识,系统级模型与单元级设备进行状态量交互,然后组合为复杂系统级模型,即发电厂并网在环运行过程。建立数字孪生数据与仿真数据并行计算,完成如参数辨识、模型校验等应用级服务功能(图1-28)。

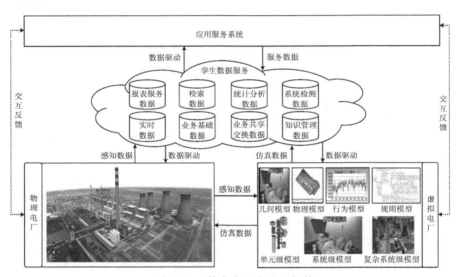

图1-28　数字孪生发电厂架构

在应用同步发电机模型方面,美国西部联合电力系统(WECC)早在二十世纪六七十年代就已经采用了详细的发电机模型(包括励磁系统和调速系统),在NERC标准MOD-026和MOD-027的指导下进行了大量的测量及实证工作。传统测试都需占用专门的检修窗口,即安排计划性停机。新型电力系统发展态势下,有必要考虑新的方法来解决模型验证问题,以通过利用计划外全系统事件的有用干扰记录来实现模型验证。所利用的事件必须使所研究的发电机组发生有效扰动,但又不至于造成机组跳闸或不稳定,包括远程传输故障、互联系统中其他地方的发电损失、系统电压的突然变化(如大型并联设备的切换或负载损失等)和其他类似事件。EPRI公司也在此领域开发了计算工具[31],并开展了在线校核的相关工作[32-33]。我国对于发电机模型应用的研究成果也较多,在对更多问题进行研究前,本书将发电机并网系统建模涉及的动力单元、电气单元进行状态模型梳理和总结,以期更多的学者、工程师们关注此类问题,推进数字化、智能化的发电革命和在线校核技术应用。

1.6 本章小结

本章利用 5 个基本要素回顾了同步发电机的基本理论。介绍了从方程到电路、相量图的基本关系,重述了同步发电机的几种模型与建模条件。从工程实际出发,简要介绍了发电机的电磁暂态建模机理。最后综述了同步发电机模型理论的研究进展。

参考文献

[1] DEMELLO F P, CONCORDIA C. Concept of synchronous machine stability as affected by excitation control[J]. IEEE Transactions on Power Apparatus and Systems,1969,PAS-88(4):316-329.

[2] HEFFRONW, PHILLIPS R. Effect of a modern amplidyne voltage regulator on under excited operation of large turbine generator[J]. AIEE Trans,1952,PAS-71(1):692-697.

[3] HAMDY A M MOUSSA, YU Y N. Dynamic interaction of multi-machine power system and excitation control[J]. IEEE Transactions on Power Apparatus and Systems,1974,PAS-93(4):1150-1158.

[4] 刘宪林.含阻尼绕组多机电力系统线性化模型[J].郑州工学院学报,1991,22(2):85-92.

[5] 余贻鑫,李鹏.大区电网弱互联对互联系统阻尼和动态稳定性的影响[J].中国电机工程学报,2005,25(11):6-11.

[6] 赵书强,常鲜戎,潘云江,等.多机系统低频振荡模式阻尼分配规律分析[J].电网技术,1999,23(7):26-28.

[7] 王青,闵勇,张毅威.多机电力系统电磁转矩分析方法[J].清华大学学报,2008,48(1):9-12.

［8］BYERLYR T, BENNON R J, SHERMAN D E. Eigenvalue analysis of synchronizing power flow oscillations in large electric power systems［J］. IEEE Transactions on Power Apparatus and Systems, 1982, 101(1):235-243.

［9］SWIFTF J, WANG H F. The connection between modal analysis and electric torque analysis in studying the oscillation stability of multi-machine power system ［J］. Electrical Power and Systems, 1997, 19(5):321-329.

［10］曾信义, 晁勤, 袁铁江.电力系统低频振荡分析方法［J］.低压电器, 2011(11):38-42.

［11］NETWORK I S I. The authoritative dictionary of IEEE standards terms, IEEE Std.100-2000［S］.7ed. New York:Standards Information Network IEEE Press, 2000:1-1362.

［12］刘取.电力系统稳定性及发电机励磁控制［M］.北京:中国电力出版社, 2007.

［13］KUNDURP.电力系统稳定与控制［M］.北京:中国电力出版社, 2002.

［14］CANAY I M.Causes of discrepancies on calculation of rotor quantities and exact equivalent diagrams of the synchronous machine［J］. IEEE Transactions on Power Apparatus and Systems, 1969, 88(7):1114-1120.

［15］CANAY I M. Extended synchronous - machine model for thecalculation of transient processes and stability［J］. Electric Machines and Electromechanics, 1977, 1(2):137-150.

［16］CANAY I M. Determination of the model parameters of machines from the reactance operators x/sub d/(p), x/sub q/(p) (evaluation of standstill frequency response test)［J］. IEEE Transactions on Energy Conversion, 1993, 8(2):272-279.

［17］CANAY I M. Extended synchronous-machine model for the calculation of transient processes and stability［J］. Electric Machines and Electromechanics, 1977, 1(2):137-150.

［18］CANAY I M. Modelling of alternating-current machines having multiple rotor circuits［J］. IEEE Transactions on Energy Conversion, 1993, 8(2):280-296.

［19］SHACKSHAFT G, PORAY A T. Implementation of new approach to determination of synchronous-machine parameters from test［J］. Proceedings of IEE, 1977, 124(12):1170-1178.

[20] CANAY I M. Determination of model parameters of synchronous machines[J]. Proceedings of the IEEE,1983,130(2):83-94.

[21] 许其平,杨铭,徐蓉.汽轮发电机灭磁电阻选择[J].电力系统自动化,2013 (6):12-17.

[22] 陈贤明,许和平,刘为群,等.水轮发电机灭磁能容估算[J].大电机技术, 2003(3):62-67.

[23] 陈贤明,王伟,吕宏水,等.带阻尼绕组的水轮发电机空载灭磁仿真[J].水电 与抽水蓄能,2006,30(2):20-25.

[24] 陈贤明,王伟,吕宏水,等.发电机新型交流灭磁[J].水电厂自动化,2008,29 (2):23-28.

[25] EL-SERAFI A M, ABDALLAH A S. Saturated synchronous reactances of synchronous machines[J]. IEEE Transactions on Energy Conversion,1992,7(3): 570-579.

[26] LEMAY J, BARTON T H. Small perturbation linearization of the saturated synchronous machine equations[J]. IEEE Transactions on Power Apparatus and Systems,1972,91(1):233-240.

[27] 杨珂,王鑫,凌佳杰,等.基于物理信息神经网络的同步发电机建模[J].中国 电机工程学报,2024,44(12):4924-4932.

[28] 王鑫,杨珂,黄文琦,等.基于数据-模型混合驱动的电力系统机电暂态快速 仿真方法[J].中国电机工程学报,2024,44(8):2955-2964.

[29] RIOS J, MORATE F M, OLIVA M, et al. Framework to support the aircraft digital counterpart concept with an industrial design view[J]. International journal of agile systems and management,2016,9(3):212-231.

[30] TAO F, ZHANG M, NEE A. Digital twin driven smart manufacturing[M]. Amsterdam, the Netherlands:Elsevier, 2019.

[31] Duke Energy Utilizes Power Plant Parameter Derivation Software to Validate Generator and Excitation System Models[EB/OL].[2011-10-17].

[32] Power Plant Model Validation Using On-Line Disturbance Monitoring[EB/OL].[2009-12-07].

[33] Power Plant Modeling and Parameter Derivation for Power System Studies[EB/OL].[2007-2-19].

第 2 章　有功、无功功率响应的控制模型

2.1　概述

　　同步发电机并网后，控制系统依照电网的需求开始响应，对有功功率、无功功率进行调节，也就是 1.2.5 节内的要素介绍。两大控制系统按照各自的控制目标连续作用，并保持调节的准确性、快速性和稳定性。当发电机遭受扰动时，机端电压和定子电流的变化引起转子绕组电流的变化和励磁系统的调节，机组转速的变化引起调速系统的响应和原动机功率的变化。电网中各节点电压的变化，将引起负荷吸收功率的变化，从而影响发电机输出功率变化。它们在不同程度上直接或间接地影响发电机和原动机功率的变化，形成了一个以各发电机转子机械运动和电磁功率随时间变化为主体的机电暂态过程。因而，分析发电机涉网稳定性时，无法忽略有功响应——原动机与调速器的控制环节、无功响应——发电机与励磁系统的控制环节。

　　考虑到控制部分，有两个主要问题需要认识：控制环节及参数、状态方程的建立及计算。本章重点阐述控制环节及参数，在第三章会介绍计及功率响应的状态方程的建立与求解问题。

　　当前发电行业内，调速、励磁厂家依照标准、规范生产对应的装置产品，并提供相对白盒化的控制模型。本领域人员对这一过程其实并不陌生，同步发电机的调速和励磁技术也比较成熟，只需要对本地发电机组进行适配性整定就可完成闭环控制。

　　在状态方程的建立与求解方面，前面已经提到发电机的状态方程，依照不同条件的假设和简化方式有三绕组、四绕组、五绕组和六绕组模型。可以发现，本书中将前述的这些模型称为 N 绕组模型而不是 N 阶模型。尽管 N 绕组模型考虑转子运动过程后确实在数量上有 N 个状态微分方程，但这样的计数法未计及有功、无功功率响应控制环节。例如，同步发电机 N 绕组模型中的变量 E_{fd} 作用后产生了状态变量 E'_q，但在一个扰动模式下 E_{fd} 的作用并不能用一个常量来代替，高增益响应的励磁系统在短时内向系统提供的调节作用是明显的，尤其是考虑电力系统稳定器（PSS）后，这种作用更加丰富且复杂，中间引入了多级控制环

节,每一级环节便增加了一阶状态方程。这些控制系统呈现什么样的响应特性,它们是如何对有功、无功功率的外部特性作用输出的,需要被工程人员重点关注。

各种大停电事故的经验告诉了我们电力系统稳定性对国民经济、国家安全的重要意义。从 2019 年"8.9 英国大停电"事故(图 2-1)来看,系统频率响应特性不足是导致这次事故的直接原因,风电群在遭受 $N-1$ 扰动后,频率扰动耐受能力不足导致大面积脱网,频率持续下降,低频减载动作,造成大面积停电。英国电网在本次事件中发现同步机开机不足,致使系统惯量大幅降低。尽管海上风电机组的涉网性能不足是导致事故的直接原因,但对于同步机涉网性能的把控也同样重要。因而,关注新能源涉网性能的同时,传统同步发电机的涉网控制特性也不容忽略。

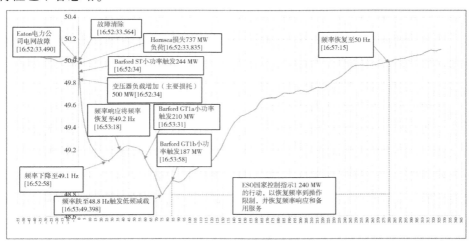

图 2-1　"8.9 英国大停电"事故过程

2.2　有功响应——调速系统

对于同步发电机而言,最为常见的原动机主体有水轮机和汽轮机。此外,燃机、生物质发电、核电等原理也都近似。原动机与调速系统的组合提供了有功功率和频率的控制手段,下面以水电、火电的一般形式为例介绍该内容。

2.2.1　水轮机与调速器

我国水力发电规模巨大,位于云南昭通的白鹤滩水电站使用了中国自主研制、全球单机容量最大的百万千瓦水轮发电机组。2009 年全部完工的湖北宜昌的三峡水电站是世界上规模最大的水电站,也是中国有史以来建设的最大型的工程项目,总容量为 2 250 万千瓦。

水轮机的类型有很多,文献总结为冲击型和反冲型。水轮机的精确建模主要描述的是水流行波论和弹性管道下的可压缩流体论。

水轮机的机械功率和水压、流量呈线性关系。一种与导叶开度关联的机械功率函数如式(2-1)所示,这也是一种"经典"的传递函数。

$$\frac{\Delta P_{\mathrm{m}}}{\Delta G} = \frac{1 - sT_{\mathrm{w}}}{1 + s\frac{1}{2}T_{\mathrm{w}}} \qquad (2-1)$$

式中,G 为导叶开度,p.u.;P_{m} 为水轮机的机械功率,p.u.;T_{w} 为水启动时间,s,随负荷变化而变化,满载时取值范围为 0.5~4.0 s。

这种传递函数表征的水轮机模型在小信号稳定性分析中成立,在功率输出变化大的场景则不能直接使用。另外,导叶为理想开度,实际中还需要考虑执行机构的作用,增加执行机构传递函数。

动力部分的模型在多数情况下做了一定程度的简化,比如忽略水阻、认为引水管是非弹性的且水是不可压缩的。但这样的考虑不一定能解释全部的实际问题。例如,在四川某高水头发电站的 PSS 整定试验中,曾发现有功功率始终在 1~3 Hz 周期性振荡,有功功率的振荡已经覆盖了励磁侧人工施加的扰动,图 2-2 为其实际测试波形。后经分析发现,引水管道压力表针呈现与振荡模式相似的摆动,尾水渠中也观测到漩涡状回流式浪涌。可见,动力部分对发电系统的影响是不可忽视的,精细化的水轮机模型仿真才可真实还原实际工况。

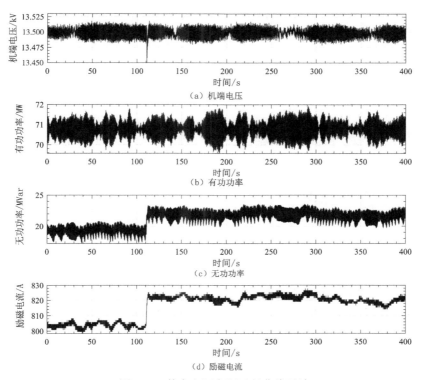

图 2-2　某水电厂实际运行曲线录波

2.2.1.1　水轮机调速器组成

一般地,调速系统由调速柜、接力器、油压装置三部分组成。调速柜是控制水轮机的主要设备,能感受指令并加以放大,操作执行机构,使转速保持在额定范围内。调速柜还可进行水轮机开机、停机操作,并进行调速器参数的整定。接力器是调速器的执行机构,接力器控制水轮机调速环(控制环)调节导叶开度,以改变进入水轮机的流量。油压装置由压力油罐、回油箱、油泵三部分组成。压力油罐中 1/3 是油,2/3 是压缩空气,为保证油压的稳定,油罐的额定油压一般为 2.5 MPa、4.0 MPa。当压力油罐中油位到下限,油压低于额定压力 0.2~0.3 MPa 时,油泵自动工作,把回油箱中的油压入压力油罐,罐中油位达到规定位置,压力达到额定油压时,油泵自动关机。通常设置两台油泵,互为备用。中小型调速器的调速柜、接力器和油压装置组合在一起成为一个整体,大型调速器的调速柜、接力器和油压装置则分开设置。如图 2-3 所示,为现代水轮机调速系统组成图。

图 2-3　现代水轮机调速系统组成图

2.2.1.2　水轮机调速器的类型

（1）根据测速元件的不同，调速器有机械液压型与电气液压型。

机械液压型调速器的控制部分为机械元件（飞摆、杠杆等），操作部分为液压系统；电气液压型调速器的控制部分为测频回路（进行测频、放大、反馈），操作部分为液压系统。

（2）按调节机构数目不同，调速器分为单调节与双调节。

单调节是指以导水机构为唯一调节对象的调速器，适用于混流式和轴流定桨式水轮机；双调节是指具有双重调节对象的调速器，如轴流转桨式水轮机，除调节导水机构外，还调节转轮叶片转角。冲击式水轮机既调节针阀又调节折流器。

（3）按调速器容量大小不同，可分为大型调速器与中小型调速器。

大型调速器的主配压阀直径大于 80 mm，中型调速器的调速功在 10 000～30 000 N·m，小型调速器的调速功小于 10 000 N·m。

调速器应具备最基本的下垂控制功能，目的是保证各发电机组合理地分担负荷。如图 2-4 所示的简易调速模型，用纯增益 $K_G = 1/R$ 表示调速器。可以看到，简易调速模型的传递关系就是以速度为状态输出，导叶开度、机械功率是状态变量的控制过程。

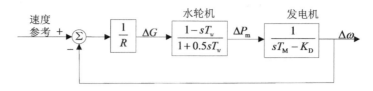

图 2-4　简易水电调速示意图

了解了图 2-4 所示的原理后,再来看未简化的系统精确在什么地方。这里要引入一个水的原理特性——水机反调:由于水的惯性,导叶开度的变化所引起的轮机初始功率变化与调节目标相反。为了得到稳定的控制性能,需要一个大的暂态下降调节过程且具有较长的复位时间,通过速率反馈、暂态增益减少来实现补偿。速率反馈限制了导叶的移动,保证了输入的流量和输出的功率之间有足够的时间来跟踪。其结果使调速器对大的转速偏差呈现出低增益下垂特性,而在稳态时具有高增益下垂特性,也就是图 2-5 中的结构。这也是机械液压型调速器的初型,早期的水轮机调速系统采用的机械液压机构,就是利用机械和液压元件来实现的。

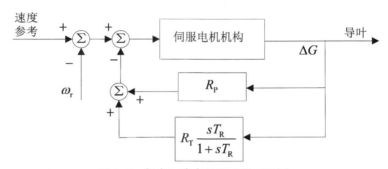

图 2-5　暂态下降率的调速器原理图

图 2-5 中,R_P 为永久下降率,R_T 为暂态下降率,T_R 为复位时间。

再考虑死区、时间滞后和限幅环节,就构成了机械液压完整模型。中国电力科学研究院的 PSASP 动态元件库例中的 1 型 GOV 模型(图 2-6)即为这种方式,这是一种适用于水、火电的通用调速器模型,包括测量环节、配压阀、伺服机构、反馈回路等。

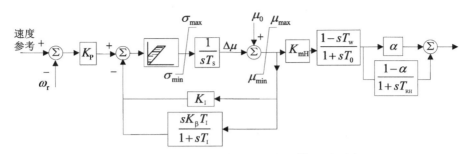

图 2-6　PSASP 1 型 GOV 调速器模型原理图

当然,现代调速系统均采用电气液压调速原理,即用电气元件完成转速传感、永久下降和暂时下降及其他测量和计算功能,该方法改善了时间滞后的问题。典型的如 PID 型调速器,微分控制有益于孤岛运行,尤其有益于水启动时间较大($T_w = 3$ s 以上)的电站。但是,当发电机组与互联系统的联系很强时,使用高微分增益或暂态增益将可能导致过度的振荡和不稳定,因此通常设置为没有微分作用。这时,PID(现在为 PI)调速器的传递函数与机械液压调速器等价,可以调整比例和积分增益产生期望的暂时下降率和复位时间,如图 2-7 所示。

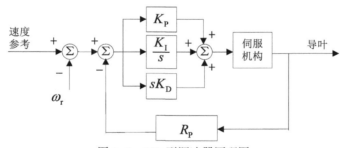

图 2-7　PID 型调速器原理图

最后还要注意各环节作用的变量关系。调速器主要调节转速/负荷,其输出为实际导叶开度。水轮机模型的传递函数本质上为 $\dfrac{\Delta P_m}{\Delta G}$,因此通过水轮机模型获得了机械转矩。发电机模型中有了机械转矩便有了转子运动过程,从而有了功角变化和转速变化。通过同步发电机状态方程求解假想电动势 E,最后计算出定、转子电流,完成发电机并网全过程建模。

2.2.2　汽轮机与调速器

通过对水轮机部分的认识,我们知道了如何描述从转速建模到机械转矩的问题,也是汽轮机模型及其调速器需要关注的问题。

我国国产汽轮机技术已经相对成熟,建造了各种结构的汽轮机。它们通常包括两个以上串联的涡轮机或汽缸,每个涡轮机包括一组附着在转子上的运动叶片和一组静止的导向叶片。燃料燃烧后产生的高温高压蒸汽通过静止叶片流到运动叶片上,产生动能(轴转矩)从而带动发电机转子轴系运动。

对汽轮机建模的首要步骤是区分汽轮机的制造结构,也就是轴系上的缸体组成。图2-8展示了现有火电机组串联复合汽轮机的一般结构,包括单再热、无再热等。

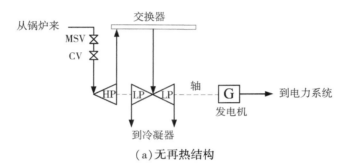

（a）无再热结构

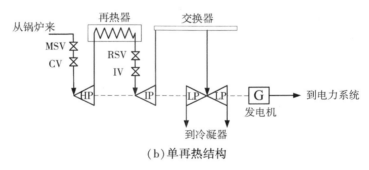

（b）单再热结构

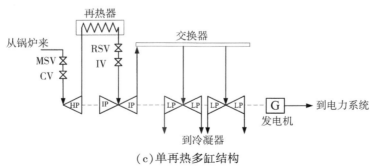

（c）单再热多缸结构

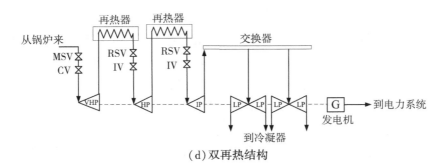

（d）双再热结构

图 2-8　汽轮机串联复合运行的一般结构

图 2-8 中 HP、IP、LP 分别表示高压缸、中压缸、低压缸。RH 为再热器,在再热型汽轮机中,离开 HP 的蒸汽返回锅炉在再热器 RH 里加热后再送到 IP,通过再热提高效率。一些小机组也可以没有中压缸,所以可不设置再热器,直接从 HP 进入 LP。图中还展示了一类重要元件——阀门,主要有主进汽停止阀（MSV）、控制阀（CV）、再热器停止阀（RSV）和控制阀（IV）。停止阀主要用于紧急跳闸,通常不用于负荷调节。CV 阀是调速器在正常运行期间通过调节汽轮机的蒸汽流量进行负荷控制的主要阀门,CV 阀的壳体称汽室,由于汽室到 HP 进汽管的充汽需要时间,因此对于控制阀开度变化的流量响应就有时间延迟,用时间常数 T_{CH} 表示,为 0.2~0.3 s。CV 阀和 IV 阀对突然甩去电负荷的过程产生响应。ICV 阀在再热器前一级,控制着 IP 和 LP,这两缸产生的功率占据汽轮机的70%左右,再热器持有相当可观的蒸汽,因而时间常数 T_{RH} 较高,为 5~10 s。IP 排汽经交换器进入 LP 会产生一个与交换器关联的时间常数 T_{C0},一般为 0.5 s。当 CV 阀全开时,它的位置是 1.0 p.u.,一般定义此时各级汽轮机功率之和也是1.0 p.u.,记为 $F_{HP}+F_{IP}+F_{LP}$。

图 2-9 展示了一个汽轮机模型的单气缸流量示意图,式（2-2）为其对应的传递函数。图中 V 为汽缸的体积,m³; Q 为蒸汽的流量速率,kg/s。

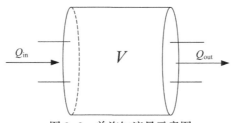

图 2-9　单汽缸流量示意图

$$\frac{Q_{\text{out}}}{Q_{\text{in}}} = \frac{1}{1 + sT_{\text{v}}} \tag{2-2}$$

式中，T_{v} 为气缸的时间常数，s，通常按照下式计算：

$$T_{\text{v}} = \frac{p_0}{Q_0} V \frac{\partial \rho}{\partial p} \tag{2-3}$$

式中，p 为汽缸中的蒸汽压力，kPa；p_0 为额定压力，kPa；Q_0 为流出汽缸的额定流量，m^3/min；ρ 为蒸汽密度，kg/m^3，在一定的温度下，蒸汽密度相对压力的变化 $\partial \rho / \partial p$ 可以查蒸汽表确定。

作用于每个涡轮机转子叶片上的力和产生的转矩正比于蒸汽流量速率，从而有：

$$T_{\text{m}} = kQ \tag{2-4}$$

式中，k 为比例系数。

如图 2-10 所示，结合汽轮机的实际结构可以绘制出它的传递函数框图，即汽轮机模型。通过汽轮机模型获得从 CV 阀流量至机械转矩的方程关系：$\dfrac{\Delta T_{\text{m}}}{\Delta V_{\text{CV}}}$。

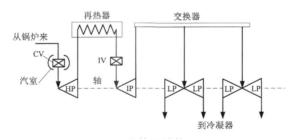

（a）汽轮机结构

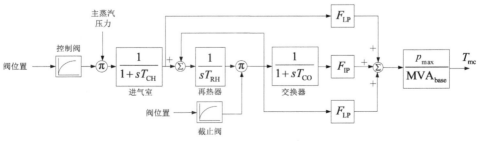

（b）控制传递函数框图

图 2-10 单再热复合汽轮机模型

汽轮机调速系统的速度、负荷控制与水电机的控制特性一致,也具有下垂特性,可通过调节 CV 阀来实现。此外,汽轮机的调速系统还有两大基本功能:过速控制和过速保护。当然还有其他的功能,如辅助压力控制等。

汽轮机的调速控制系统也有从经典到现代的过渡,早期为机械液压式调速系统,当前多为数字电子液压式调速系统,又称 DEH 系统。DEH 系统采用数字控制,与汽轮机阀门执行器接口,软件化的实现提供了相当大的控制灵活性。图2-11 展示了某大型汽轮机及其调速系统执行机构实物,液压执行机构在汽轮机阀门附近分散布置,逻辑控制由集控室、DCS 终端实现。

图 2-11　汽轮机与调速系统执行机构实物图

PSASP 内提供了 3 种 DEH 汽轮机调速系统结构,分别命名为 3 型~5 型GOV 模型,可按需调取使用。其中,用于执行调门开度的通用伺服机构传递函数如图 2-12 所示,同水电一样,导叶指令和导叶开度需要与执行机构模型进行配合。

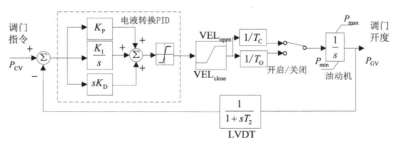

图 2-12　通用伺服机构传递函数模型框图

综上可知,水轮机、汽轮机以及对应的调速器系统有大量可用的数学模型。

有功响应——调速系统所涉及的设备或是控制系统的模型基本实现了"白盒化",即控制参数和控制环节均可知且公开,在 GB/T 40593《同步发电机调速系统参数实测及建模导则》、DL/T 1800《水轮机调节系统建模及参数实测技术导则》、DL/T 1235《同步发电机原动机及其调节系统参数实测与建模导则》等行规要求下,原动机和调速系统的模型与参数需要被实测,电网调度也要依此数值模型对电力系统的机电行为进行安全性仿真评估,白盒化的有功响应控制过程为理论分析和数值建模带来了极大的便捷性。

2.3　无功响应——励磁系统

　　励磁系统与发电机转子相连,所以被执行机构就是发电机本体,所涉及模型亦主要为同步发电机的模型。通过调节励磁电压、励磁电流,可控制同步发电机的电压、无功功率。

　　励磁系统(图 2-13)已广泛应用于各种类型的同步发电机,在电力工业控制过程中,以数十瓦的功耗为电力系统动态稳定过程提供了稳定调节作用,大型火电、水电、核电以及抽水蓄能等同步发电机组都需要励磁系统配合运行。励磁系统的控制需要高速可靠地实时交互模拟量总线数据流、开关量总线数据流,进行数字式微机控制,主要任务是将不同上位控制信息转换为脉冲触发信号输出至功率整流单元,正常启停确保发电机安全运行。常规励磁调节器的主要指令控制硬件平台架构配置 DSP 板+CPU 板,DSP 部分完成模拟量采集、运算及控制,CPU 部分完成管理、通信及开入/开出处理;亦或是纯 DSP 处理器完成控制与采集任务,这不仅要在芯片级保证连续高速的脉冲调制稳定性,还应确保可控硅整流单元、大容量磁场断路器等一次设备的综合安全性能,协同同步发电机转子建压、调节以及可靠灭磁的全过程。

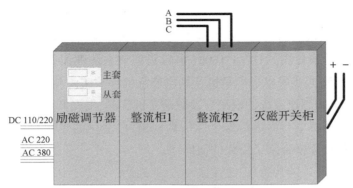

图 2-13　励磁系统柜体结构示意图

励磁系统的通行性配置基本一致。水轮机组和火电机组的励磁配置除了在控制功能上的少量差别外，最大的区别在于灭磁部分。以投入灭磁回路的耗能方式区分，灭磁有线性电阻灭磁和非线性电阻灭磁两种方式，应用在水轮发电机和汽轮发电机中有着很大的差异。

对于水轮发电机，由于转子本体阻尼作用较小，在灭磁时励磁回路中的磁场能量大部分由灭磁装置吸收，为此磁场断路器的容量一般选择偏大些。水轮机采用自并励励磁方式时，灭磁方式多选用非线性电阻灭磁，配合逆变灭磁使用。对于汽轮发电机，转子本身具有很强的阻尼作用，由阻尼绕组电感、电阻所决定的阻尼绕组时间常数远大于由阻尼绕组漏电感及电阻之比所决定的超瞬变时间常数 T''_d，为此，即使采用快速灭磁系统，也只能加速 d 轴励磁绕组回路中转子励磁电流的衰减，而不能使储存在转子本体以及 q 轴阻尼绕组中的能量迅速消失，不能实现快速灭磁的效果。因此，大型火电机组多采用简化灭磁方式，即选用线性电阻灭磁（图 2-14）。

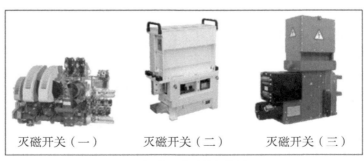

（a）典型灭磁开关实物图

線性不锈钢电阻　　　ZnO灭磁电阻　　　SiC灭磁电阻

（b）典型灭磁电阻实物图

图 2-14　灭磁回路主要元件

　　在 600 MW 汽轮发电机组中，日本日立公司采用线性电阻灭磁技术，瑞典 ASEA 和瑞士 ABB 公司则采用非线性灭磁电阻技术。目前，在大型水电、火电以及核电机组灭磁系统的设计中，国外多选用 SiC 非线性材料作为灭磁电阻。在水电机组和中小型火电机组，特别是容量在 300 MW 以下的机组中，国内普遍采用 ZnO 非线性电阻作为灭磁电阻，并取得了良好的效果。在灭磁开关方面，高弧压大容量的磁场断路器现在均采用进口器件。

　　不过，随着国家发展战略和"十四五"电力发展规划对电厂设备智能化、国产化展开宏观布局，各领域电力装置智能化、国产化的示范应用项目百花齐放。如图 2-15 所示的中国华能集团研制的 HN-i 6200 型全国产大型火电励磁系统，成功开发了适用于 660 MW 火电机组自并励方式下的 ZDS5-1852 型磁场断路器，成功实现了灭磁开关的国产化替代。

图 2-15　全国产大型火电励磁系统

由 Energy Development and Power Generation 委员会颁布的 IEEE Std 421 系列对励磁数学模型进行了详尽的论述,最近的更新版本为 2017 年版。我国也在国标、电力行标中逐渐规范了励磁的数学模型,对控制回路、保护、限制回路等环节的功能都做了详尽的描述。各主流励磁生产厂家也都参照这些标准规范设计生产励磁产品,为励磁系统的建模提供了极大的便利。

励磁系统的模型按照励磁方式不同有直流励磁系统、交流励磁系统和静态励磁系统 3 个大类。IEEE Std 421.5-2016 中对这 3 类又进行了详细划分,数学模型主要描述的是不同励磁机的外特性。直流旋转励磁机有 DC1A、DC1C、DC2A、DC2C、DC3A、DC4B、DC4C 共 7 种数学模型;交流励磁机有 AC1A、AC1C、AC2A、AC2C、AC3A、AC3C、AC4A、AC4C、AC5A、AC5C、AC6A、AC6C、AC7B、AC7C、AC8B、AC8C、AC9C、AC10C、AC11C 共 19 种数学模型;静态励磁机有 ST1A、ST1C、ST2A、ST2C、ST3A、ST3C、ST4B、ST4C、ST5B、ST5C、ST6B、ST6C、ST7B、ST7C、ST8C、ST9C、ST10C 共 17 种数学模型。还有电力系统稳定器(PSS)、过励限制(OEL)、低励限制(UEL)、定子电流限制(SCL)以及恒功率因数、恒无功控制等若干数学模型。

3 种励磁方式对应的模型繁多,其主要区别已经在 IEEE Std 421.5 的表 1~表 3 中详细描述。IEEE 针对励磁系统模型的研究自 1992 年开始完善,1A 至 10C 的模型或是提出了新的传递函数,或是针对过励限制、低励限制等辅助环节的接入做了变更。工程人员可对照实际励磁系统进行模型识别,有助于理解励磁系统的控制过程。

在我国现行的同步发电机涉网管理模式下,励磁系统参数建模、PSS 整定试验和发电机进相试验(含 UEL 整定)已经大面积开展。因而,掌握励磁系统主环模型、PSS 模型和低励限制模型是必要的。由于不同方式、不同类型的励磁系统在分析思路上并无明显差别,因此本书主要讨论自并励静止励磁方式,该系统利用机电电压源经可控硅整流后直接供给转子励磁,回路简单,没有旋转元件,也是现在电网中运用最多的模式。

2.3.1 励磁系统试验技术规范

2.3.1.1 励磁建模相关规定

国内的同步发电机励磁系统现行的标准对装置技术要求、性能指标和测试项目进行了规定。表 2-1 以发电机空载小扰动试验为例来说明各项标准规范的适用性。

表 2-1　励磁建模主要技术规范

适用范围	标准	阶跃量	上升时间	调节时间	超调量	振荡次数
10 MW 以上水电、50 MW 以上同步发电机	GB/T 7409.3《同步电机励磁系统大、中型同步发电机励磁系统技术要求》	10%		≤10 s	≤50%	≤3
100 MW 及以上火电、40 MW 及以上水电	DL/T 843《同步发电机及调相机励磁系统技术条件》	火电 5% 水电 10%	≤0.5 s	≤5 s	≤30%	≤3
10 MW 及以上水电	DL/T 583《大中型水轮发电机静止整流励磁系统技术条件》	10%		≤3 s	≤20%	≤3

一般地，我们称 100 MW 及以上的火电机组为大型火电机组，50 MW～100 MW 的为中型火电机组，小于 50 MW 的为小型火电机组。除了大型火电机组在进行空载小扰动试验时选择 5%阶跃，其余都为 10%阶跃。从表 2-1 中可以看出，DL/T 843—2021《同步发电机励磁系统技术条件》规定的空载阶跃试验技术指标项最为全面。

另外，对于励磁系统的建模与参数实测问题，励磁从业人员一定不会陌生，那就是每六年定期开展或机组大修、励磁系统回路更换后进行的励磁建模试验。

国际上的多个组织和协会，如美国电气与电子工程学会，已经制定了较为全面的励磁系统标准模型（IEEE Std 421）并广泛应用于电力系统计算，而且励磁系统制造厂家也依照 IEEE Std 421 生产装置并提供励磁系统"白盒化"模型与参数。那么，为什么励磁系统标准模型不能直接用于仿真，而是还要做励磁建模呢？

这是因为标准励磁模型是在离线试验条件下单独对励磁系统各环节进行的模型集合,不能真实反映元件间的相互联系和作用,故不能直接用于电力系统仿真计算。为了向电力调度部门提供精确的模型和参数,中国电力科学研究院需要对励磁系统进行参数测试和校核,保证励磁系统建模的准确性和参数的正确性。中国近年来鲜见大停电事故,得益于励磁建模和 PSS 试验的大规模普及。

目前,相关的励磁建模试验技术规范有:

DL/T 1167—2019《同步发电机励磁系统建模导则》

GB/T 40589—2021《同步发电机励磁系统建模导则》

Q/CSG 11401—2007《同步发电机励磁系统参数实测与建模导则》

2.3.1.2 PSS 参数整定相关规定

配置电力系统稳定器是应对低频振荡最直接有效的方式。在系统扰动期间,利用 PSS 补偿励磁系统 PID 的滞后特性。在不新增装置和额外信息采集的前提下,PSS 将转速信号、有功功率信号作为输入,通过超前滞后环节,给 PID 叠加一个瞬时增量以控制励磁电压,增强同步发电机组的阻尼作用,使系统恢复至平衡状态。

按照现行规定,容量大于 100 MW 的同步发电机组均须配置 PSS。需要注意的是,PSS 参数要整定得当,否则可能会适得其反,甚至对电网造成不利影响。

PSS 参数的合理性要通过若干种现场试验来验证,参数的整定方法大致有两种,一种是按照被试机组所在区域的电网振荡模式进行全局参数寻优计算;另一种是利用实测的相位频谱特性,根据补偿效果整定。PSS 现场整定试验报告需提交中国电力科学研究院审核,并经电网方式处批准后投入使用。

国内相关的 PSS 参数整定试验导则有:

DL/T 1231—2018《电力系统稳定器整定试验导则》

GB/T 40591—2021《电力系统稳定器整定试验导则》

Q/CSG 114002—2011《南方电网电力系统稳定器整定试验导则》

2.3.1.3 进相试验相关规定

同步发电机、同步调相机、抽水蓄能机组等都有进相运行工况。进相运行就是降低转子励磁电流,直至机组无功功率降至 0 MVar 以下。

机组进相运行的作用是吸收电网的无功功率,降低系统电压。发电机进相运行是电力系统无功调节最为直接和有效的手段。机组长期处于深度进相运行状态会导致端部、金属部件等发热,加速机组老化,缩短寿命。各区域电监局结合本区域特点,制定电厂并网运行考核细则和辅助服务补偿实施细则(以下简称"两个细则")来约束机组的进相运行深度,例如,要求100%额定有功功率的进相能力,需满足功率因数不低于−0.97。

汽轮机的进相试验工况包含50%、75%、100%额定有功功率,水轮机的进相试验还增加了0%额定有功功率的工况。依照这些试验工况整定励磁调节器的低励限制环节参数。

国内相关的进相试验导则有:

DL/T 1523—2023《同步发电机进相试验导则》

Q/GDW 746—2012《同步发电机进相试验导则》

2.3.2　主流厂商的励磁调节器模型

2.3.2.1　励磁调节器主环

对于自并励静止励磁系统,最基础的结构是 IEEE ST1C 模型,类似的还有 ST1A 模型。ST1C 模型比 ST1A 模型增加了过励限制 OEL,也就是我们常见的串联型 PID 的原本。此外,ST4B 模型也大量用于自并励励磁系统,ST4 系列的 PID 为并联 PID 结构。

采用串联型 PID 结构的励磁调节器有 ABB 的 UN 系列、南瑞继保的 PCS 系列;采用并联型 PID 结构的励磁调节器有西门子的 THYRIPOL 系列、国电南瑞的 NES 系列。

(1)串联型 PID(图 2−16)。

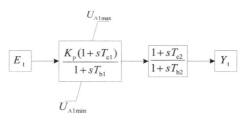

图 2−16　串联型 PID 简化模型

图 2−16 略去了辅助环节,展示了串联型 PID 的简化版传递函数。串联型 PID 模型的直流稳态增益、动态增益和暂态增益展示如图 2−17 所示。

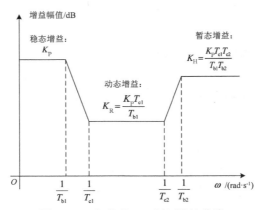

图 2-17　串联型 PID 幅频特性曲线

图 2-17 中，K_P 为稳态增益，又叫直流增益，用于确定调节器的调压精度；K_R 为动态增益，经过积分带宽控制时间常数 T_{b1}、积分时间常数 T_{c1} 确定的积分区段作用于中频区，以提高系统的暂态稳定性；K_H 为暂态增益，通过微分时间常数 T_{c2} 和微分带宽控制时间常数 T_{b2} 确定的微分区段作用于高频区，用于防止高频杂散信号对微分环节的干扰。

在具有励磁机的励磁系统中，微分区段主要用于补偿励磁机滞后对增益和相位裕度的影响，以提高调节系统的稳定性。因此，对于有励磁机的励磁系统，设置微分环节是十分必要的。

（2）并联型 PID（图 2-18）。

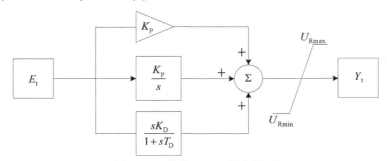

图 2-18　并联型 PID 简化模型

图 2-18 略去了辅助环节，展示了并联型 PID 的简化版传递函数。

利用稳态增益、动态增益和暂态增益来描述并联型 PID，放大倍数为：

稳态增益：无穷大；

动态增益：K_P；

暂态增益：$\sqrt{K_\mathrm{P}^2 + (K_\mathrm{D}\omega - K_\mathrm{I}/\omega)^2}$。

我们以两组现场投运参数为例来计算串、并联型 PID 的稳态增益、动态增益和暂态增益，如表 2-2 所列。

表 2-2　串、并联型 PID 的增益　　　　　　　　　　单位：p.u.

PID	稳态增益	动态增益	暂态增益
串联型 ABB UN6800：$K_\mathrm{P}=500$， $T_{c1}=1.52, T_{b1}=12.67$， $T_{c2}=0.1, T_{b2}=0.1$	500	59.98	59.98
并联型 NES6100：$K_\mathrm{P}=60$， $K_\mathrm{I}=20, K_\mathrm{D}=0$	∞	60	

由表 2-2 可知，串、并联型 PID 的稳态增益、动态增益和暂态增益满足 DL/T 843《同步发电机及调相机励磁系统技术条件》中提到的"励磁自动调节应保证发电机端电压静差率小于 1%，此时励磁系统的稳态增益一般应不小于 200 倍"和"励磁系统的动态增益不小于 30 倍"。

（3）硬限幅环节。

主环模型的最后一级为硬限幅环节，是控制实物装置的控制电压输出电平信号的。常规按标幺制的 $-10\sim10$ p.u. 预置，而我们更需要关注的是传变至机端电压的调节极限关系。

首先，近似地将自并励励磁系统输出的直流电压按式（2-5）表示：

$$E_\mathrm{fd} = u_2\cos\alpha = K_\mathrm{exc}u_\mathrm{t}\cos\alpha \tag{2-5}$$

式中，u_2 为励磁阳极电压，V；u_t 为发电机机端电压，V；K_exc 为励磁变变比和整流系数的乘积，p.u.；α 为可控硅导通角，rad。

在余弦移相触发方式下，有式（2-6）成立：

$$\alpha = \arccos(U_\mathrm{c}/u_\mathrm{t}) \tag{2-6}$$

由式（2-5）和（2-6）可知，在可控硅导通角的可调节范围内，励磁电压 E_fd 与调节器输出的 U_c 呈近似线性关系。当然这种线性的工作区域是由厂家设置的导通角区间 $[\alpha_\mathrm{min},\alpha_\mathrm{max}]$ 所决定的，如图 2-19 所示。若超出导通角区间，则励磁电压输出与机端电压不成正比。若考虑励磁变压降损耗 $K_\mathrm{c}I_\mathrm{fd}$，则这个硬限幅值表示为：$\underbrace{U_{cmax}u_{t} - K_{c}I_{fd}}_{\text{输出下限}}^{\overbrace{\phantom{U_{cmax}u_{t} - K_{c}I_{fd}}}^{\text{输出上限}}}$。

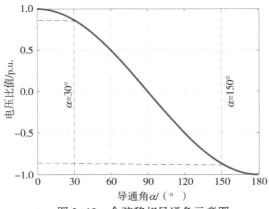

图 2-19 余弦移相导通角示意图

需要注意的是，导通角区间是励磁装置预置的，但励磁电压输出限幅是在励磁系统建模时计算的。后者是励磁系统建模中特有且必要的一个环节，与励磁系统所选用的控制方式无关。

（4）其他环节。

主环模型还有采样环节、高低通门等比较环节以及软反馈环节等。

2.3.2.2 励磁调节器辅助环

（1）PSS 环节。

PSS 辅助励磁控制策略最早由美国工程师 F. D. Demello 和 C. Concordia 于 1969 年提出，经过多年发展，最终形成了我们熟悉的 AVR+PSS 的经典控制架构。PSS 也是励磁系统中最为重要的辅助控制环节。

PSS 模型中，单输入的 1 型已被证明不适用于快速励磁系统，目前大量使用的是双输入的 2 型 PSS（图 2-20）。2 型 PSS 中，2A 型有两级超前滞后补偿环节，2B 型有三级超前滞后补偿环节，2C 型有四级超前滞后补偿环节。2C 型在 2B 型的基础上除了增加一级超前滞后补偿环节之外，还优化了 PSS 自动投退逻辑。

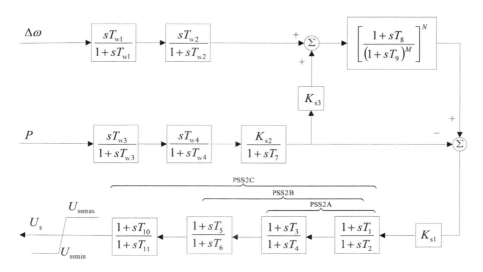

图 2-20 2 型 PSS 模型示意图

2 型 PSS 模型在发展过程中增加了多级超前滞后补偿环节。这个必要性体现在哪里呢？实质上，PSS 是为了补偿并网系统的滞后特性，也就是利用 PSS 的超前特性。超前特性的极限补偿相位为 90°，但经典控制理论认为超前环节的最大补偿相位不宜超过 45°，如果超过 45°，就需要用多级串联来实现；同样地，滞后校正的最大补偿相位不宜超过 70°，超过校正需求也要用多级串联来实现。增加超前滞后级数就是为了实现更宽频带范围的灵活补偿。

那么实际中待补偿的需求是什么？一般至少需要多少级超前滞后环节才可以满足补偿需求？

图 2-21 为 15 台火电机组的无补偿相位频率实测曲线，并将补偿边界用虚线标出。从曲线族可以看出，需要由 PSS 环节补偿的相位在超前范围的区间是 [-10°, -75°]，最多两级超前环节便可满足要求；在滞后范围的区间为 [-115°, -180°]，一级滞后环节便可满足要求。2B 型 PSS 可满足绝大多数的补偿需求。

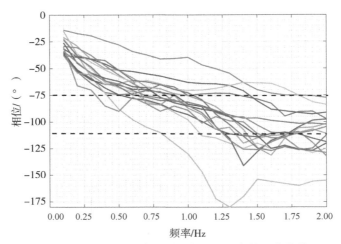

图 2-21　火电机组实测无补偿相位频率特性曲线族

（2）过、低励限制环节。

过励限制：当发电机运行时，为防止定子绕组、定子铁芯端部、转子绕组等部件过热，需限制无功功率不能过大，若无功功率超过无功限制值，则延时后启动无功限制，禁止增磁，励磁调节器转入无功功率闭环调节，通过调节器调节使无功功率低于限制值。

低励限制：当发电机进相运行时，为防止因励磁电流过小而引起机组失步或因进相过深导致定子端部过热，励磁调节器需配置低励限制器。

这两种限制的原理近似，调节器实时检测发电机有功、无功功率，比较实测值与整定曲线，当实测值越过整定曲线时，限制环节动作，并以无功偏差作为限制环节的输入，开始校正调节，从而控制发电机返回至允许范围内运行。

2.3.3　发电机并网模型归算

2.3.3.1　发电机饱和

在发电机基本方程的推导中，我们忽略了定子、转子铁芯饱和的影响，这样做的目的是使分析和推导过程变得简单。但饱和问题是考虑模型精确度的首要因素，任何考虑饱和影响的实际方法必须基于半启发式推理和合理选择的近似性。下面展示饱和特性的表征方法和计算。

（1）饱和特性的表征。

值得注意的是，表征饱和的磁路数据由发电机空载开路特性得出，并且假定在负载条件下,合成气隙磁通和磁通势之间的饱和关系与空载条件下的相同。

工程人员对发电机的空载特性试验并不陌生,但是有了前面的理论知识,我们可以更深入地认识这个试验。空载特性曲线是在发电机额定转速下,通过手动励磁方式逐步升高机端电压获得的稳定值曲线。对试验条件进行解析:

"空载""额定"即定子电枢电流为 0,$i_d = i_q = 0$,还有一个隐含的条件是无阻尼电流,故由式(1-25)知,$\psi_q = 0$。

"额定转速""稳定值"表示的是机组保持了严格的同步速,且是稳态下获得的记录值,也就是磁链不变化,由式(1-25)知,$p\psi_d = p\psi_q = 0, \omega = 1$,得:

$$\begin{cases} u_d = 0 \\ u_q = u_t = \psi_d = L_{ad}i_{fd} \end{cases} \tag{2-7}$$

所以通常记录的机端电压 U_t 和励磁电流 I_{fd} 的空载曲线描述了 d 轴的饱和特性(图 2-22)。

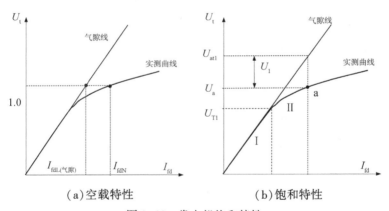

（a）空载特性　　　　　　　　（b）饱和特性

图 2-22　发电机饱和特性

从图 2-22（a）中可以看出,实测曲线总是在额定电压之前就呈现了非线性特性,因而发电机正常是运行在饱和状态下的。我们先假设:

$$\begin{cases} L_{ad} = K_{sd}L_{adu} \\ L_{aq} = K_{sq}L_{aqu} \end{cases} \tag{2-8}$$

式中,L_{adu} 和 L_{aqu} 分别为 L_{ad} 和 L_{aq} 的不饱和值,也就是气隙线对应的电感,p.u.;K_{sd} 和 K_{sq} 分别为 d 轴和 q 轴饱和因子,显然这个系数不是常数。

对于凸极机,q 轴磁通的路径多半在气隙中,从而认为 L_{aq} 不随饱和而明显变化,即 $K_{sq} = 1$;对于圆柱形转子的隐极机,假设磁路沿圆周是均匀的,则两个轴上的饱和影响一致,所以 $K_{sq}=K_{sd}$。这也就说明了为什么空载曲线可以完全描述发电机的饱和特性。

(2)饱和特性的计算。

有关 d 轴的饱和特性计算可参照图 2-22(b),任一运行点的 K_{sd} 都满足 K_{sd}

$=\dfrac{\psi_a}{\psi_a+\psi_1}=\dfrac{U_a}{U_a+U_1}$(标幺制下电流-磁链关系等价于电流-电压关系)。对于

K_{sd} 的计算或饱和特性等值,一般有 3 种方式最为常见:

①方法一:饱和系数 A、B 法。

该方法的思想是拟合空载曲线偏离气隙线的位移量,被多数文献和研究所选用。

计算偏移量时,在未饱和区也就是图 2-22(b)中的 Ⅰ 段,偏移量恒为 0。当工作在 $U>U_{T1}$ 的 Ⅱ 段时,用一个指数函数来拟合,如式(2-9)所示:

$$U_1 = Ae^{B(U_a-U_{T1})} \tag{2-9}$$

式中,U_a 为任一励磁电流下的机端电压,p.u.;U_{T1} 为饱和段的门槛电压,p.u.,经验值取 0.75~0.8 p.u.;A、B 取决于 Ⅱ 段的饱和特性,为定常数。获得空载特性曲线后,在饱和区内任取两点即可用待定系数法求得参数 A、B。

②方法二:饱和系数 a、b、N 法。

该方法是中国电力科学研究院电磁暂态仿真软件 PSASP 采用的饱和特性描述方法。其计算的区别在于将作用变量转移为暂态电势 E'_q,也就是式(2-10):

$$E'_q = K_{sd}E'_{qu} \tag{2-10}$$

当工作于非饱和段时,$I_{fdu}=aE'_q$;而工作于饱和段时,$I_{fd}=aE'_q+bE'^N_q$。

于是将饱和因子方程整理为:

$$K_{sd}(E'_q) = \dfrac{1}{1+\dfrac{b}{a}E'^{N-1}_q} \tag{2-11}$$

饱和系数 a、b、N 参考导则 DL/T 1167《同步发电机励磁系统建模导则》计算。

③方法三:饱和系数 $S_{1.0}$、$S_{1.2}$ 法。

与方法二类似,该方法是中国电力科学研究院电磁暂态仿真软件 BPA-PSD 的"MF 双轴模型"卡里饱和特性的描述方式。

原理近似,但需要得到 1.2 倍标定空载额定电压下的气隙励磁电流和实际励磁电流。现场操作中,若不易获得 1.2 倍空载电压的测试工况,则可采用插值拟合的方式得到空载曲线饱和段,进而计算饱和系数 $S_{1.0}$、$S_{1.2}$。当然饱和系数 $S_{1.0}$、$S_{1.0}$ 与饱和系数 a、b、N 之间可以转换。

2.3.3.2　可控硅静态放大倍数归算

这里主要是想强调励磁系统输出传变至机端电压之间的关系,以及易混淆的概念认识。

为此,我们先记住以下原则:

(1)控制关系。

励磁调节器输出的是控制电压 U_c,即 AVR 作用后输出的控制量。该控制量传递至脉冲触发环节,也称为移相环节,由 FPGA 单元快速生成脉冲信号去触发整流装置,然后经三相全控桥获得转子电压 E_{fd}。

容易混淆的是标幺后的量值对应关系。绝大多数励磁调节器的控制电压 U_c 是标幺值,而同步电压是有名值,所以要么同步电压标幺化,要么控制电压有名化,二者才可以进行数学比较计算。

从物理模块连通顺序的脉络看,控制电压 U_c 用来触发移相环节。移相环节通过余弦同步电压与控制电压比较获得导通角,与同步锯齿波比较产生整流单元的触发脉冲。由移相环节产生的触发脉冲是 $6N$ 维的量,不易进行建模分析,因此用导通角 α 来等效,便得到了励磁系统阳极电压到转子电压的物理通道。对自并励静止励磁而言,即为机端电压到转子电压的物理通道。三相整流桥可以等效为一个纯放大倍数,不考虑时间滞后是因为转子绕组上的电感很大,也就是 T'_{d0} 足够大,仅考虑放大倍数足矣。至此,就从计算上获得了由可控硅静态放大倍数、导通角 α 和同步电压等效的阳极电压标幺值决定的转子电压标幺值 E_{fd}。现有励磁装置的计算基准值大多按照 IEEE Std 421 的规定进行标幺。

(2)数学计算。

考虑换相压降的三相全桥整流电路计算公式如式(2-12)所示:

$$U_{fd} = \frac{3\sqrt{2}}{\pi} U_p \cos \alpha - \frac{3}{\pi} I_{fd} X_\gamma \tag{2-12}$$

式中,励磁电压、电流均为有名值;U_p 为整流桥阳极线电压,V;X_γ 为换相等值电抗,Ω。

由于有名值的方程难以建模计算,因此对式(2-12)进行标幺:

$$\dot{E}_{fd} = \dot{U}_p \cos \alpha - \frac{3}{\pi} \dot{I}_{fd} \frac{X_\gamma}{R_{fbase}} \qquad (2-13)$$

一般定义 $K_c = \frac{3}{\pi} \frac{X_\gamma}{R_{fbase}}$ 为换弧压降系数，所以方程再次写为：

$$\dot{E}_{fd} = \dot{U}_p \cos \alpha - \dot{I}_{fd} K_c \qquad (2-14)$$

另一方面，在余弦移相方式下，励磁系统控制方程的模型表达为：

$$\begin{cases} \alpha = \arccos \dfrac{U_c}{\dot{U}_p} \\ E_{fd} = K_a U_c - I_{fd} K_c \end{cases} \qquad (2-15)$$

如果是线性移相方式，那么励磁系统控制方程的模型表达为：

$$\begin{cases} \alpha = \dfrac{-\pi}{2\dot{U}_p} U_c + \dfrac{\pi}{2} \\ E_{fd} = K_a U_c \cos \alpha - I_{fd} K_c \end{cases} \qquad (2-16)$$

式（2-15）和（2-16）中，新出现的变量 K_a 称为可控硅静态放大倍数，这是在建立励磁系统功率部分的模型时必要的一个内容。这个参数对于了解同步发电机涉网科目中"励磁系统建模"的人员来说并不陌生，本书将该参数描述为一个电源变化系数，即整流阳极侧交流电压与输出直流量额定值之间的一个系数。

图 2-23 展示了线性移相方式和余弦移相方式的控制模型。从图中可以看到在余弦移相触发方式下，E_{fd} 的计算依靠系数 K_a 得到了极大简化。可控硅放大倍数与移相方式有关，还与励磁调节器的控制方式有关，可以想见，如果控制电压 U_c 为 ±1 p.u.，那么 K_a 的作用即将输出直流量标定至以 1.2.2 节下的转子量基值上去，无论中间励磁调节器的控制方式、移相方式有多么灵活，E_{fd} 的标幺基值都是固定的，此基值按照空载气隙线得出，总是大于等于空载额定励磁电压。可是 U_c 值的范围在不同厂家励磁调节器的标定上是有差异的，有量程为 0～1 p.u.、−1～1 p.u.、−10～10 p.u. 等的处理差异，为此，可控硅放大倍数 K_a 一般也是由实测得出的。

在发电机励磁系统并网控制模型中，K_a 值很重要，直接决定了励磁系统的输出电压与模型励磁电压是否匹配。

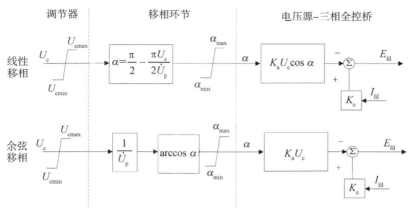

图 2-23　全桥电路与移相环节模型

从励磁系统模型中计算得到 E_{fd} 后,便可以与发电机方程进行联立计算了。至此,完成了同步发电机状态方程中的全部关联变量的控制系统介绍。不难看出,无功功率响应相关的励磁系统相较有功功率响应的调速、汽轮机而言,多了非线性处理和数学归算的部分,显得更加复杂。这是由于同步发电机内含有的高阶微分过程与励磁系统是直接电气连接,耦合关联在发电机每一处的电磁暂态过程中,而调速系统、汽轮机部分是在运动过程上有着机械同步关系,耦合在机电过程中。

2.4　本章小结

本章阐述了同步发电机理论中的基本要素——控制系统(GOV、EXC)的基本结构;简要阐述了有功响应控制下水轮机、汽轮机及其调速系统的概念和建模原理;简要阐述了无功响应控制下励磁系统的控制模式,包括主环模型、PSS 辅助环模型以及在发电机并网模型中的特殊归算问题。从工程人员实践和对同步发电机并网建模的实际要求出发,凝练了关于发电机控制环节中需要被认识和掌握的机理。

第3章　计及功率响应的并网系统建模

3.1　数值建模研究进展

同步发电机模型描述了电磁方程和以发电机转子运动为主体的机电方程。同步发电机的动力载体——水轮机和汽轮机,接收阀门/导叶开度指令后,向同步发电机模型传递机械转矩;调速系统根据同步发电机模型中的状态变量(转速),下达阀门/导叶开度指令,由执行机构调节至目标开度;励磁系统根据给定参考电压使同步发电机模型中各项虚构电势保持在设定范围。上述部分共同组成了同步发电机的并网过程,如图3-1所示。

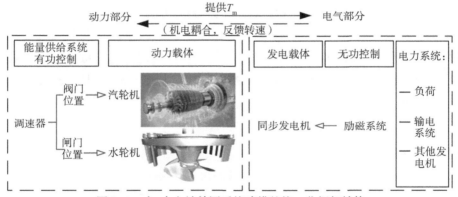

图3-1　火、水电站并网系统建模的统一化框架结构

综上,对发电并网系统中的各要素进行连接,建立一个计及功率响应的状态方程模型,来分析系统稳定性、功率最优控制等问题。此模型还可用于反向辨识全系统参数,有助于开展同步发电机并网模型在线校核。

这种物理实体模型是一种涵盖了动力单元、电气单元的多维多时空尺度、多学科、多物理量的动态虚拟模型,换言之就是数字孪生电厂的缩影。当然,准确模型的建立也是十分困难的。

实际上,这样的方式并不是从未尝试过。美国西部联合电力系统(WECC)早在二十世纪六七十年代就已经采用了详细的发电机模型(包括励磁系统及调速器),并且进行了大量的测量及实证工作,而且1996年发生的两次大停电事故,促使他们对所有发电机及控制系统参数进行了全面的测试。这进一步说明了参数实测工作对电力系统的重要性。与国内涉网的管理模式一致,北美NERC 也颁布了标准 MOD-026 和 MOD-027,分别用于规范发电机及励磁系统、汽轮机调速系统模型的实测验证。随着 NERC 标准的出台,此类模型验证的数量将大幅增加。因此,有必要考虑新的方法来解决模型验证问题,以利用计划外全系统事件的有用干扰记录来实现模型验证。所利用的事件必须导致所研究的发电机组发生有效扰动,但未导致机组跳闸或不稳定。这种干扰包括远程传输故障、互联系统中其他地方的发电损失、系统电压的突然变化和其他类似事件。文献[1]采用伪随机二进制信号研究了励磁系统闭环在线参数的辨识问题,在辨识精度上有着显著优势,考虑的系统也足够具体,模型复杂度低,然而这种信号注入式的辨识原理从安全性角度来看很难被接受。文献[2]考虑了较为完备的发电并网过程,建模元素包含有功响应和无功响应控制,但等效简化步骤较多,且辨识参数仅完成了发电机部分。文献[3-7]利用同步相量测量单元 PMU采集的运行数据完成了模型参数的验证。文献[8]改进了传统机电暂态分析用的 Heffron-Phillips(HP)模型,提出了一种基于快速无迹卡尔曼滤波器(UKF)的估计方法来确定状态和 HP 模型的参数,还指出了建模关键状态量——功角的测量问题。同样地,文献[9]也指出了该问题,并利用定子电压采样值间接计算和识别了功角。文献[10]仅针对励磁控制系统提出了基于分数次导数递归逼近(ORA)的模型评估方法,给出了微分代数近似系统的广义主方程,并应用到了一个参数估算过程。文献[11]忽略数字建模过程,提出了一种基于模拟和PMU 数据的混合 Prony 互相关实时跟踪主模和参数估算方法,意在检测电力系统暂态过程中的主模态。文献[12]结合数据驱动的电网信息设计了发电机失磁状态识别的功能级应用算法。文献[13]设计了辨识调速器和励磁系统控制参数的方法。文献[14-15]针对特定励磁系统分别讨论了状态参量辨识机组参数和励磁辅助环设计的问题。

国外电厂在网源协调涉及功率响应的精细化模型验证工作中,也在逐步研究各类型侧重点不同的在线校核方法,以高采样率 PMU 数据采集为代表的模型校核和参数辨识工作是当前的热点。Graham Dudgeon 在文献[16]中公开了一种能够利用电网事件实现在线性能校核的电厂验证模型及其 MATLAB 源码,其采用 PMU 数据,通过手动和自动调整的作业流程,实现计及功率响应的励磁控制参数和发电机参数的辨识任务。如图 3-2 所示,即通过 P、Q 录波数据回放作为模型输入,比较 V、F 仿真值和 V、F 录波数据完成参数辨识;或通过 V、F 录波数据回放作为模型输入,比较 P、Q 仿真值和 P、Q 录波数据完成参数辨识。其中,V 为发电机机端电压有效值,p.u.;F 为频率,p.u.;P 为机组的有功功率,p.u.;Q 为机组的无功功率,p.u.。

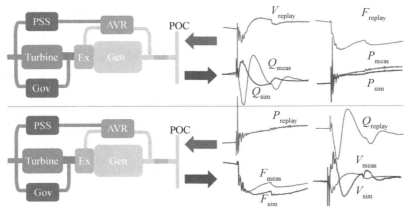

图 3-2　发电机在线校核的两种模式[16]

随着信息革命的发展与演进,推动新一代数字技术与传统发电系统融合,推进发电系统的数字化建设,是支撑能源转型与数字电网建设的重要途径。数据量测感知、数据融合挖掘是发电系统数字化的关键特征[17]。

利用实时运行工况的数据辨识励磁系统参数是电力系统辨识的发展趋势[18-19],基于在线实测数据辨识电力系统参数的研究表明发电机并网运行的工况对发电机参数辨识有很大影响[20]。对于励磁功率部分,由于其与发电机的强电磁联系,不仅需要在线辨识,还应该在不同运行工况下进行多次辨识。对于调节器各个环节的参数辨识,可以采用离线方式,根据环节输入输出数据读取的难易进行整体或分环节的辨识。对于目前广泛使用的微机励磁调节器的环节参数则不需要辨识,只需要根据发电机运行条件进行调节整定,使发电机及其励磁系统的动态特性符合 GB/T 7409.3《同步电机励磁系统大、中型同步发电机励磁系统技术要求》、DL/T 843《同步发电机及调相机励磁系统技术条件》、DL/T 583《大中型水轮发电机静止整流励磁系统技术条件》的要求即可,然后在此基础上进行功率及测量环节的辨识。

基于线性化模型辨识的技术,在发电机并网运行时加入幅值与频率适当的激励信号,辨识其线性环节参数(包括线性化后的非线性环节,如饱和系数)。

在线录波记录大扰动下的机端电压、励磁电压以及励磁系统其他环节的电气量，根据获得信息的多少分别采用分环节辨识或整体辨识方法获得不同扰动条件下的模型参数。

系统辨识中输入信号的选择需要慎重对待。线性系统辨识对于扰动信号的两个最基本的要求，一是信号幅值必须足够小，从而使非线性环节无效；二是特定频段的功率足够大，使信噪比满足要求，从而可以忽略噪声信号的干扰。这两个要求是矛盾的，线性系统的信号设计就是在信号幅值的约束下使特定频率的谐波功率最大[21]。对于在线辨识，还可以先利用实时数字仿真系统（RT-LAB、RTDs、ADPSS 等）通过模拟量输入输出通道，加入激励信号获得响应信号，然后离线进行励磁参数辨识，同时确定合适的输入信号幅值与带宽。把模拟数字混合仿真技术应用于模型参数辨识，从而开发适合于在线参数辨识的装置具有一定的实用价值。

对于发电机励磁系统参数的辨识方法[22]，可分为时域和频域两种。时域灵敏度法的定义为：某个参数的时域灵敏度是输出量的变化量与该参数变化量的比值，用来体现该变量对输出量的影响程度。但时域法难以将重要参数与非重要参数分开，选取的时间尺度不同时，参数灵敏度在不同时间段内的辨识结果可能出现相左的结论。频域法是传递函数的变化量与某参数变化量的比值，用来体现该变量对传递函数的影响程度。

在国内，以中国电力规划院等研究机构为代表开展的若干同步发电机主导参数辨识与数据挖掘的前瞻性研究[23-28]，表明了行业对网源协调与在线校核相关研究等热点的关注。但从工程应用方面来看，用于励磁系统的模型校核与参数辨识技术还处于起步阶段，目前也无规程指导。

可预见的是，励磁模型在线校核技术势必成为未来源网协调发展的主流，也是相关测试试验技术的革新方向[29-32]。在线频域辨识法一般要注入频率，具体的做法是可以将静止同步串联补偿器（SSSC）作为注入源串联进发电机并网系统中。可以想见，频域法系统辨识并不广泛适用于大型发电机组，工程上也不会推荐这种具有安全风险的校核技术。

本章将简要介绍时域法同步发电机并网模型的建立，对简化版的计及功率响应的发电机并网系统建模进行推导详述，以期向从事参数辨识、稳定性分析的工作者提供分析参考，更好地指导工程实践中的相关研究与现场工作。

3.2 状态方程建模计算架构

3.2.1 状态方程的时域模型

同步发电机模型所描述的各阶电磁方程和以发电机转子运动为主体的机电方程可以看作在某一运行点下的线性常系数微分方程,如式(3-1)所示。而电力系统的潮流方程是一个代数方程,如式(3-2)所示。因而在发电厂并网系统,该方程是代数方程和微分方程组成的方程组。

$$\dot{x} = f(x, u, t) \tag{3-1}$$

$$g = f(x, u, t) \tag{3-2}$$

列向量 x 是状态向量,对应发电机模型方程里的各类微分项变量,如 1.3.2 节里的虚构电势 E'、E'',角速度 ω 和功角 δ 等。

列向量 u 是外部输入向量,是指模型里的外部置入条件。例如,发电机模型里若不考虑原动机与调速器,则需要置入一个机械转矩 T_m 才能使式(1-39)成立;即便考虑了调速器和原动机,由 2.2 节可知,也需要一个负荷给定的基值,如输入变量 ω_r。同样地,励磁系统里需要预置一个电压给定值 U_{ref},才能让励磁系统控制方程连续工作起来。甚至是电网模型里任一节点电压的控制值,如使某节点电压强制为 0 模拟的短路或支路阻抗强制为无穷大模拟的断线等场景,都可以作为外部输入向量的条件考虑在并网系统模型方程中。

列向量 g 是由列向量 x 和列向量 u 决定的代数变量。例如,发电机方程里计算的不含微分项的变量:u_d、u_q、I_d、I_q 和 P_e 等,将这些代数变量代入电网模型中参与潮流计算,可求解机-网交互的实时过程。

但是,式(3-1)、式(3-2)的解析一般需要通过数值积分算法,如隐式梯形法,将连续时间域上的微分方程组(DAEs)先离散化为一系列连续时间点上的离散计算模型,设定一个 t 时刻初始工况点:x_0 和 u_0,在已知的系统状态 $x(t)$、$u(t)$ 的情况下,求解 $t+1$ 时刻系统的状态 $\dot{x}(t+1)$、$\dot{u}(t+1)$,得到计算的 $x(t+1)$、$u(t+1)$ 后,再递推地计算后续 $t+2, t+3, \cdots, t+n$ 时刻的状态。不难发现,发电机六绕组模型的方程个数有限,可以手动求解实现。但是加上原动机(汽轮机、水轮机)模型、调速器模型和励磁 AVR 模型后,总的微分方程数量将大幅增加且求解难度成倍提高,因此借助计算机辅助求解工具就十分有必要了。目前电磁暂态仿真计算及 DAEs 求解成熟的工具有 PSS/E、PSCAD-EMTDC、PSASP、BPA 等。PSS/E 是美国电网调度计算的主要工具平台,PSCAD-EMTDC 是加拿大电网的计算平台,PSASP 和 BPA 则是我国自主研发的工具平台。软件采纳或集成了 IEEE、IEC 标准的各种汽轮机、水轮机及调速器、发电机及励磁调节器等通用模块,可任意组合使用。本书第二编会重点阐述仿真工具的使用方法。

这部分内容计算的数学专业性强,如果手动计算时域法模型,那么可先进行适当的模型简化,如对原动机模型、调速模型及励磁模型进行简化,典型的处理方式为忽略 PID 过程,只保留特性环节。为了说明一般性,这里对 DAEs 的求解方案展开描述,以便工程人员对该数学过程有一个初步的了解与认识,自行编码或选择合适的工具来研究实际问题。DAEs 的求解方案如图 3-3 所示。

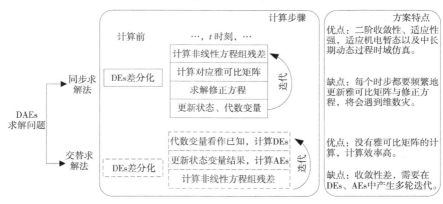

图 3-3　DAEs 的求解方案

除了隐式的数值积分算法外,在早期的系统暂态仿真中,也有用显式的数值积分算法的,如改进欧拉法、显式 Adams 2 步法、Runge-Kutta 四阶法等。

显式积分算法在计算时不需要迭代,并且具有二阶的计算精度,所以曾在一段时期被大量应用。但这些方法的数值稳定域较小,不适用于较大时间域动态过程的强刚性系统。例如,为保持数值的计算稳定性,其最大仿真步长仅为系统中最小时间常数的 1/4 左右,否则计算可能会出现不稳定的发散现象。当系统中有较小的时间常数时,将影响仿真效率。因此,后来的研究中,显式积分算法逐渐被隐式积分算法替代,显式积分算法更多用于预估隐式积分算法的迭代初值。

随着各类数学方法研究的进步,还出现了许多新式的数值积分算法,数值积分层面主要解决的是电力系统动态过程的刚性问题。刚性问题的特点是在求解其动态过程时,同时存在衰减较快的快动态过程与衰减较慢的慢动态过程,快动态过程的出现使得慢动态过程的求解复杂化。处理刚性问题的方法可分为多/变步长仿真、快/慢变量分组以及新的积分格式。对于计算机而言,算法的先进性对降低计算机的负担作用有限,于是出现了 CPU、GPU 组等高性能强大计算能力的硬件方案。目前亦有部分研究尝试采用云计算技术对仿真程序的形态以及功能进行扩展,实现多仿真业务的并行计算,代表性成果为清华大学开发的电力系统暂态云仿真平台"CloudPSS"。

总而言之,电力系统的仿真,尤其是大规模系统仿真计算是一项艰巨且在时常更新的重要技术,我们需要关注的是其物理方程相关的基本概念与工作架构。常规时域模型的建模计算架构如图 3-4 所示。

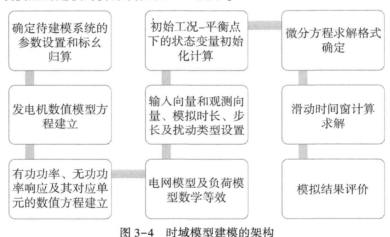

图 3-4　时域模型建模的架构

3.2.2　状态方程的频域模型

同样地,还可以利用频域阻抗法对系统进行稳定性评价。模型计算的区别在于:时域法可以利用外置向量连续输入;频域法必须预先设置好所有扰动,并作 Laplace 变换。当然,频域法只作用于小扰动模式的计算,即在扰动点做了线性化处理。

具体的过程为假设在初始状态下的状态变量和输入变量为 x_0 和 u_0,在初始状态施加扰动:

$$\begin{cases} x = x_0 + \Delta x \\ u = u_0 + \Delta u \end{cases} \tag{3-3}$$

那么,新的状态是:

$$\dot{\boldsymbol{x}} = \dot{\boldsymbol{x}}_0 + \Delta\dot{\boldsymbol{x}} = \boldsymbol{f}(\boldsymbol{x}_0 + \Delta\boldsymbol{x}, \boldsymbol{u}_0 + \Delta\boldsymbol{u}) \tag{3-4}$$

利用泰勒级数对状态方程 $\boldsymbol{f}$ 和 $\boldsymbol{g}$ 进行展开,同时忽略二阶以上的项,则有:

$$\begin{cases} \Delta\dot{x}_i = \dfrac{\partial f_i}{\partial x_1}\Delta x_1 + \cdots + \dfrac{\partial f_i}{\partial x_n}\Delta x_n + \dfrac{\partial f_i}{\partial u_1}\Delta u_1 + \cdots + \dfrac{\partial f_i}{\partial u_r}\Delta u_r \\ \Delta y_j = \dfrac{\partial g_j}{\partial x_1}\Delta x_1 + \cdots + \dfrac{\partial g_j}{\partial u_n}\Delta x_n + \dfrac{\partial g_j}{\partial u_1}\Delta u_1 + \cdots + \dfrac{\partial g_j}{\partial u_r}\Delta u_r \end{cases} \quad \begin{pmatrix} i = 1,2,3,\cdots,n \\ j = 1,2,3,\cdots,r \end{pmatrix}$$

$$\tag{3-5}$$

对方程(3-5)矩阵化:

$$\begin{cases} \Delta\dot{\boldsymbol{x}} = \boldsymbol{A}\Delta\boldsymbol{x} + \boldsymbol{B}\Delta\boldsymbol{u} \\ \Delta\boldsymbol{y} = \boldsymbol{C}\Delta\boldsymbol{x} + \boldsymbol{D}\Delta\boldsymbol{u} \end{cases} \tag{3-6}$$

对方程(3-6)进行 Laplace 变换,把微分用 Laplace 算子代替,则有:

$$\begin{cases} s\Delta\boldsymbol{x}(s) - \Delta\boldsymbol{x}(0) = \boldsymbol{A}\Delta\boldsymbol{x}(s) + \boldsymbol{B}\Delta\boldsymbol{u}(s) \\ \Delta\boldsymbol{y}(s) = \boldsymbol{C}\Delta\boldsymbol{x}(s) + \boldsymbol{D}\Delta\boldsymbol{u}(s) \end{cases} \tag{3-7}$$

也就是:

$$\Delta\boldsymbol{x}(s) = (s\boldsymbol{I} - \boldsymbol{A})^{-1}\left[\Delta\boldsymbol{x}(0) + \boldsymbol{B}\Delta\boldsymbol{u}(s)\right] \tag{3-8}$$

满足 $|s\boldsymbol{I} - \boldsymbol{A}| = 0$ 的值,即为该系统的特征值。小干扰线性化系统的稳定性就是由特征值决定的,也是我们熟悉的李雅普诺夫第一法。

总结一下,频域模型的建模计算架构如图 3-5 所示。

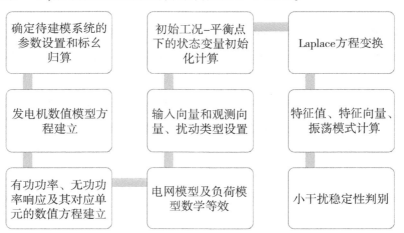

图 3-5　频域模型的建模计算架构

3.3　状态方程时域模型

3.3.1　电网、负荷模型的建立及初始化

无论时域、频域计算都需要对系统进行赋值、初始化及对电网、负荷进行建模等效。

建模计算架构中的系统参数收集和标幺归算按照常规方式处理,对发电机数值模型方程的建立,可选择简单三绕组模型进行等效。选择适当简化的有功、无功功率响应控制环节数学模型。

电网模型和负荷模型按照电路原理和潮流约束进行等效。

3.3.3.1　负荷模型

将网络中的负荷看作恒定功率型的 P_L+jQ_L 模型,计算过程中并联接入在网络参数中的节点导纳矩阵后参与潮流计算,所添加的负荷等值并联导纳为:

$$Y_L = \frac{\bar{S}_L^*}{|\bar{U}_L|^2} \tag{3-9}$$

式中, $\bar{S}_L^*$ 为 P_L-jQ_L 的标幺值, $\bar{U}_L$ 为经过潮流计算得到的负荷节点电压的标幺值。

3.3.3.2　电网模型

电网模型是输电线路上的一个阻抗等值,一般按照节点导纳的形式列写。这样就可以变成一个输入节点电压,获得支路电流的端口网络,便于状态参数交互计算。

在电网模型的节点导纳矩阵中,只有发电机节点向电网注入电流,其他节点的注入电流全为零,因此可消去网络中除发电机外的其他节点。以下是消去过程。

按照节点导纳的定义有:

$$I = Y \times V \tag{3-10}$$

令 $I = \begin{pmatrix} I_n \\ 0 \end{pmatrix}$,可以得到:

$$\begin{pmatrix} \boldsymbol{I}_n \\ 0 \end{pmatrix} = \begin{pmatrix} \boldsymbol{Y}_{nn} & \boldsymbol{Y}_{nr} \\ \boldsymbol{Y}_{rn} & \boldsymbol{Y}_{rr} \end{pmatrix} \begin{pmatrix} \boldsymbol{V}_n \\ \boldsymbol{V}_r \end{pmatrix} \tag{3-11}$$

其中下标 n 代表发电机节点，r 代表其余节点。

由式（3-11）展开并消去 $\boldsymbol{V}_r$，得到：

$$\boldsymbol{I}_n = (\boldsymbol{Y}_{nn} - \boldsymbol{Y}_{nr}\boldsymbol{Y}_{rr}^{-1}\boldsymbol{Y}_{rn})\boldsymbol{V}_n = \boldsymbol{Y}'\boldsymbol{V}_n \tag{3-12}$$

其中 $\boldsymbol{Y}'$ 就是消去网络节点后的导纳矩阵。

这样的好处在于省去了机-网模型中其他具体支路上的功率流过程，而只保留发电机的注入特性，大幅提高了计算效率。

最后注意 $\boldsymbol{Y}'$ 的阶数问题，该导纳矩阵是一个以发电机数量为长度的 n 维方阵。

对应潮流计算中直角坐标的方程，用 xy 坐标系表示电流向量的实部与虚部方程，可以得到消去网络节点后的网络代数方程如下：

$$\begin{cases} f_1 = I_{xi} - \displaystyle\sum_{j \in i} (G'_{ij}U_{xj} - B'_{ij}U_{xj}) & i = 1,2,\cdots,n \\ f_2 = I_{yi} - \displaystyle\sum_{j \in i} (G'_{ij}U_{yj} + B'_{ij}U_{xj}) & i = 1,2,\cdots,n \end{cases} \tag{3-13}$$

式中，f_1 为第 i 台发电机机端电流实部的增量 ΔI_{xi}，f_2 为第 i 台发电机机端电流虚部的增量 ΔI_{yi}；U_{xj} 和 U_{yj} 分别为第 j 台发电机机端电压的实部与虚部；G'_{ij} 和 B'_{ij} 分别为 $\boldsymbol{Y}'$ 矩阵中 i 行 j 列的电导、电纳元素。

至此，网络方程推导完毕，即式（3-13）。对于 n 机系统，有 $2n$ 个网络代数方程，表征了发电机节点向网络注入的电流增量。

3.3.3.3　初始化计算

对上述系统进行平衡点的初始化计算，一般由设定的仿真条件决定参数初始化的具体内容。发电机一般工作在两种典型的模式：恒功率模式和电压功率模式，即 PQ 节点和 PV 节点。

（1）PQ 节点：设定发电机的控制模式为功率模式，初始条件中已知发电机的 P、Q，网络参数（矩阵 $\boldsymbol{Y}$），以及平衡节点的电压和初相角。

（2）PV 节点：设定发电机的控制模式为功率电压模式，初始条件中已知发电机的 P、V，网络参数（矩阵 $\boldsymbol{Y}$），以及平衡节点的电压和初相角。

以发电机是 PQ 节点为例说明如何进行模型初始化。首先进行潮流计算，获得该种运行方式下的发电机 $\boldsymbol{V}_n$，也就是获得发电机节点的节点电压模值

$|\boldsymbol{V}_n|$ 和相角 $\boldsymbol{\theta}_n$。

通过式(3-12)可以计算发电机节点的支路电流,也就是定子电流 $\boldsymbol{I}_n$。这里的定子电流和机端电压均为向量。

然后通过计算虚构电势 $\boldsymbol{E}_q$ 找到 q 轴,则 q 轴与机端电压的夹角为发电机功角 δ,这时不难写出计算方程:

$$\begin{cases} \boldsymbol{E}_q = \boldsymbol{V}_n + \mathrm{j}\boldsymbol{x}_q \times \boldsymbol{I}_n \\ \boldsymbol{\delta} = \mathrm{atan}\dfrac{im(\boldsymbol{E}_q)}{real(\boldsymbol{E}_q)} \end{cases} \tag{3-14}$$

得到功角后便可以快速确定机端电压 $\boldsymbol{V}_n$ 和定子电流 $\boldsymbol{I}_n$ 在 dq 坐标上的位置,从而获得 u_d、u_q、i_d、i_q。

有了 d、q 轴的定子电流后,通过方程(1-19)可以计算初始的 E'_q,再通过式(1-38)计算初始的电磁功率 P_e、电磁转矩 T_e。

初始转子角速度的赋值一般选择稳定的平衡工况作为起始计算点,因而直接令 $\omega = 1$。

如果建立的是全绕组发电机电磁暂态模型,那么也容易由 d、q 轴的定子电流、暂态电抗和次暂态电抗计算虚构电势 E'_d、E''_d、E''_q。

至此,发电机模型的状态变量初值计算完成。

接下来就是功率响应环节的初值赋值,一般情况下均按照标幺工况设定相关初值。有一个变量较为特殊,即初始励磁电压,如果按照标幺值1来赋值,那么系统达到稳态需要较长时间,这时可将空载电势 E_1(求得的 E_q)赋值给初始的 E_{fd}。

3.3.2 发电机时域状态模型推导

发电机并网全系统的时域模型包含多个子系统的连接,为便于理解,先提供一个最基本的模型计算架构,使得发电机可以在简化后的特性中先完成基本功能的数学求解,再逐步计入功率响应的控制特性。

利用隐式积分算法,先推导同步发电机模型下的机电暂态过程,也就是转子运动关联的两个方程,利用基于隐式梯形积分法的暂态解析算法推导如下。

首先,有发电机转子运动方程:

$$\begin{cases} T_{\mathrm{J}} \dfrac{\mathrm{d}\omega}{\mathrm{d}t} = P_{\mathrm{m}} - P_{\mathrm{e}} \\[3mm] \dfrac{\mathrm{d}\delta}{\mathrm{d}t} = \Delta\omega \cdot \omega_{\mathrm{B}} \end{cases} \tag{3-15}$$

式中，T_{J} 和 t 的单位为 s，$\omega_{\mathrm{B}} = 314\ \mathrm{rad/s}$，其他变量均为标幺值。根据梯形积分法则，得 $t_n \sim t_{n+1}$ 的差分方程为：

$$\begin{cases} \omega_{n+1} = \omega_n + \dfrac{h}{2T_{\mathrm{J}}} \big[(P_{\mathrm{m},n+1} - P_{\mathrm{e},n+1}) + (P_{\mathrm{m},n} - P_{\mathrm{e},n}) \big] \\[3mm] \qquad = a_\omega (P_{\mathrm{m},n+1} - P_{\mathrm{e},n+1}) + b_\omega \\[3mm] \delta_{n+1} = \delta_n + \dfrac{h\omega_{\mathrm{B}}}{2} (\omega_{n+1} + \omega_n) = a_\delta \omega_{n+1} + b_\delta \end{cases} \tag{3-16}$$

式中，h 为时间步长，s。

$$\begin{cases} a_\omega = \dfrac{h}{2T_{\mathrm{J}}},\ b_\omega = a_\omega (P_{\mathrm{m},n} - P_{\mathrm{e},n}) + \omega_n \\[3mm] a_\delta = \dfrac{h\omega_{\mathrm{B}}}{2},\ b_\delta = a_\delta \omega_n + \delta_n \end{cases} \tag{3-17}$$

由式（3-16）消去 ω_{n+1}，其中 $P_{\mathrm{m},n+1} = P_{\mathrm{m}0}$，得到：

$$\delta_{n+1} = -a_\delta a_\omega P_{\mathrm{e},n+1} + b'_\delta \tag{3-18}$$

式中，

$$b'_\delta = (b_\omega + a_\omega P_{\mathrm{m}0}) a_\delta + b_\delta \tag{3-19}$$

这样，由 δ、ω 关联的系数组 a、b 跟随定步长 h 进行滑动求解就可以实时更新计算 δ 和 ω 的值了。与转子运动过程强关联的是电磁功率 P_{e}，因而接下来就进入了发电机电磁部分的计算。

下面推导同步发电机的电磁暂态过程，也就是虚构电势的方程的求解。先列出发电机转子绕组暂态方程的微分式：

$$T'_{\mathrm{d}0} p E'_{\mathrm{q}} \approx E_{\mathrm{fd}} - E'_{\mathrm{q}} - (x_{\mathrm{d}} - x'_{\mathrm{d}}) i_{\mathrm{d}} \tag{3-20}$$

继续利用梯形积分法则进行差分化，得：

$$\begin{aligned} E'_{\mathrm{q},n+1} &= E'_{\mathrm{q},n} + \frac{h}{2T'_{\mathrm{d}0}} \big[E_{\mathrm{fd},n+1} - E'_{\mathrm{q},n+1} - (x_{\mathrm{d}} - x'_{\mathrm{d}}) i_{\mathrm{d},n+1} + E_{\mathrm{fd},n} \\ &\quad - E'_{\mathrm{q},n} - (x_{\mathrm{d}} - x'_{\mathrm{d}}) i_{\mathrm{d},n} \big] = a_{\mathrm{q}1} E_{\mathrm{fd},n+1} + a_{\mathrm{q}2} i_{\mathrm{d},n+1} + b_{\mathrm{q}} \end{aligned} \tag{3-21}$$

式中，

$$\begin{cases} a_{q1} = \dfrac{h}{2T'_{d0} + h} \\ a_{q2} = -a_{q1}(x_d - x'_d) \\ b_q = a_{q1}\left[E_{fd,n} - 2E'_{q,n} - (x_d - x'_d)i_{d,n} \right] + E'_{q,n} \end{cases} \tag{3-22}$$

再由发电机定子电压方程更新定子电压：

$$\begin{cases} u_d = x_q i_q - ri_d \\ u_q = E'_q - x'_d i_d - ri_d \end{cases} \tag{3-23}$$

转化到 xy 坐标下：

$$\begin{cases} (u_x\sin\delta - u_y\cos\delta) - x_q(i_x\cos\delta + i_y\sin\delta) = 0 \\ E'_q - (u_x\cos\delta + u_y\sin\delta) - x'_d(i_x\sin\delta - i_y\cos\delta) = 0 \end{cases} \tag{3-24}$$

又知：

$$P_e = E'_q i_q - (x'_d - x_q)\, i_d i_q \tag{3-25}$$

将式(3-23)代入式(3-25)，并转化到 xy 坐标：

$$P_{e,n+1} = (u_d i_d + u_q i_q) \, |_{t=n+1} = (u_x i_x + u_y i_y) \, |_{t=n+1} \tag{3-26}$$

将式(3-26)代入式(3-18)，有：

$$\delta_{n+1} = -a_\delta a_\omega (u_x i_x + u_y i_y) \, |_{t=n+1} + b'_\delta \tag{3-27}$$

这样，由电磁暂态部分的计算向机电暂态传递的功角便得到了更新。

但是，电磁暂态方程(3-21)中有一个状态变量 E_{fd} 的更新问题还没有解决，这便要引入励磁系统的控制特性了。

励磁系统在发电机运行过程中为 AVR 闭环模式，如果将其设定为开环运行方式，E_{fd} 就保持为一个常数，这就失去了讨论励磁稳定性的意义。因而，必须考虑由机端电压与参考值形成反馈的闭环运行模式，才能使发电机方程具有实际意义。

标准励磁系统的 AVR 模型含有两级超前滞后环节，加上数字延时环节，开环传递函数增加至三阶，求解难度变大。所以不妨先忽略 PID 的精细化控制特征，引入一种忽略 PID 调节的简化版励磁系统传递函数，其框图如图3-6所示。

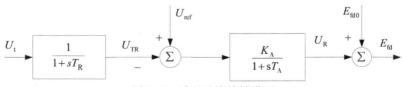

图 3-6　励磁系统简易模型

由上述传递函数模型框图,在每个调制环节后定义中间变量 U_{TR}、U_{R},即简化版 AVR 模型新增了两阶状态方程,整理上述励磁系统的状态方程式为:

$$\begin{cases} T_{\text{R}}pU_{\text{TR}} = U_{\text{t}} - U_{\text{TR}} \\ T_{\text{A}}pU_{\text{R}} = K_{\text{A}}(U_{\text{ref}} - U_{\text{TR}}) - U_{\text{R}} \\ E_{\text{fd}} = E_{\text{fd0}} + U_{\text{R}} \end{cases} \tag{3-28}$$

值得说明的是,E_{fd0} 只在首次定步长更新时计入,并不构成支路反馈。

AVR 转换至方程(3-28)的形式后,由前述经验,我们依旧可以整理出由步长关联的系数组 a 和系数组 b 待定求解的相应差分方程,这里略去推导,直接整理得:

$$\begin{cases} U_{\text{TR},n+1} = a_{\text{UTR}}U_{\text{t},n+1} + b_{\text{UTR}} \\ U_{\text{R},n+1} = a_{\text{Efd}}K_{\text{A}}(-U_{\text{TR},n+1}) + b_{\text{Efd}} \\ E_{\text{fd},n+1} = U_{\text{R},n+1} + E_{\text{fd}} \end{cases} \tag{3-29}$$

式中,

$$\begin{cases} a_{\text{UTR}} = \dfrac{h}{2T_{\text{R}} + h} \\ b_{\text{UTR}} = a_{\text{UTR}}(-2U_{\text{TR},n} + U_{\text{t},n}) + U_{\text{TR},n} \\ a_{\text{Efd}} = \dfrac{h}{2T_{\text{A}} + h} \\ b_{\text{Efd}} = a_{\text{Efd}}(2K_{\text{A}}U_{\text{ref}} - 2U_{\text{R},n} - K_{\text{A}}U_{\text{TR},n}) + U_{\text{R},n} \end{cases} \tag{3-30}$$

消去 $U_{\text{TR},n+1}$,$U_{\text{R},n+1}$,整理机端电压与励磁电压的关系,梳理得:

$$E_{\text{fd},n+1} = a'_{\text{Efd}}U_{\text{t},n+1} + b'_{\text{Efd}} \tag{3-31}$$

式中,

$$\begin{cases} a'_{\text{Efd}} = -a_{\text{Efd}}a_{\text{UTR}}K_{\text{A}} \\ b'_{\text{Efd}} = b_{\text{Efd}} - a_{\text{Efd}}K_{\text{A}}b_{\text{UTR}} + E_{\text{fd0}} \\ U_{\text{t},n+1} = \sqrt{u_{\text{d},n+1}^2 + u_{\text{q},n+1}^2} = \sqrt{u_{x,n+1}^2 + u_{y,n+1}^2} \end{cases} \tag{3-32}$$

将式(3-31)代入式(3-21),得到:

$$\begin{aligned} E'_{\text{q},n+1} = a_{\text{q1}}\left[a'_{\text{Efd}}\sqrt{u_{x,n+1}^2 + u_{y,n+1}^2} + b'_{\text{Efd}}\right] \\ + a_{\text{q2}}(i_x\sin\delta - i_y\cos\delta)\big|_{t=n+1} + b_{\text{q}} \end{aligned} \tag{3-33}$$

联立式(3-24)、(3-27)和(3-33),就得到系统的差分方程(略去下标 $n+1$)。式中参数运用前面公式可求得。

$$\begin{cases} f_3 = \delta_{n+1} + a_\delta a_\omega (u_x i_x + u_y i_y) - b'_\delta \\[6pt] f_4 = E'_{q,n+1} - a_{q1} \left[a'_{Efd} \sqrt{u_{x,n+1}^2 + u_{y,n+1}^2} + b'_{Efd} \right] \\[6pt] \qquad - a_{q2}(i_x \sin\delta - i_y \cos\delta) \Big|_{t=n+1} - b_q \\[6pt] f_5 = (u_x \sin\delta - u_y \cos\delta) - x_q (i_x \cos\delta + i_y \sin\delta) \\[6pt] f_6 = E'_{q,n+1} - (u_x \cos\delta + u_y \sin\delta) - x'_d (i_x \sin\delta - i_y \cos\delta) \end{cases} \quad (3\text{-}34)$$

式中,f_3 为发电机功角的增量 $\Delta\delta$,f_4 为发电机状态变量 E'_q 的增量 $\Delta E'_q$,f_5 为发电机机端电压 d 轴分量 u_d 的增量 Δu_d,f_6 为发电机机端电压 q 轴分量 u_q 的增量 Δu_q。

至此,简化版发电机并网模型的全部差分方程推导完毕,即式(3-13)和式(3-33)。对于 n 机系统,共有 $6n$ 个状态量,也有 $6n$ 个方程,每一步都可以利用牛顿迭代法求解。

此时,状态方程中的输入变量为 U_{ref} 和 P_m,它们可以作为扰动行为的激励源。当然,在上述推导中,无功响应的 AVR 控制过程是简化考虑的,励磁中的 PSS 环节也未被计入数学方程中,同样省略的还有原动机和具有下垂特性的调速过程。

不过,具有上述状态方程差分化、差分方程系数组求解的思路后,这些被简化掉的部分是很容易被写进方程中去的,只需要在上述基础架构中考虑叠加和串联嵌入特性即可。

3.3.3　功率响应控制系统数学模型推导

除了关联励磁系统相关的发电机状态变量外,无功响应控制系统的数学模型主要涉及各类 PID、反馈环节、超前滞后环节等,当然在有功响应控制系统下也是类似的。

我们先以励磁系统控制环节中的重要辅助环节 PSS 为例,学习如何将 PSS 数值模型化。

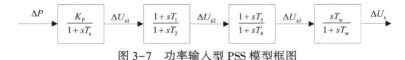

图 3-7　功率输入型 PSS 模型框图

图 3-7 所示的功率输入型 PSS 包含了工业用 PSS 所有的环节类型,即由 T_w 时间常数控制的隔直环节,直流增益 K_p,由时间常数 T_s 控制的积分环节以及由

时间常数 T_1、T_2、T_3、T_4 构成的两级超前滞后环节。将每一级环节后的临时变量分别标记为 ΔU_{s1}、ΔU_{s2}、ΔU_{s3}。

数学化传递函数可以通过理解状态方程的含义来解析。再次复习一下状态方程的概念：

$$\begin{cases} \Delta \dot{x} = A\Delta x + B\Delta u \\ \Delta y = C\Delta x + D\Delta u \end{cases} \tag{3-35}$$

如方程（3-35）所示，要将变量 $\boldsymbol{x}$、$\boldsymbol{y}$、$\boldsymbol{u}$ 厘清楚，才可以正确写出矩阵中的系数元素。状态变量在数学上具有可微分特性。

由此，先来拆解第一项：

$$\begin{cases} \Delta P \times \dfrac{K_P}{1 + sT_s} = \Delta U_{s1} \\ \Delta P \times K_P = \Delta U_{s1} + T_s \times s\Delta U_{s1} \end{cases} \tag{3-36}$$

不难看出，如果环节中有状态变量出现，就只能选择 ΔU_{s1} 了，Laplace 算子 s 表征的是微分，ΔU_{s1} 的微分量不仅关联当前 ΔU_{s1} 的值，还是后一级传递函数的输入，故将方程（3-36）整理一下得：

$$\Delta \dot{U}_{s1} = -\frac{1}{T_s}\Delta U_{s1} + \frac{K_P}{T_s}\Delta P \tag{3-37}$$

这样就获得了与方程（3-35）相接近的形式。继续将 ΔU_{s1} 作为下一环节的输入，取法乎上直至获得 ΔU_s，这里直接给出结果：

$$\begin{cases} \Delta \dot{U}_{s2} = \dfrac{1 - \dfrac{T_1}{T_s}}{T_2}\Delta U_{s1} - \dfrac{1}{T_2}\Delta U_{s2} + \dfrac{T_1 K_P}{T_2 T_s}\Delta P \\[4mm] \Delta \dot{U}_{s3} = \dfrac{T_3\left(1 - \dfrac{T_1}{T_s}\right)}{T_2 T_4}\Delta U_{s1} + \left(\dfrac{1 - \dfrac{T_3}{T_2}}{T_4}\right)\Delta U_{s2} - \dfrac{1}{T_4}\Delta U_{s3} + \dfrac{T_1 T_3 K_P}{T_2 T_4 T_s}\Delta P \\[4mm] \Delta \dot{U}_s = \dfrac{T_3\left(1 - \dfrac{T_1}{T_s}\right)}{T_w T_2 T_4}\Delta U_{s1} + \dfrac{1 - \dfrac{T_3}{T_2}}{T_w T_4}\Delta U_{s2} - \dfrac{1}{T_w T_4}\Delta U_{s3} - \dfrac{1}{T_w}\Delta U_s + \dfrac{T_1 T_3 K_P}{T_w T_2 T_4 T_s}\Delta P \end{cases} \tag{3-38}$$

如果要将 PSS 的状态方程标准化，就要人为补充一个输出方程，也就是 $y = \Delta U_s$ 的关系式。整理满足方程（3-37）～（3-38）的状态方程矩阵为：

$$\begin{cases} [\Delta \dot{U}_{s1}, \Delta \dot{U}_{s2}, \Delta \dot{U}_{s3}, \Delta \dot{U}_s]^T = \boldsymbol{A}[\Delta U_{s1}, \Delta U_{s2}, \Delta U_{s3}, \Delta U_s]^T + \boldsymbol{B}\Delta P \\ \boldsymbol{y} = \boldsymbol{C}[\Delta U_{s1}, \Delta U_{s2}, \Delta U_{s3}, \Delta U_s]^T + \boldsymbol{D}\Delta P \end{cases} \quad (3-39)$$

式中,

$$\boldsymbol{A} = \begin{pmatrix} -\dfrac{1}{T_s} & 0 & 0 & 0 \\ \dfrac{1-\dfrac{T_1}{T_s}}{T_2} & -\dfrac{1}{T_2} & 0 & 0 \\ \dfrac{T_3\left(1-\dfrac{T_1}{T_s}\right)}{T_2T_4} & \dfrac{1-\dfrac{T_3}{T_2}}{T_4} & -\dfrac{1}{T_4} & 0 \\ \dfrac{T_3\left(1-\dfrac{T_1}{T_s}\right)}{T_wT_2T_4} & \dfrac{1-\dfrac{T_3}{T_2}}{T_wT_4} & -\dfrac{1}{T_wT_4} & -\dfrac{1}{T_w} \end{pmatrix}, \boldsymbol{B} = \begin{pmatrix} \dfrac{K_P}{T_s} \\ \dfrac{T_1K_P}{T_2T_s} \\ \dfrac{T_1T_3K_P}{T_2T_4T_s} \\ \dfrac{T_1T_3K_P}{T_wT_2T_4T_s} \end{pmatrix}$$

$$\boldsymbol{C} = \begin{pmatrix} 0 \\ 0 \\ 0 \\ 1 \end{pmatrix}, \boldsymbol{D} = \begin{pmatrix} 0 \\ 0 \\ 0 \\ 0 \end{pmatrix}$$

由此 PSS 的数学模型就可以并入发电机模型去参与计算了。值得注意的是,熟悉 PSS 的工程人员发现隔直环节常常在 PSS 模型中的第一级,这里却将顺序打乱了,当然,串联模型的顺序不影响最终的调节效果。那么,这样的变更是什么缘由呢?

从上面的推导可以看到,有一个 Laplace 算子出现,即产生了微分,也就使该变量成了状态变量。如果不将隔直环节的顺序后移,那么输入变量 ΔP 就成了状态变量。成为状态变量当然没有问题,只要将向量 $\boldsymbol{u}$ 置为空向量即可,但实际计算中要尽量缩减状态变量数,以达到降阶的目的。这样的处理在电力控制系统的计算中有很多,因此,在不同的资料中看到的相关方程、矩阵有所不同,但是最终实现的效果是一样的。

再来看一个反馈环节的数学计算。

在有励磁机的励磁系统中,反馈环节是必不可少的。下面以图 3-8 所示的简单励磁反馈系统为例。

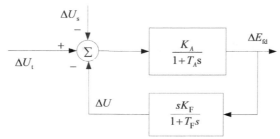

图 3-8 含反馈的励磁系统框图

$$\begin{cases} \Delta U = \dfrac{sK_F}{1 + sT_F}\Delta E_{fd} \\ \\ \Delta E_{fd} = \dfrac{K_A}{1 + sT_A}(\Delta U_t - \Delta U_s - \Delta U) \end{cases} \tag{3-40}$$

先对主环的 E_{fd} 进行 Laplace 算子移动,并将其化为状态变量,得:

$$\Delta \dot{E}_{fd} = \frac{K_A}{T_A}(\Delta U_t - \Delta U_s - \Delta U) - \frac{1}{T_A}\Delta E_{fd} \tag{3-41}$$

然后,系统中的 ΔU 不可避免地需要作为状态变量了,于是:

$$\begin{aligned} \Delta \dot{U} &= \frac{K_F}{T_F}\Delta \dot{E}_{fd} - \frac{1}{T_F}\Delta U \\ &= \frac{K_A K_F}{T_A T_F}(\Delta U_t - \Delta U_s - \Delta U) - \frac{K_F}{T_A T_F}\Delta E_{fd} - \frac{1}{T_F}\Delta U \\ &= \left(\frac{-K_A K_F - T_A}{T_A T_F}\right)\Delta U - \frac{K_F}{T_A T_F}\Delta E_{fd} + \frac{K_A K_F}{T_A T_F}(\Delta U_t - \Delta U_s) \end{aligned} \tag{3-42}$$

从而也可以写出该反馈环节状态方程的标准式:

$$\begin{cases} \begin{pmatrix} \Delta \dot{U} \\ \Delta \dot{E}_{fd} \end{pmatrix} = \boldsymbol{A}\begin{pmatrix} \Delta U \\ \Delta E_{fd} \end{pmatrix} + \boldsymbol{B}\begin{pmatrix} \Delta U_t \\ \Delta U_s \end{pmatrix} \\ \\ \boldsymbol{y} = \boldsymbol{C}\begin{pmatrix} \Delta U \\ \Delta E_{fd} \end{pmatrix} + \boldsymbol{D}\begin{pmatrix} \Delta U_t \\ \Delta U_s \end{pmatrix} \end{cases} \tag{3-43}$$

式中,

$$\boldsymbol{A} = \begin{pmatrix} \dfrac{-K_A K_F - T_A}{T_A T_F} & -\dfrac{K_F}{T_A T_F} \\ -\dfrac{K_A}{T_A} & -\dfrac{1}{T_A} \end{pmatrix}, \boldsymbol{B} = \begin{pmatrix} \dfrac{K_A K_F}{T_A T_F} & -\dfrac{K_A K_F}{T_A T_F} \\ \dfrac{K_A}{T_A} & -\dfrac{K_A}{T_A} \end{pmatrix}$$

$$C = \begin{pmatrix} 0 \\ 1 \end{pmatrix}, D = \begin{pmatrix} 0 \\ 0 \end{pmatrix}$$

最后一个特殊的环节是并联叠加环节,如并联型 PID 调节器。当然这种模式也可延伸至 PSS 如何叠加进主环模型的计算中,其在数学上的等效原理都是近似的。

以图 3-9 所示的并联 PID 框图为例,说明并联叠加环节数学计算模型的处理方式。

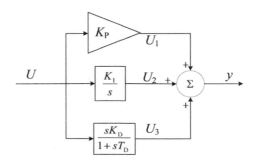

图 3-9　并联 PID 框图

依然先列出该模型对应的传递函数方程:

$$\Delta y = K_P + \frac{K_I}{s} + \frac{sK_D}{1 + sT_D}\Delta U \tag{3-44}$$

按照一般的分析手段,将并联 PID 拆解成三项状态变量,但是发现比例环节是不含 Laplace 算子的,将这个分量直接转移到输入向量 $\boldsymbol{u}$ 中。所以,有:

$$\begin{cases} \Delta \dot{U} = \Delta \dot{U} \\ \Delta \dot{U}_2 = K_I \Delta U \\ \Delta \dot{U}_3 = \dfrac{K_D}{T_D}\Delta \dot{U} - \dfrac{1}{T_D}\Delta U_3 \\ \Delta y = K_P \Delta U + \Delta U_2 + \Delta U_3 \end{cases} \tag{3-45}$$

从式(3-45)可以看出,由于输入向量的状态变量是未知的,加之微分的作用,因此这个方程无法继续描述。这时可以考虑完整 PID 的作用关系了,也就是输入变量通常采用经过一个测量环节后的机端电压(表现为滞后特性),与参考电压进行比较后作用到 PID 上。在模型中增加这两个部分,把图 3-9 变化为图 3-10 的形式。

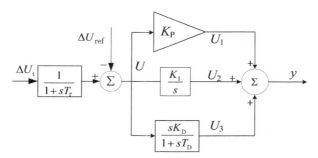

图 3-10 并联 PID 完整版框图

这时，

$$\Delta \dot{U} = \frac{-\Delta U}{T_\mathrm{r}} + \frac{\Delta U_\mathrm{t}}{T_\mathrm{r}} - \frac{\Delta U_\mathrm{ref}}{T_\mathrm{r}} \qquad (3\text{-}46)$$

这样也就能写出状态方程组的标准格式了：

$$\begin{cases} \begin{pmatrix} \Delta \dot{U} \\ \Delta \dot{U}_2 \\ \Delta \dot{U}_3 \end{pmatrix} = \boldsymbol{A} \begin{pmatrix} \Delta \dot{U} \\ \Delta \dot{U}_2 \\ \Delta \dot{U}_3 \end{pmatrix} + \boldsymbol{B} \begin{pmatrix} \Delta U_1 \\ \Delta U_\mathrm{ref} \end{pmatrix} \\[4mm] \boldsymbol{y} = \boldsymbol{C} \begin{pmatrix} \Delta \dot{U} \\ \Delta \dot{U}_2 \\ \Delta \dot{U}_3 \end{pmatrix} + \boldsymbol{D} \begin{pmatrix} \Delta U_\mathrm{t} \\ \Delta U_\mathrm{ref} \end{pmatrix} \end{cases} \qquad (3\text{-}47)$$

式中，

$$\boldsymbol{A} = \begin{pmatrix} \dfrac{-1}{T_\mathrm{r}} & 0 & 0 \\[3mm] K_\mathrm{I} & 0 & 0 \\[3mm] \dfrac{-K_\mathrm{D}}{T_\mathrm{r} T_\mathrm{D}} & 0 & \dfrac{-1}{T_\mathrm{D}} \end{pmatrix}, \boldsymbol{B} = \begin{pmatrix} \dfrac{1}{T_\mathrm{r}} & \dfrac{-1}{T_\mathrm{r}} \\[3mm] 0 & 0 \\[3mm] \dfrac{K_\mathrm{D}}{T_\mathrm{r} T_\mathrm{D}} & \dfrac{-K_\mathrm{D}}{T_\mathrm{r} T_\mathrm{D}} \end{pmatrix}$$

$$\boldsymbol{C} = \begin{pmatrix} K_\mathrm{P} \\ 1 \\ 1 \end{pmatrix}, \boldsymbol{D} = \begin{pmatrix} 0 \\ 0 \\ 0 \end{pmatrix}$$

获得通过微分方程计算的励磁系统无功响应控制的最后一级输出量——励磁电压后，即可与发电机方程实现嵌套计算。这就是计及无功响应控制系统的同步发电机数学模型的建立过程。

而在有功响应控制系统数学模型的建立中,已知同步发电机有功响应控制的直接作用单元是调速器、汽轮机和发电机。

在数值模型中对有功响应控制过程的建模需求主要有两条:

(1)能反映下垂调节特性——一次调频。

(2)能反映负荷调节过程——二次调频。

发电机方程中只有转子运动方程和有功功率相关,即电磁功率和机械功率偏差值在整个轴系的惯性作用下会产生转速偏差。转速偏差等效于频率偏差,因而体现了同步发电机惯性响应过程。由于发电机组的调速器及自动调频装置调节汽轮机汽门或水轮机导叶开度需要一定的时间,一次调频和二次调频动作较慢,因此响应初期只有惯性作用。惯性越大,为一次调频争取的时间越多,从而防止低频减载的误动作,有利于系统的频率稳定。

同步发电机及调速器的模型如图 3-11 所示,并表示为式(3-48)中的传递函数 G:

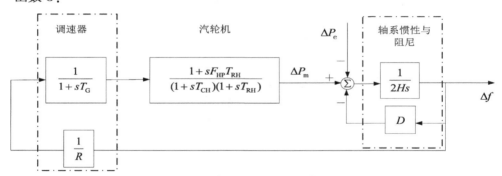

图 3-11　同步发电机及调速器数学模型

$$G = \frac{\Delta f}{\Delta P_e} = \frac{-R(1 + sT_G)(1 + sT_{CH})(1 + sT_{RH})}{(2Hs + D)(1 + sT_G)(1 + sT_{CH})(1 + sT_{RH})R + sF_{HP}T_{RH} + 1}$$

$$(3-48)$$

式中,s 为 Laplace 算子;T_G 为调速器系数;F_{HP} 为涡轮 HP 系数;T_{RH} 为再热器时间常数,s;T_{CH} 为主容积时间常数,s;$1/R$ 为发电机调速系统设置的调差系数。

获得描述从转速到机械功率/转矩的传递函数方程后即完成了模型建立的全部内容,接下来可以开始进行时域模型计算。

3.3.4　算例分析

由 3.2 节可知,时域法的模型涉及两种计算方式:同步求解与交替求解。交替求解涉及 DEs 的求解,如 MATLAB 提供了大量的 ODE 类求解器。交替算法也是被大量商业软件所采用的计算框架,但为了最大限度地展示时域模型计算的过程与步骤,也鉴于版权原因,本书特选用同步求解的牛顿法对本过程进行手动计算来示例时域建模的方程计算。

3.3.4.1　时域建模的方程计算过程与步骤

为了降低手动编程计算的复杂性,发电机暂采用三绕组模型,电枢电阻取为零;励磁系统仅有量测和放大环节;负荷采用恒定阻抗模型;忽略调速系统与汽轮机的转速传递过程。计算程序是在双核 Intel i3@ 3.9GHz 的计算机硬件环境下利用开源程序实现的,算法流程如图 3-12 所示。

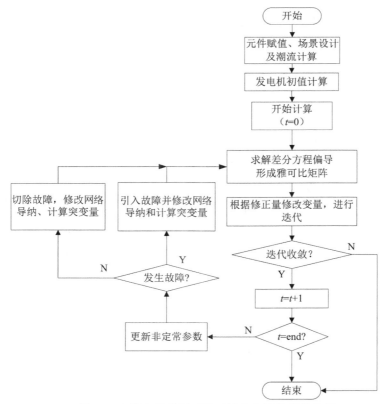

图 3-12　发电机并网系统时域稳定计算程序流程

（1）步骤一：初值计算。

潮流计算属于常规计算，其目的是给计算程序设置一个初始计算环境，获得节点导纳矩阵以及各节点电压、相角和有功功率、无功功率，本例不再赘述。潮流计算结果用于给发电机状态变量赋初值，相关步骤如下：

①用潮流计算结果设置发电机的电压初值相量 $\tilde{V}_{t0}$。

②利用 $\tilde{I}_{t0} = Y \times \tilde{V}_{t0}$ 获得发电机的电流初值相量 $\tilde{I}_{t0}$。

③计算虚构电势从而找到功角的初始值 $\delta_0 = \text{angle}(\tilde{V}_{t0} + jx_q\tilde{I}_{t0})$。

④根据功角确定 q 轴的位置，得到机端电压和电流的 d、q 分量：

$$\begin{cases} I_{d0} = real(\tilde{I}_{t0})\sin\delta_0 - im(\tilde{I}_{t0})\cos\delta_0 \\ I_{q0} = real(\tilde{I}_{t0})\cos\delta_0 + im(\tilde{I}_{t0})\sin\delta_0 \\ V_{d0} = real(\tilde{V}_{t0})\sin\delta_0 - im(\tilde{V}_{t0})\cos\delta_0 \\ V_{q0} = real(\tilde{V}_{t0})\cos\delta_0 + im(\tilde{V}_{t0})\sin\delta_0 \end{cases} \tag{3-49}$$

⑤然后获得 E_q 和 E'_q 的初值：

$$\begin{cases} E_{q0} = V_{q0} + x_d I_{d0} \\ E'_{q0} = V_{q0} + x'_d I_{d0} \end{cases} \tag{3-50}$$

⑥将励磁电压初值设为 E_{q0}，即 $E_{fd0} = E_{q0}$。

⑦计算电磁功率初值为 $P_{M0} = P_{e0} = \tilde{V}_{t0} \times conv(\tilde{I}_{t0})$。

⑧发电机转速初值置为额定转速，即 $\omega_0 = 1$（$\omega_{base} = 314 \text{ rad/s}$）。

（2）步骤二：建立雅可比矩阵。

牛顿–拉夫逊迭代的经典环节是求偏导。在简化后的系统里选用 xy 自然坐标系后有 6 个状态变量，即产生六维雅可比矩阵。式（3-13）和（3-34）即为对应的 6 个状态方程，也就是待求的局部线性化方程。将其依次进行整理排列，可获得雅可比矩阵，分别为：

$$1: \delta \sim f_3 \qquad 4: u_q \sim f_6$$

$$2: E'_q \sim f_4 \qquad 5: I_x \sim f_1$$

$$3: u_d \sim f_5 \qquad 6: I_y \sim f_2$$

$$J = \begin{pmatrix} J_{11} & J_{21} & J_{31} & J_{41} & J_{51} & J_{61} \\ J_{12} & J_{22} & J_{32} & J_{42} & J_{52} & J_{62} \\ J_{13} & J_{23} & J_{33} & J_{43} & J_{53} & J_{63} \\ J_{14} & J_{24} & J_{34} & J_{44} & J_{54} & J_{64} \\ J_{15} & J_{25} & J_{35} & J_{45} & J_{55} & J_{65} \\ J_{16} & J_{26} & J_{36} & J_{46} & J_{56} & J_{66} \end{pmatrix}$$

对各元素分别进行求解,即获得了 t 时刻的矩阵 J。

对确定的状态方程进行偏导函数求解不是一个难题,但这里需要注明的是,如果模拟的是单台发电机,那么矩阵 J 里的元素均表示一个 $1×1$ 的数值;如果模拟的是多机系统,那么每个元素表示为 $m×m$ 的子块矩阵(m 为系统的发电机台数)。这时需要注意特殊的处理,我们以 J_{11} 子块矩阵元素来看: J_{11} 表示函数 f_3 (式(3-34))对功角求偏导 $\dfrac{\partial f_3}{\partial \delta}$,由于各台发电机的运动状态独立,因此 J_{11} 里的对角元素表示为各运动方程的偏导值,而非对角元素的偏导值则为0,得:

$$J_{11} = \begin{pmatrix} \dfrac{\partial f_{31}}{\partial \delta_1} = 1 & 0 & 0 \\ 0 & \dfrac{\partial f_{3i}}{\partial \delta_i} = 1 & 0 \\ 0 & 0 & \dfrac{\partial f_{3m}}{\partial \delta_m} = 1 \end{pmatrix} \quad i = 1,2,\cdots,m$$

依此类推,最终形成完整的雅可比矩阵 J。

(3)步骤三:残差修正、迭代循环与非定常参数更新。

根据牛顿-拉夫逊迭代的通行法则,接下来要计算残差。得到残差后再将残差值与雅可比矩阵做乘,形成偏差量,对状态变量进行更新。判断残差值的最大值是否满足收敛条件,决定当前时刻的计算是否可递归至下一时刻。

其中,残差值的计算即用状态方程式(3-34)的值与当前时刻的状态量作差:

$$c = \max \begin{vmatrix} \delta(t) - f_3(t) \\ E'_q(t) - f_4(t) \\ V_x(t) - f_5(t) \\ V_y(t) - f_6(t) \\ I_x(t) - f_1(t) \\ I_y(t) - f_2(t) \end{vmatrix}$$

然后根据残差偏移更新状态变量：$\Delta = J^{-1} \times c$

$$[\hat{\delta}, \hat{E}'_q, \hat{V}_x, \hat{V}_y, \hat{I}_x, \hat{I}_y] = \Delta + [\delta, E'_q, V_x, V_y, I_x, I_y]$$

用更新后的状态变量再次计算残差，检验其最大值是否满足迭代循环条件，并记当前循环次数+1：

$$c^{n=2} = \max \begin{vmatrix} \hat{\delta}(t) - f_3(t) \\ \hat{E}'_q(t) - f_4(t) \\ \hat{V}_x(t) - f_5(t) \\ \hat{V}_y(t) - f_6(t) \\ \hat{I}_x(t) - f_1(t) \\ \hat{I}_y(t) - f_2(t) \end{vmatrix}$$

若残差值小于设定的迭代误差限值，或迭代次数 n 满足最大迭代次数，则记录当前时刻的状态变量为 t 时刻的状态变量计算值。然后 $t=t+1$，进行下一次的步骤二。

在当前 t 时刻的结果完全结束时，还要更新非定常系数，也就是与状态变量关联的差分方程描述函数中的参数 a 与参数 b。

（4）步骤四：故障触发。

处理这一步的灵活性很强，体现了大家对暂态概念认识的差异性。

最为一般地，电气类故障如短路、断线故障的暂态一定会涉及系统节点导纳矩阵的改变。将节点的对地导纳设置为趋于无穷大可近似为金属性短路，用来模拟短路故障；将首末节点间的阻抗设置为零，可以模拟断线故障。然后再次计算节点导纳矩阵 Y 即可。

另外一个问题是突变量的计算，本书认为在简单机电暂态环境里，导纳矩阵的瞬时修改仅在电气信号上产生突变，因此故障发生瞬间的初值，仅功角与暂态电势保留上一时刻的计算结果,而将 xy 坐标下的电压、电流进行瞬时突变量修改。进而,仅在故障发生瞬间雅可比矩阵进行了降阶(变成 4×4 维),其余计算原则上不变。

（5）步骤五:执行循环与结果展示。

按照上述原则,更新 $t=t+1$ 大循环,而每一个 t 时刻下都存在新的雅可比矩阵的生成、新的残差计算、新的非定常系数计算的迭代循环,直至计算结束。

由此完成手动编程的发电机并网系统时域模型仿真计算全过程。

这里采用标准 IEEE 3 机 9 节点模型,如图 3-13 所示。程序是在开源环境下自行编程实现计算的,仅做一般性示例说明。下面讨论故障切除时间和励磁参数两个场景下的系统稳定性。

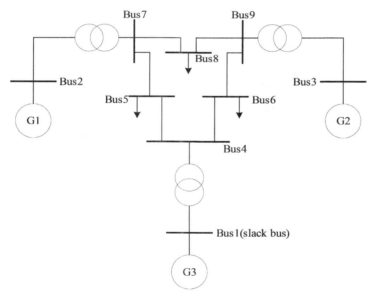

图 3-13　IEEE 3 机 9 节点系统结构图

3.3.4.2　故障切除时间测试

设置系统故障在 5 号节点,故障模拟三相短路,展示状态变量——功角的仿真结果如图 3-14 所示。

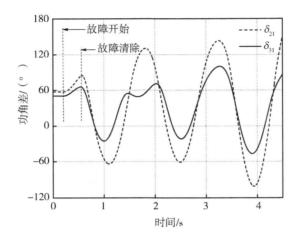

图 3-14　短路故障时功角差仿真曲线

图 3-14 是短路故障时的功角差仿真曲线,故障起始时间为 0.20 s,清除时间为 0.54 s。由图可知,在 0~4.581 s 的时间内,两组功角差均没有超过 180°,系统仍然稳定,4.581 s 以后系统失稳。

再利用逐次仿真逼近的方式,找到临界故障清除时间为 0.522 5 s,如图 3-15 所示。

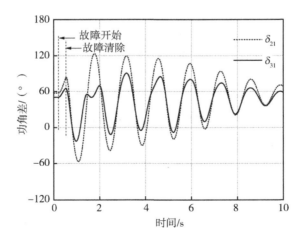

图 3-15　故障持续至 0.522 5 s 时的功角差仿真曲线

由仿真结果可知:系统发生故障时,快速检测并清除故障是保证系统暂态稳定的首要条件,清除故障后如果能采取一些稳定措施,系统恢复稳态的可能性就会增加。

需要说明的是,该结果是在忽略部分环节的情况下得到的,因此系统发散与临界稳定之间的时间差非常接近。但是,真实的机组机端三相短路故障临界切除时间远比 0.522 5 s 大,这是因为励磁系统的 PSS 与汽轮机调速系统提供了惯性阻尼,大大增加了稳定性。

3.3.4.3　励磁机放大倍数测试

依然将三相短路故障设置在 5 号节点,故障起始时间为 0.20 s,故障清除时间为 0.45 s。将 3 台机组的励磁放大倍数同时分别设置为 100、50、120、200。仿真结果分别如图 3-16~图 3-19 所示。

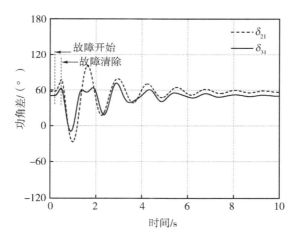

图 3-16　放大倍数 $K_A = 100$ 时的功角差仿真曲线

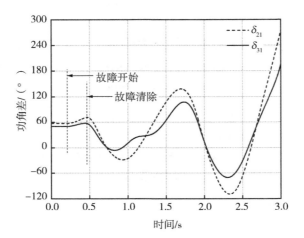

图 3-17　放大倍数 $K_A = 50$ 时的功角差仿真曲线

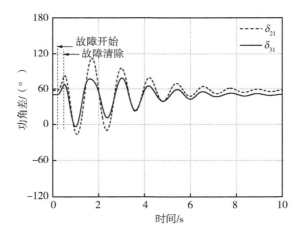

图 3-18　放大倍数 $K_A = 120$ 时的功角差仿真曲线

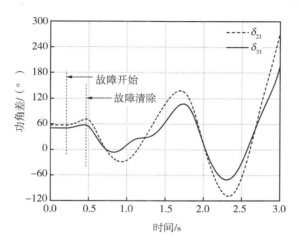

图 3-19 放大倍数 $K_A = 200$ 时的功角差仿真曲线

由上述仿真结果可知:提高励磁系统的直流增益可有效增强系统的暂态稳定特性,有利于系统保持稳定的动态特性,但过高增益会引起系统不稳定,如图 3-19 所示。因此,正确整定励磁系统的参数十分重要。

综上所述,建立发电机并网系统模型时,忽略阻尼,不计及精细的有功、无功功率响应过程,对计算结果趋势判别并不会产生太明显差异;但如果要精确定量分析,就需要建立详细的暂态模型了。

3.4 状态方程频域模型

经典的频域法模型为线性化的 Heffron-Philips 模型,该模型对于分析小干扰功角稳定性问题有着可见的便捷性。可是,经典 Heffron-Philips 模型的发电机部分是简化模型,多为无阻尼绕组的发电机三绕组模型,功率响应控制环节也忽略了有功控制响应,电网部分则是关联系统阻抗而将问题限定于单机-无穷大系统。

在对发电机模型已有较为全面的建模思路后,我们可以将全绕组的电磁暂态模型结合 Heffron-Philips 模型进行延伸,再配置电网部分就获得了发电机并网系统的频域模型。

我们先将熟悉的发电机部分整理如图 3-20 所示。

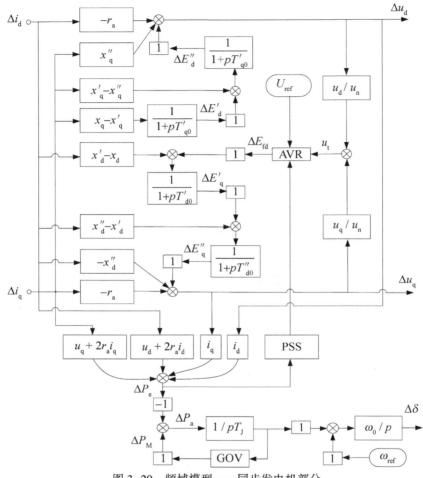

图 3-20　频域模型——同步发电机部分

受篇幅所限,图 3-20 中有 3 个模块未展示传递函数,分别是励磁系统(AVR)、汽轮机与调速系统(GOV)以及电力系统稳定器(PSS)。图中两处输入参考值 U_{ref}、ω_{ref} 分别为无功、有功响应控制目标。当然,有功响应控制目标 ω_{ref} 也可以利用负荷指令 P_{ref} 直接控制,不同模式之间可以转换,最终形成计及功率响应的发电机动态频域模型。

在获得发电机部分在 dq 坐标系下的电压、电流端口方程后,还须增加电力网络的频域方程,方可获得完整的发电站并网系统频域模型。

对我们来说,网络方程的列写并不陌生,网络方程中不含高阶项,是纯代数

运算。现有的网络方程频域化处理方式较为成熟,大致分为 3 种:

(1)dq 坐标统一化整理。

(2)xy 直角坐标统一化整理。

(3)RJ 极坐标统一化整理。

这 3 种类型其实可归为两类,dq 坐标属于第一类。对于发电机来说,dq 坐标系下已经有很成熟的物理概念和电路方程,只需将网络方程转换到 dq 坐标系即可;xy 坐标与 RJ 坐标属于另一类,其实就是电力潮流方程的两种常用表达。潮流计算中将节点分为 P、Q、U、θ 四个参数,RJ 坐标系下更容易与该概念关联,而在大型网络潮流分析的计算机计算中,xy 坐标更常用,此时需要将发电机的端口变量变换到 xy 坐标或 RJ 坐标下。

3.3 节已经展示了 xy 坐标系下的时域模型方程,总结其电压、电流的变换方程如式(3–51)所示。对方程(3–51)取模值运算和反正切运算提取幅值和相角即可转换至 RJ 坐标系。

$$\begin{cases} I_{\mathrm{d}} = I_x \sin \delta - I_y \cos \delta \\ I_{\mathrm{q}} = I_x \cos \delta + I_y \sin \delta \\ V_x = V_{\mathrm{d}} \sin \delta + V_{\mathrm{q}} \cos \delta \\ V_y = - V_{\mathrm{d}} \cos \delta + V_{\mathrm{q}} \sin \delta \end{cases} \quad (3\text{--}51)$$

现在来整理 dq 坐标系下的电网方程。

式(3–10)至(3–12)已经给出了电网模型的方程,即通过节点电压来更新发电机节点的注入电流。dq 坐标统一化整理依然借助这个架构,将图 3–19 中的功角抽离出来形成状态变化矩阵,新关系为:

$$\begin{cases} \boldsymbol{T}_\delta (\boldsymbol{I}_{\mathrm{d}} + \mathrm{j} \boldsymbol{I}_{\mathrm{q}}) = \boldsymbol{I}_G \\ \boldsymbol{T}_\delta (\boldsymbol{V}_{\mathrm{d}} + \mathrm{j} \boldsymbol{V}_{\mathrm{q}}) = \boldsymbol{V}_G \end{cases} \quad (3\text{--}52)$$

式中,

$$\boldsymbol{T}_\delta = \begin{pmatrix} \mathrm{e}^{\mathrm{j}\left(\delta_1 - \frac{\pi}{2}\right)} & 0 & 0 \\ 0 & \dots & 0 \\ 0 & 0 & \mathrm{e}^{\mathrm{j}\left(\delta_m - \frac{\pi}{2}\right)} \end{pmatrix}$$

图 3–21 展示了并网全系统在 dq 坐标系下的多输入多输出模型拓扑。该模型是一个计及功率响应且发电机电磁暂态较为精细的模型,较为复杂,但可以根据讨论场景的不同转化为单输入多输出的关系。例如,参考值不变,将节点导纳

矩阵 Y 的某元素设置为无穷大,模拟三相短路,观察电压、电流、功角等状态变量的映射关系。在许多文献中看到的某个工况下的稳定性讨论也可以依此进行模拟还原。

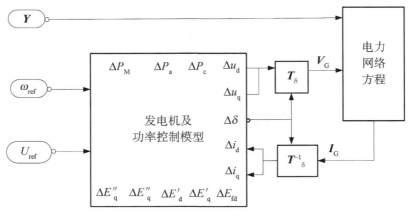

图 3-21　频域模型——并网全系统

图 3-20 中显示的不计 AVR、PSS、GOV 环节中带 s 算子的中间状态变量外的 13 个状态变量,其中加速功率 ΔP_a 可以略去,而控制过程的中间变量往往也不被关心,于是可以写出状态方程与关联矩阵,如式(3-53)所示。

$$
\begin{pmatrix}
\dot{\Delta i}_d \\
\dot{\Delta i}_q \\
\dot{\Delta u}_d \\
\dot{\Delta u}_q \\
\dot{\Delta \delta} \\
\vdots \\
\dot{\Delta P}_e
\end{pmatrix}
= A
\begin{pmatrix}
\Delta i_d \\
\Delta i_q \\
\Delta u_d \\
\Delta u_q \\
\Delta \delta \\
\vdots \\
\Delta P_e
\end{pmatrix}
+ B
\begin{pmatrix}
\Delta Y \\
\omega_{ref} \\
U_{ref}
\end{pmatrix}
\tag{3-53}
$$

采用这样的模块化建模技术可以形成状态方程,并求得系统状态矩阵 A。参照 3.3 节中对 PID 环节的处理方法写出所有子环节的矩阵 A,从而获得某个扰动模式下的全系统状态矩阵 A。

不得不说这样的工作难度非常大,对技术人员数学水平的要求也极高。好在 MATLAB 自动控制库与其 Simulink 集成软件提供了一种很便捷的计算模式，在配置好模型的输入输出关系后，可以快速获得状态矩阵。需要注意的是，当前计算状态矩阵的方式还需要转换为 SIMO，也就是单输入多输出系统。而通过改变输入量 $\{[\Delta \boldsymbol{Y}, \boldsymbol{\omega}_{\text{ref}}, \boldsymbol{U}_{\text{ref}}], [\boldsymbol{Y}, \Delta \boldsymbol{\omega}_{\text{ref}}, \boldsymbol{U}_{\text{ref}}], [\boldsymbol{Y}, \boldsymbol{\omega}_{\text{ref}}, \Delta \boldsymbol{U}_{\text{ref}}]\}$，就分别获得了短路扰动、负荷变化扰动、励磁系统阶跃扰动等场景。这种方法不局限于单机-无穷大系统，可以适用于任意交流系统的分析。鉴于版权原因，本书不再详述使用 MATLAB 分析发电机并网系统频域模型的过程。但伊朗洛雷斯坦大学的 Hamzeh Beiranvand 等人在文献［33］中公开了一种简化版 dq 坐标系下单机-无穷大系统的 Simulink 开源模型，可以获得状态矩阵并讨论系统稳定性，其模型拓扑如图 3-22 所示，发电机为三绕组模型，考虑了不含 AVR、PSS 与 GOV 之外的 9 个状态变量。

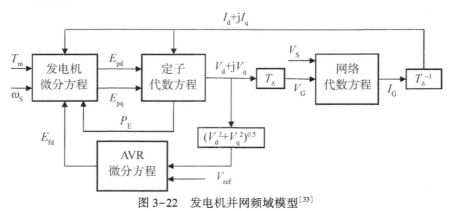

图 3-22　发电机并网频域模型[33]

获得系统状态矩阵 $\boldsymbol{A}$ 后，可以对系统全维特征值和对应特征向量进行计算。再利用式（3-54）、（3-55）计算功角振荡模式和电压振荡模式的机电相关比，利用参与因子确定每个模式下各台发电机的参与度，从而找到薄弱环节进行参数优化。

$$\rho_{\delta, k} = \frac{\sum_{\substack{i \\ \Delta X_i \in C_{\text{P}\delta}}} P_{ki, \text{P}\delta}}{\sum_{\substack{j \\ \Delta X_j \notin C_{\text{P}\delta}}} P_{kj, \text{P}\delta}} \tag{3-54}$$

$$\rho_{V,k} = \frac{\sum\limits_{\substack{i \\ \Delta X_i \in C_{QV}}} P_{ki,QV}}{\sum\limits_{\substack{j \\ \Delta X_j \notin C_{QV}}} P_{kj,QV}}$$ （3-55）

式中，$\rho_{\delta,k}$ 和 $\rho_{V,k}$ 分别为第 k 个特征值的功角振荡相关比和电压振荡相关比；下标 k 表示第 k 个特征值；下标 Pδ 表示与有功功角相关；下标 QV 表示与无功电压相关；i 和 j 对应两种模式下发电机的序号；$C_{P\delta}$ 表示与第 k 个特征值相关的功角状态变量 $\Delta\delta$、$\Delta\omega$ 的集合；C_{QV} 表示与第 k 个特征值相关的电势状态变量 $\Delta E'_q$、$\Delta E''_d$、$\Delta E''_q$ 的集合；P 为参与因子。

利用特征值分析系统小干扰稳定性问题时，特征值实部应小于零或不大于某一给定阈值（负数），而阻尼比应不小于某一阈值。由于运行条件的变化，特征值的大小和次序会发生改变，两类振荡模式也会相应发生变化，从而选择出不满足阈值要求的功角模式，因此通过振荡模式分析可以决定系统发电机的启停或者优化励磁、调速系统的控制参数。这就是发电机并网系统频域模型的重要之处与实用之处了。

当然，频域问题在控制系统中一直属于专业性强、理论难度大的问题。即便在系统、工况、设备等建模中采取了大量假设条件和简化方法，其计算量依然很大。除了自己开发计算工具以外，大量商业软件也可以完成这样的工作，工程人员只要掌握其概念与工具使用方法即可。例如，美国的 PSS/E、我国的 PSASP 和 BPA 等均已集成了小干扰稳定性分析功能，本书第二编将对此进行阐述。

3.5 本章小结

本章揭示了同步发电机并网系统建模的工作内涵，梳理并给出了同步发电机并网系统状态方程建模计算架构。重点阐述了时域法下同步发电机并网模型的建立，对计及功率响应的发电机并网系统建模进行了推导详述，给出了频域法的模型建立重点元素，以期向从事参数辨识、稳定性分析的读者提供指导参考。

参考文献

［1］SAAVEDRA-MONTESA J, RAMIREZ-SCARPETTA J M, RAMOS-PAJA C

A, et al. Identification of excitation systems with the generator online [J]. Electric Power Systems Research, 2012,87:1-9.

[2]HAJNOROOZI A A , AMINIFAR F, AYOUBZADEH H .Generating unit model validation and calibration through synchrophasor measurements[J]. IEEE Transactions on Smart Grid, 2014,6(1):441-449.

[3]LORENZ-MEYER N, SUCHANTKE R, SCHIFFER J. Dynamic state and parameter estimation in multi-machine power systems-experimental demonstration using real-world PMU-measurements[J]. Control Engineering Practice,2023, 135:1-10.

[4] ZAKER B, GHAREHPETIAN G B, KARRARI M, et al. Simultaneous parameter identification of synchronous generator and excitation system using online measurements [J]. IEEE Transactions on Smart Grid, 2016, 7 (3): 1230-1238.

[5]CHIN-CHU T, LE-REN C C, I-JEN C, et al. Practical considerations to calibrate generator model parameters using phasor measurements[J]. IEEE Transactions on Smart Grid,2017,8(5):2228-2238.

[6]EISENBARTH J, WOLD J. A data-driven method for estimating parameter uncertainty in PMU-based power plant model validation[C]//2020 IEEE Kansas Power and Energy Conference (KPEC). IEEE,2020:1-6.

[7]BOGODOROVA T, VANFRETTI L, PERIC V S, et al. Identifying uncertainty distributions and confidence regions of power plant parameters [J]. IEEE Access,2017,5:19213-19224.

[8]ARASTOUA, RABIEYAN H, HOSSEINI S M, et al. Dynamic state and parameter estimation of the improved Heffron-Phillips model using a fast UKF-based algorithm and a novel rotor angle measurement approach[J]. Electric Power Systems Research,2022,209:1-9.

[9]Michał Lewandowski, Łukasz Majka, Aleksandra Wietlicka. Effective estimation of angular speed of synchronous generator based on stator voltage measurement [J]. International Journal of Electrical Power & Energy Systems, 2018, 100: 391-399.

[10]Marcin Sowa, Łukasz Majka, Klaudia WajdaMarcin Sowa, et al. Excitation sys-

tem voltage regulator modeling with the use of fractional calculus[J]. Int. J. E-lectron. Commun. (AEÜ),2023,159:1-12.

[11]Fernandes, Luís Filomeno de Jesus, Costa Júnior, et al. Estimation of dominant mode parameters in power systems using correlation analysis[J]. Electric Power Systems Research,2017,148:295-302.

[12]EHSAN R, JAWAD F, MOEIN A. Detecting loss of excitation condition of synchronous generator in the presence of unified power flow controller based on data mining method[J]. Electric Power Systems Research,2024,228:1-15.

[13] HOSSEINALIZADEH T, SALAMATI S M, SALAMATI S A, et al. Improvement of identification procedure using hybrid cuckoo search algorithm for turbine-governor and excitation system[J]. IEEE,2019,34(2):585-593.

[14]ZAKER B, KHODADADI A, KARRARI M. A new approach to parameter identification of generation unit equipped with brushless exciter using estimated field voltage[J]. International journal of electrical power and energy systems,2022, 141:1-10.

[15]Adrian Nocon, Stefan Paszek. A comprehensive review of power system stabilizers[J]. Energies,2023,16(1945):1-33.

[16]Graham Dudgeon. Power Plant Model Validation (PPMV). GitHub,2024-07-11.

[17]王翔宇,陈武晖,郭小龙,等.发电系统数字化研究综述[J/OL][2024-01-25].发电技术:1-23.

[18]贺仁睦,沈峰,韩冬,等.发电机励磁系统建模与参数辨识综述[J].电网技术,2007(14):62-67.

[19]吴涛,梁浩,谢欢,等.励磁系统控制关键技术与未来展望[J].发电技术,2021,42(2):160-170.

[20]李文锋,刘增煌,朱方,等.交流励磁机数学模型中去磁因子的计算[J].中国电机工程学报,2006(18):25-27.

[21]王兴贵,王言徐,智勇.辨识理论在发电机励磁系统建模中的应用[J].电力系统保护与控制,2010,38(7):52-55.

[22]苏宇,王政.发电机励磁系统参数辨识方法综述[J].科技资讯,2016,14(32):57-59.

［23］邱健,于海承,环加飞,等.同步发电机非线性模型的期望最大辨识［J］.电网技术,2016,40（8）:2376-2382.

［24］邱健,周孝信,于海承,等.基于电网动态特性的发电机主导参数辨识方法［J］.中国电机工程学报,2016,36（14）:3699-3706.

［25］环加飞,罗亚洲,邱健.基于 EM-KF 的同步发电机参数辨识方法［J］.电子测试,2016,27（3X）:55-58.

［26］邱健,牛琳琳,于海承,等.基于多源数据的在线数据评估技术［J］.电网技术,2013,37（9）:2658-2663.

［27］朱泽翔,熊鸿韬,马安安,等.非连续动态同步发电机组的空间正则化参数辨识方法［J］.电力系统自动化,2018,42（10）:93-99.

［28］郭艺潭,贾洪岩,宋炎侃,等.基于 GMM-PSO 混合算法的电磁暂态模型参数校正方法［J］.电网技术,2022,46（8）:3240-3247.

［29］沈小军,李梧桐,乔冠伦,等.同步发电机励磁系统模型参数离线辨识自动寻优方法［J］.电工技术学报,2018,33（18）:4257-4266.

［30］姜赫,安军,李德鑫,等.基于 WAMS 实测数据的电力系统仿真致差区域识别方法［J］.电力系统保护与控制,2021,49（4）:96-103.

［31］涂岗刚.提升电力系统稳定性的"源网储"多元互动控制与优化［D］.杭州:浙江大学,2022.

［32］张淞.基于改进果蝇优化算法的同步发电机模型参数辨识方法研究［D］.成都:电子科技大学,2023.

［33］BEIRANVAND H, ROKROK E, SHAKARAMI M R, et al. MatSim:a Matpower and Simulink based tool for power system dynamics course education ［C］//31th Power System Conference, Tehran, Iran,2016:1-6.

第二编　仿真工具实用方法

第4章　基于 PSASP 的并网系统仿真及分析方法

电力系统分析综合程序 PSASP(Power System Analysis Software Package)(图 4-1),图标 **PSASP**,为中国电力科学研究院有限公司开发所有。用于电力系统仿真,可以实现潮流计算、暂态稳定计算、短路计算、静态安全分析计算等多种功能。具有用户自定义建模环境,如地理位置接线图界面、用户自定义模型界面等,可灵活定义功能模块的样式。

图 4-1　PSASP

国家电网公司调度部门运用 PSASP 对各个电源点和输电网络进行了等效建立,形成了大系统、成规模的仿真模型。随着涉网试验的普及,电源侧发电单元实测模型的建立和管理也越来越规范。借助 PSASP 的强大功能可以对建模试验、关键参数预计算校核及系统稳定性进行评估,加之同步发电机并网系统的研究有别于侧重于网侧分析的传统电力系统,本章讨论的仿真分析方法主要聚焦于以同步发电机为代表的电源侧相关问题。

4.1 PSASP 软件简介

PSASP 拥有图模一体化支持平台,同一系统可有多套电网图形,支持厂站主接线,可实现各类元件图元样式的灵活定义和扩展。程序引入了模型组件的概念,通过建立组件库起到扩展功能框的作用。PSASP 程序包含如下功能模块:

- PSASP 潮流计算
- PSASP 暂态稳定计算
- PSASP 短路计算
- PSASP 电磁暂态仿真计算
- PSASP 最优潮流和无功优化计算
- PSASP 静态安全分析计算
- PSASP 网损分析计算
- PSASP 静态和动态等值计算
- PSASP 用户自定义模型和程序接口
- PSASP 直接法稳定计算
- PSASP 小干扰稳定分析
- PSASP 电压稳定分析
- PSASP 继电保护整定计算
- PSASP 线性/非线性参数优化
- PSASP 谐波分析
- PSASP 马达启动计算
- PSASP 分布式离线计算平台
- PSASP 电网风险评估系统
- PSASP 暂态稳定极限自动求解

本书重点针对同步发电机并网系统的潮流计算、暂态稳定计算、短路计算以及小干扰稳定分析的相关功能做介绍。

4.1.1 PSASP 潮流计算简述

潮流计算是电力系统分析最基本的计算,通过潮流计算可以确定系统的稳态运行方式。本节对 PSASP 潮流计算的数学描述、计算方法、计算流程及数据检查等进行简要叙述[1]。

4.1.1.1 PSASP 潮流计算的数学描述、计算方法

系统潮流计算的过程可视为求解非线性方程组的过程，其数学模型可简单表示为一个非线性方程组：

$$F(X) = 0 \tag{4-1}$$

式中，$F = (f_1, f_2, f_3, \cdots, f_n)^T$ 为节点平衡方程式；$X = (x_1, x_2, x_3, \cdots, x_n)^T$ 为待求的各节点电压的向量。

该非线性方程组常见的求解方法有牛顿法、PQ 分解法、最优因子法等，具体如下：

（1）牛顿法（功率式），Newton（Power Equation）。

该方法的数学模型是基于节点功率平衡方程式，再应用牛顿法形成修正方程，求每次迭代的修正量。该方法通常收敛性很好。

（2）牛顿法（电流式），Newton（Current Equation）。

该方法与牛顿法（功率式）的区别是其数学模型基于节点电流平衡方程式。该方法通常收敛性很好。

（3）PQ 分解法，PQ Decoupled。

该方法基于牛顿法原理，对求解修正量的修正方程的系数矩阵加以简化，使其变为常数阵（所谓的等斜率），P、Q 迭代解耦，通常适用于电力系统线路参数 R/X 比很小的情况。

（4）PQ 分解转牛顿法，PQ Decoupled-Newton。

该方法是先用 PQ 分解法迭代，当迭代达到一定精度时，转为牛顿法迭代，这样可使牛顿法获得较好的初值，改善其收敛性，加快计算速度。PQ 分解转牛顿法是对牛顿法的改进，收敛性很好，同样适用于大规模电网潮流计算；但其也有与 PQ 分解法同样的应用限制。

（5）最优因子法，Optimum Factor。

该方法是先将潮流计算求解非线性方程组的问题化为无约束的非线性规划问题，在求解时把用牛顿法所求的修正量作为搜索方向，再根据所求的最佳步长加以修正。

4.1.1.2 PSASP 潮流计算的计算流程

PSASP 潮流计算的计算流程和结构如图 4-2 所示。图中，虚线以上是各种计算（潮流、暂态稳定、短路等）的公共部分，即基础数据准备。数据的建立可通

过数据浏览方式,也可通过边绘图边输入数据的方式,最终生成可供各种计算分析的电网基础数据库。虚线以下为潮流计算特有的部分。

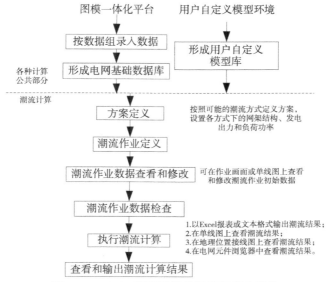

图 4-2　PSASP 潮流计算的计算流程和结构

4.1.1.3　PSASP 潮流计算的数据检查

PSASP 潮流计算的数据检查主要是检查元件是否与网络相连,包括检查潮流方案中是否存在孤立元件,即是否存在未与主网架结构相连的交流线、发电机或负荷等元件;检查是否有"死岛",若有,则将"死岛"中所有元件设置为无效;检查"活岛"中是否有平衡机,若没有,则将该岛中有功出力最大的发电机设为平衡机。

若潮流作业数据存在上述错误,则在 PSASP 主界面的信息反馈窗口中以红色字显示提示信息。用户可根据提示信息重新修改潮流计算数据,直至与实际电网结构相一致。

4.1.2　PSASP 暂态稳定计算简述

本节简述 PSASP 暂态稳定计算的数学描述、计算方法、操作步骤及数据修改等重点项目[2]。

4.1.2.1　PSASP 暂态稳定计算的数学描述、计算方法

暂态稳定计算的数学模型包括一次电网的数学描述(网络方程)和发电机、

励磁调节器、调速器、电力系统稳定器、负荷、无功补偿、直流输电、继电保护等一次设备和二次装置动态特性的数学描述(微分/差分方程),以及各种可能发生的扰动方式和稳定措施的模拟等。因此,PSASP 暂态稳定计算的数学模型可归为以下 3 个部分:

(1)电网的数学模型,即网络方程。

(2)发电机及其功率响应控制装置的数学模型,即微分方程。

(3)扰动方式和稳定措施的模拟。

另外,PSASP 暂态稳定计算具体的算法为:采用隐式梯形积分法的同步求解法求解微分方程,采用直接三角分解和迭代相结合的交替求解法求解系统方程。

4.1.2.2　PSASP 暂态稳定计算的操作步骤及作业定义

在暂态稳定计算的运行环境下,相应的操作步骤如图 4-3 所示。完整的暂态稳定计算的作业组成部分如图 4-4 所示。

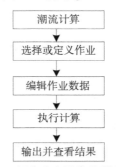

图 4-3　暂态稳定计算的操作步骤

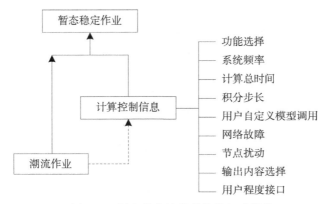

图 4-4　暂态稳定计算的作业组成部分

图 4-5 的工具栏中提供了暂态稳定作业选择下拉框,在该下拉框中列出了所有已计算过的暂态稳定作业名,通过选择不同的作业名可切换作业。

图 4-5　暂态稳定计算工具栏

4.1.2.3　PSASP 暂态稳定作业计算数据的编辑与修改

在暂态稳定计算过程中,如果涉及元器件数据的修改,那么可以切回"潮流计算状态",并在"潮流计算状态"界面的边栏中点击"计算数据修改"按钮进入"计算数据"界面,再对暂态稳定元件的数据进行修改,如图 4-6 所示。

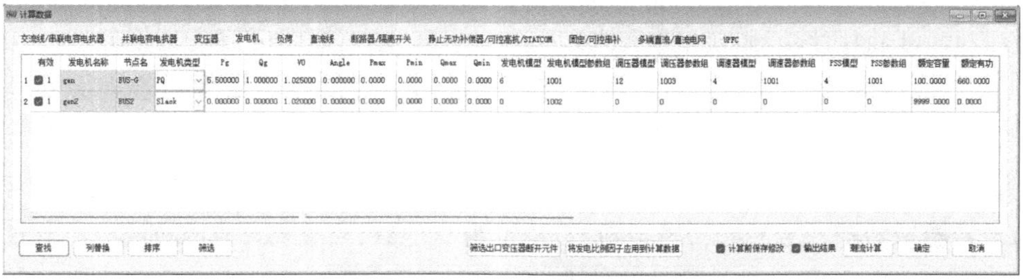

图 4-6　发电机数据修改窗口

发电机模型号与对应类型如表 4-1 所列。

表 4-1　发电机模型号与对应类型

模型号	类型	模型号	类型	模型号	类型
0	E' 恒定	3	E'_q、E''_d、E''_q 变化(五绕组模型)	6	E'_d、E'_q、E''_d、E''_q 变化(六绕组模型)
1	E'_q 恒定	4	E'' 恒定(用于短路计算)	≥12	用户自定义
2	E'_q 变化(三绕组模型)	5	E'_d、E'_q 变化(四绕组模型)		

(1)当发电机模型号不为 0 时,X'_d、X''_d、X_2、T_j 从参数库中取值,此时可不填写。

(2)额定容量 S_n 的填写值与发电机参数的取值有关,计算时将根据 S_n 和系统基准容量 S_b 将 X'_d、X'_q 等电抗值转化为系统标幺值,其转化公式如式(4-2)所示。

$$\bar{X} = X \cdot \frac{S_b}{S_n} \tag{4-2}$$

式中，X 表示 X_d、X'_d、X''_d、X_q、X'_q、X''_q、X_2、R_a，$\bar{X}$ 表示化为系统标幺值的参数。

（3）发电机相关模型中除 PSS 外的元件参数标幺值的基准容量均为发电机的额定容量 S_n，PSS 中标幺值参数的基准容量为系统基准容量。

4.1.3 PSASP 短路计算简述

PSASP 中短路计算的一般方法流程是：①利用对称分量法实现 ABC 系统与正负零系统的参数转换；②列出正、负、零序网络方程；③推导出故障点的边界条件方程；④将网络方程与边界条件方程联立求解，求出短路电流及其他分量。

PSASP 短路计算得到的戴维南等值阻抗是由等值点和从大地看进去的全系统等值阻抗。戴维南等值阻抗主要用于系统等值计算。短路型故障允许在线路两侧母线或线路中间的任何位置发生，故障点位置 K 的设置值为开放式；$R = X = 0$，模拟短路；$R = X = \infty$，模拟断线；R、X 为其他数，可模拟单相负荷投入、电气制动、串联电容器保护不对称击穿等。

PSASP 短路电流计算可基于给定的潮流方式，也可以基于方案进行。前者考虑发电机电势和负荷电流的影响；后者可按发电机电势取 E'（E''）= $1\angle 0°$ p.u.，不计负荷影响计算，也可按照多种短路电流计算条件组合计算，或自由指定计算条件。

4.1.4 PSASP 小干扰稳定分析简述

本节对 PSASP 小干扰稳定分析的数学描述、作业构成、算法等进行简要叙述[3]。

4.1.4.1 PSASP 小干扰稳定分析的数学描述

用于研究复杂电力系统小干扰稳定的方法主要是李雅普诺夫第一法，其基本原理如下。

首先，系统的动态特性由非线性微分方程组描述：

$$\frac{\mathrm{d}x_i}{\mathrm{d}t} = f_i(x_1, x_2, \cdots, x_n), i = 1, 2, \cdots, m \tag{4-3}$$

其次，在运行点附近线性化，把各状态变量表示为：

$$x_i = x_{i0} + \Delta x_i \tag{4-4}$$

再次,将所得方程组在初始值附近展开成泰勒级数,并略去各微增量的二次项及高次项,得:

$$\frac{\mathrm{d}\Delta x_i}{\mathrm{d}t} = \sum_{j=1}^{n} \frac{\partial f_i}{\partial x_j}\Delta x_j, i = 1, 2, \cdots, n \qquad (4\text{-}5)$$

最后,将其写成矩阵形式:

$$\dot{\Delta X} = A\Delta X \qquad (4\text{-}6)$$

通过式(4-6)便获得了描述线性化系统的状态方程,其中 A 矩阵为该系统的状态矩阵。对于由状态方程描述的线性系统,其小干扰稳定性由状态矩阵的所有特征值决定。因此,分析系统在某运行点的小干扰稳定问题,可以归结为求解状态矩阵 A 的全部特征值的问题。

4.1.4.2　PSASP 小干扰稳定分析的作业构成

暂态稳定计算为小干扰稳定分析提供了各元件的动态参数,小干扰稳定分析前需在暂态稳定计算模块建立暂态稳定作业,并完成暂态稳定计算。

(1)小干扰稳定特征值计算的作业构成如图4-7所示。

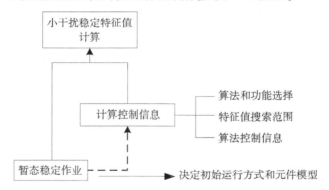

图 4-7　小干扰稳定特征值计算的作业构成

小干扰稳定特征值计算作业数据由两部分构成:基于暂态稳定计算作业以及计算控制信息(算法和功能选择、特征值搜索范围、算法控制信息)。小干扰稳定特征值计算作业以其作业名为唯一标识。

(2)小干扰线性化时域/频域响应计算的作业构成如图4-8所示。

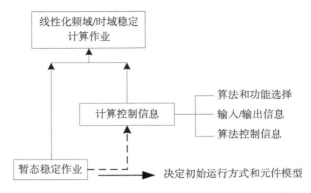

图 4-8　小干扰线性化时域/频域响应计算作业的构成

线性化时域/频域响应计算作业数据由两部分构成:基于暂态稳定计算作业以及计算控制信息(算法和功能选择、输入/输出信息、算法控制信息)。若算法和功能选择"线性化时域响应计算",则需要填写"算法控制信息"中的"计算总时间"和"计算步长";若算法和功能选择"线性化频域响应计算",则需要填写"特征值搜索范围""频率范围"以及"算法控制信息"中的"计算步长"。线性化时域/频域响应计算作业以其作业名为唯一标识。

4.1.4.3　小干扰稳定特征值计算的算法说明

在小干扰作业定义窗口中,在"算法及功能"栏中选择前 4 种方法,即可开始定义一个小干扰稳定特征值计算作业,如图 4-9 所示。

图 4-9　小干扰作业"算法及功能"栏

定义小干扰稳定特征值计算作业需要对小干扰稳定特征值计算的算法及相应的计算信息进行设置,如定义小干扰稳定分析作业名时,选择小干扰稳定分析所基于的暂态稳定计算作业,选择特征值计算的方法(QR 法、逆迭代转 Rayleigh 商迭代法、同时迭代法、Arnoldi 法)。需要注意的是,对于中、大规模电网(状态变量个数超过 1 000),应选择全维部分特征值算法(逆迭代转 Rayleigh 商迭代法、同时迭代法、Arnoldi 法),而不能选用 QR 法,因为 QR 法仅适用于小规模电网。

4.2 面向同步发电机并网系统的 PSASP 建模

本节涉及 PSASP 建模部分,主要面向发电机并网系统,包括同步发电机组和无穷大电源构成的模型以及发电厂短路计算模型。

4.2.1 同步发电机组和无穷大电源构成的模型

由同步发电机组和无穷大电源构成的并网模型中包含了原动机和调速系统模型,发电机母线侧加入了发电厂厂用系统部分。同步发电机、调速器、调节器和 PSS 模型参数选用机组典型参数,相关参数可参见后文 PSASP 模型界面图[4]。无穷大电源的容量及内阻可根据需要计算选择。由同步发电机组和无穷大电源构成的单机无穷大系统结构如图 4-10 所示,单机-无穷大电源在 PSASP 中的仿真模型如图 4-11 所示。

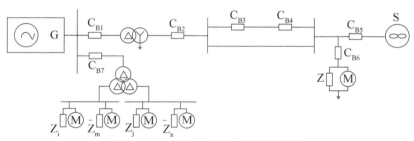

图 4-10 单机-无穷大系统结构图

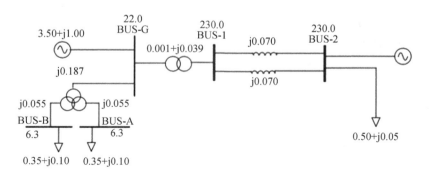

图 4-11 单机-无穷大电源在 PSASP 中的仿真模型图

4.2.1.1 同步发电机模型

(1)功率与电压。

某一稳态运行方式是暂态分析的起始点,需要得到故障或扰动前系统稳态运行方式下各运动参数或它们之间的关系。在稳态、对称且同步转速运行下,电机中各阻尼绕组的电流及相应的空载电势都等于零。

PSASP 中关于发电机"功率和电压"模块的界面如图 4-12 所示,在选择发电机节点类型后,参数参照 1.3.2 节中的六绕组模型进行设置。

图 4-12 发电机数据"功率和电压"模块

(2)发电机及其调节器。

与稳态运行方式不同,暂态分析以常微分方程表示,反映系统在遭受故障或者扰动情况下的机电暂态过程。发电机及其调节器模块包括同步机、调压器、调速器及 PSS 四个模型板块,如图 4-13 所示。此处重点介绍同步机、调压器及 PSS 模型。

图 4-13　发电机数据"发电机及其调节器"模块

①同步机模块。

在经历一系列的方程变换和变量替换后,描述 6 型同步机模型的方程式表达参见 1.3.2 节。发电机数据"发电机参数"模块如图 4-14 所示。

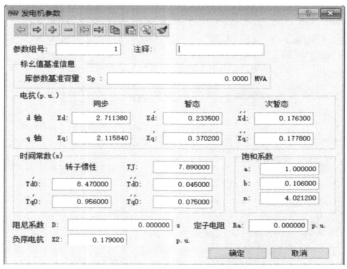

图 4-14　发电机数据"发电机参数"模块

②调压器 AVR 模块。

以 12 型 AVR 为例,该模型用来模拟静止自并励励磁系统(电压源可控整流器励磁系统)。它的输出电压是发电机机端电压的函数,与其成线性关系。励磁调节器带并联校正和串联校正环节,其中并联校正环节的加入点可选在串联校正环节之前或之后。该模型还带有过励限制、低励限制环节,用户可根据需要启用。12 型励磁调节器框图如图 4-15 所示,发电机数据"调压器参数"模块如图 4-16 所示,12 型 AVR 模块参数如表 4-2 所列。

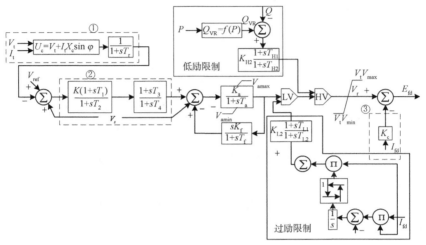

图 4-15　12 型励磁调节器框图

图 4-16　发电机数据"调压器参数"模块

表 4-2　12 型励磁调节器所用参数表

参数	释义
X_C	调差电抗(无功电流补偿系数),标幺值(p.u.)
T_r	量测环节时间常数,单位为秒(s)
K	串联校正环节的直流增益
K_v	积分校正选择因子,$K_v = 0$ 时为纯积分型校正,$K_v = 1$ 时为比例积分型校正
T_1、T_2、T_3、T_4	串联校正环节时间常数,单位为秒(s),一般有 $T_4 < T_3 < T_1 < T_2$
K_a	功率放大环节增益
T_a	功率放大环节时间常数,单位为秒(s)
V_{amax}	放大环节输出上限,标幺值(p.u.)
V_{amin}	放大环节输出下限,标幺值(p.u.)
K_f	并联校正环节增益
T_f	并联校正环节时间常数,单位为秒(s)
V_{rmax}	发电机电压为额定值时调节器输出上限,标幺值(p.u.)
V_{rmin}	发电机电压为额定值时调节器输出下限,标幺值(p.u.)
K_c	与换相电抗相关的整流器负荷系数
MGL	过励限制启用标志,$MGL = 1$ 时启用,$MGL = 0$ 时不启用
$I_{fdinf}(V_{feinf})$	发电机磁场长期允许电流(电压),标幺值(p.u.),$MGL = 0$ 时不需要
B	过励发热允许值,$MGL = 0$ 时不需要
C	过励恢复系数,标幺值(p.u.),$MGL = 0$ 时不需要
T	允许的过励时间,单位为秒(s),$MGL = 0$ 时不需要
K_{L2}	过励限制回路增益,$MGL = 0$ 时不需要
T_{L1}、T_{L2}	过励限制回路时间常数,单位为秒(s),$MGL = 0$ 时不需要
$TYPEDL$	低励限制类型,$TYPEDL = 1$ 时为直线型低励限制,$TPPEDL = 2$ 时为圆周型低励限制,$TPPEDL = 0$ 时不启用低励限制(缺省)
P_1	低励限制曲线上第一点有功功率,标幺值(p.u.),$TYPEDL = 0$ 时不需要
Q_1	低励限制曲线上第一点无功功率,标幺值(p.u.),$TPPEDL = 0$ 时不需要

参数	释义
P_2	低励限制曲线上第二点有功功率,标幺值(p.u.),$TYPEDL=0$ 时不需要
Q_2	低励限制曲线上第二点无功功率,标幺值(p.u.),$TYPEDL=0$ 时不需要
K_{H2}	低励限制回路增益,$TVPEDL=0$ 时不需要
T_{H1}、T_{H2}	低励限制回路时间常数,单位为秒(s),$TYPEDL=0$ 时不需要
V_s_Pos	V_s 输入位置,可以选择 V_s 输入在串联校正环节前或后

A.基于矢量合成的电压、电流测量与电流补偿单元。

基于矢量合成的电压测量与电流补偿单元的模型如图 4-15 中①所示,对涉及的特殊参数进行说明。图中 $\bar{U}_t$、$\bar{I}_t$ 分别为用标幺值表示的发电机机端电压矢量和电流矢量;T_r 为量测环节时间常数;V_{ref} 为电压给定值,K_r 为电压测量环节增益(在大多数计算程序中选定为 1.0 p.u.)。其中 T_r 需要通过参数辨识获得。

B.PID 控制。

PID 控制的模型如图 4-15 中②所示。时间常数 T_1、T_2、T_3、T_4 及增益 K 按照给定参数或转换计算所得参数填写。

C.换弧压降系数 K_c。

换弧压降系数 K_c 如图 4-15 中③所示。一般可由发电机磁场电流基准值对整流方程进行标幺化得到,如式(4-7)所示。

$$K_c = \frac{3U_k U^2 I_{FDB}}{\pi U_{FDB} S_N} \tag{4-7}$$

式中,U_k 为励磁变压器短路阻抗,p.u.;U 为励磁变低压侧线电压,V;S_N 为励磁变额定容量,VA;I_{FDB} 为发电机磁场电流的基准值,A;U_{FDB} 为发电机磁场电压的基准值,V。

③PSS 模块。

以 4 型 PSS 模型为例(PSS 2B),该模型框图如图 4-17 所示。模型输入信号为 $\Delta\omega$ 与 ΔP_e,其中 $\Delta\omega$ 为发电机转速变化量,ΔP_e 为发电机有功功率变化量。PSS 参数如表 4-3 所列,发电机数据"PSS"模块如图 4-18 所示。

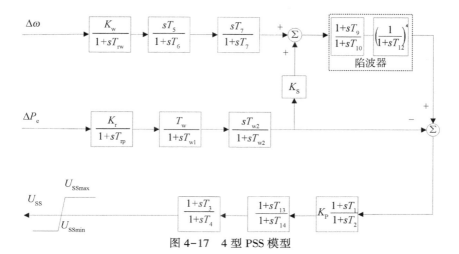

图 4-17 4 型 PSS 模型

表 4-3 4 型 PSS 参数表

参数	释义
K_w	转速偏差放大倍数
T_{rw}	转速测量时间常数,单位为秒(s)
T_5、T_6、T_7	转速隔直环节时间常数,单位为秒(s)
K_r	功率偏差放大倍数
K_s	功率偏差补偿系数
T_{rp}	功率测量时间常数,单位为秒(s)
T_w、T_{w1}、T_{w2}	功率隔直环节时间常数,单位为秒(s)
T_9、T_{10}、T_{12}	陷波器时间常数,单位为秒(s)
T_1、T_2、T_3、T_4、T_{13}、T_{14}	移相环节时间常数,单位为秒(s)
K_p	PSS 比例放大倍数
U_{SSmax}	PSS 输出上限,标幺值(p.u.)
U_{SSmin}	PSS 输出下限,标幺值(p.u.)

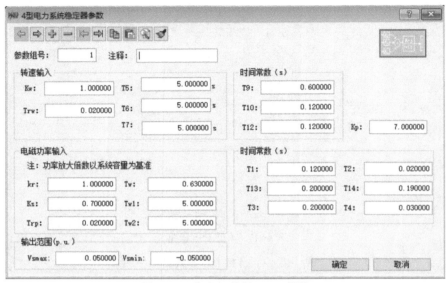

图 4-18　发电机数据"PSS"模块

4.2.1.2　无穷大电源模型

在 PSASP 仿真中,无穷大电源通常用来模拟与电力系统连接的外部电网,它代表一个理想化的电源,具有无限大的容量,能够提供稳定的电压和频率。以下是设置无穷大电源参数的一些基本步骤和考虑因素。

(1)电压等级:设置无穷大电源的电压等级,通常需要与连接的电力系统的电压等级相匹配。一般设置为标幺值 1 p.u.。

(2)内阻抗:虽然理论上无穷大电源的内阻抗为零,但在实际仿真中,可以设置一个非常小的阻抗值来模拟电压源的微小损耗。

(3)无功功率和有功功率:无穷大电源能够提供或吸收无限量的无功功率,以维持系统的电压稳定。在某些情况下,可能需要为无穷大电源设置一个有功功率值,以模拟其对电力系统有功功率平衡的影响。

(4)相角:无穷大电源的相角通常设置为零,表示它是电压和电流的参考点。

(5)稳定性:由于无穷大电源具有无限容量,因此它在仿真中总是稳定的,不会受到系统扰动的影响。

(6)参数一般可以设置为:

①发电机及其调节器:节点类型为 Slack、$S_n = 999\ 999$ MVA、$P_n = 0$ MW。

②同步机参数:同步机模型为 0 型,$X_d = X'_d = X''_d = X_q = X'_q = X''_q = 0.1, a = 0.9, b = 0.06, n = 10, T'_{d0} = T''_{d0} = T'_{q0} = T''_{q0} = 0.05, D = 2, R_a = 0.005, X_2 = 0.1$。

③调压器:调压器模型为 1 型,$K_r = 1, K_a = 500, T_r = 0.03, T_a = 0.03, K_f = 0.04, T_f = 0.715, T_e = 0.03, E_{fdmax} = 5, E_{fdmin} = 0$。

④PSS:PSS 模型为 1 型,$K_w = 200, K_p = 0, K_v = 0$,隔直类型为 Inertia-diff,$T_q = 10, T_1 = T_3 = 0.2, T_2 = T_4 = 0.01, V_{smax} = 5, V_{smin} = -5$。

4.2.2 发电厂短路计算模型

并网系统短路计算的目的是正确选择和校验电气设备,准确地整定供配电系统保护装置。PSASP 依据戴维南等值阻抗原理内置了短路计算程序,本节讲述的是 PSASP 发电厂短路计算模型。

在 PSASP 程序包的图模一体化建模环境中绘制发电厂主接线图,其发电机、主变压器、高压厂用变压器和励磁变压器均可使用基础数据库中现成的模型。对于系统侧最大、最小运行方式下的正负序、零序等效电抗,电网调度控制中心一般会明确提供,在进行发电厂短路计算建模时不能再按习惯将系统看成无穷大电源进行分析。另外,在系统侧建模时,需要综合考虑系统侧的物理模型,确保可以方便地实现系统最大、最小运行方式,三相对称和不对称故障时的等效电抗切换。本书给出的模型为典型火电厂模型,两台发电机–变压器串联单元分别代表系统最大、最小运行方式的等效物理模型,由此完成对该厂短路计算的建模。图 4-19 为该厂基于 PSASP 的短路计算模型示意图。图 4-20 为短路计算条件选择界面。

(1)BUS-MAX、BUS5251 所在串联回路为系统最大运行方式下的正负序、零序等效物理模型,BUS-MIN、BUS5256 串联回路为系统最小运行方式下的正负序、零序等效物理模型;BUS525 上方左右两侧的切换开关为系统最大、最小运行方式切换开关,左侧为最大方式切换开关,右侧为最小方式切换开关。

(2)在传统火电、水电等发电厂建模过程中,需关注由于 PSASP 内置计算方式与设备参数配置方案不同导致短路计算结果存在误差的问题。以下是 PSASP 内设置参数时应重点注意的事项:

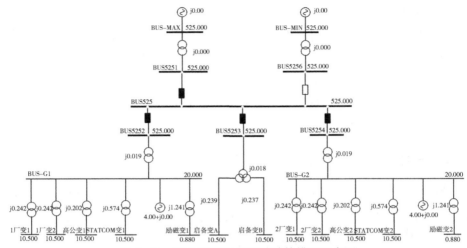

图 4-19　基于 PSASP 的短路计算模型示意图

图 4-20　短路计算条件选择界面

①在 PSASP 短路计算中,网络阻抗为 0 的支路在填写数据时其值不能为 0,可填写为一个很小的数,如 0.000 1。基于潮流的短路计算中,发电机的电抗也不能为 0,如果确需为 0,那么可用 0.000 1 代替。线路的对地电容可以为 0。

②在基于方案的短路计算中,用户可以自定义计算条件,程序提供考虑电压系数、忽略并联电容电抗器、忽略线路对地电容($B/2$)、忽略变压器非标准变比、忽略支路电阻等选项让用户选择。如果没有选择"考虑电压系数"项,那么程序

按照发电机内电势为 1∠0° p.u.的方法计算;如果选择了该项,那么程序直接取用设置的电压系数。

③在用户自定义条件下,如果选择了"考虑电压系数 C",那么程序直接将故障点开路电压按"C"设置;如果没有选择该项,那么程序依然按照发电机电抗后电势为 1∠0° p.u.计算全网开路电压。

④发电厂系统侧电压基准值需与电网的电压基准值保持一致,否则需基于电网电压基准值进行标幺。

⑤对于分裂变压器,可通过变压器参数中的半穿越电抗将其等效为两个双绕组变压器;对于其他接线的变压器,应特别注意绕组接地及绕组之间的连接方式,避免零序数据设置不正确。

⑥两台变压器并列运行时,只需要其中一个中性点接地即可,因为故障时电容电流是两个系统之和,在中性点接地处会反映出来,保护可以正确动作。

4.3 基于 PSASP 的同步发电机并网系统仿真及分析

4.3.1 潮流计算

4.3.1.1 潮流计算

本节以图 4-11 所示模型为例进行潮流计算,并网系统发电机组运行在最大功率工况下。图中,母线电压数据为有名值,发电机有功、无功功率以及负荷有功、无功功率数据为以系统容量 100 MVA 为基准的标幺值,变压器、交流线数据为等效阻抗标幺值,变压器抽头变比都为 1。潮流计算结果如表 4-4 所列。

表 4-4 潮流计算结果

母线名称	电压幅值/p.u.	电压相角/(°)	基准电压/kV
BUS-1	1.008 3	5.566 3	230.0
BUS-2	1.000 0	0.000 0	230.0
BUS-A	0.974 9	2.966 9	6.3
BUS-B	0.974 9	2.964 1	6.3
BUS-G	1.030 5	11.564 4	22.0

由表 4-4 可知各母线电压都在安全稳定运行范围内,潮流计算结果合理。

该计算结果将作为其他计算的初值,为其他计算提供初始态。

4.3.1.2　网损计算

基于潮流计算可进行网损计算。网损计算的主要任务是根据给定的电网结构及参数、典型日 24 h 的负荷水平、发电机出力、电容电抗器投切、变压器挡位设置、开关刀闸状态以及支路投切等条件,确定电网中各元件的损耗水平,并根据电网运行所关心的电量关口,按照规定的方式进行系统网损计算结果的统计。

分析计算可按照《电力网电能损耗计算导则》的要求进行,可计算全天 24 h 的总网损,也可计算其中某 1 h 的网损。本例以典型电厂日 24 h 发电数据、典型日 24 h 厂用负荷数据为条件计算该厂 24 h 的总网损,结果如表 4-5 所列,发电侧参量和网侧参量如图 4-21~图 4-24 所示。

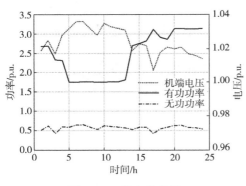

图 4-21　发电机参量

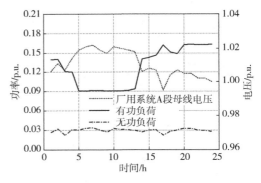

图 4-22　厂用系统 A 段负荷参量

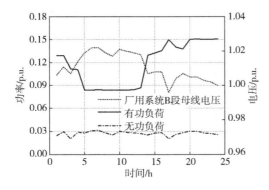

图 4-23　厂用系统 B 段负荷参量

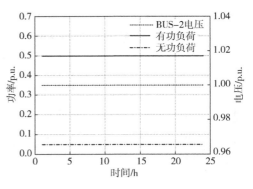

图 4-24　网侧负荷参量

表 4-5　网损结果表

小时	线路总无功损耗/MVar	变压器总有功损耗/MW	变压器总无功损耗/MVar	线损率（有功）/MW	变损率（有功）/MW	总有功损耗/MW	总无功损耗/MVar
1	2.046	0.042	2.436	0.538	0.538	0.042	4.482
2	2.056	0.042	2.449	0.540	0.541	0.042	4.505
3	1.535	0.031	1.827	0.424	0.424	0.031	3.362
4	1.528	0.031	1.821	0.423	0.423	0.031	3.349
5	0.905	0.018	1.078	0.272	0.272	0.018	1.982
6	0.917	0.019	1.092	0.276	0.276	0.019	2.009
7	0.923	0.019	1.099	0.277	0.277	0.019	2.022
8	0.908	0.018	1.082	0.272	0.273	0.018	1.989
9	0.896	0.018	1.066	0.269	0.269	0.018	1.962
10	0.910	0.018	1.083	0.273	0.274	0.019	1.993
11	0.912	0.018	1.085	0.274	0.274	0.019	1.997
12	0.910	0.018	1.084	0.273	0.273	0.018	1.993
13	0.957	0.019	1.139	0.285	0.285	0.019	2.097
14	2.070	0.042	2.464	0.543	0.543	0.042	4.534
15	2.154	0.044	2.565	0.561	0.561	0.044	4.719
16	2.256	0.046	2.687	0.583	0.583	0.046	4.943
17	2.785	0.057	3.316	0.692	0.692	0.057	6.101
18	2.414	0.049	2.875	0.616	0.616	0.049	5.289
19	2.332	0.047	2.777	0.599	0.599	0.047	5.109
20	2.789	0.057	3.322	0.692	0.692	0.057	6.111
21	2.794	0.057	3.328	0.693	0.693	0.057	6.121
22	2.784	0.057	3.316	0.691	0.691	0.056	6.100
23	2.788	0.057	3.320	0.692	0.692	0.057	6.108
24	2.801	0.057	3.336	0.695	0.695	0.057	6.137

　　网损计算功能可以为发电厂厂用系统网损计算提供便利条件，为发电厂节能措施分析、厂用系统结构改造等提供参考。

4.3.2 暂态稳定计算

本节以励磁参考电压变化的节点扰动和三相短路故障为例进行暂态稳定仿真计算。

4.3.2.1 节点扰动

基于图4-11的模型设置节点扰动方案,励磁参考电压修改界面参数设置如图4-25所示。设置投入或不投入PSS的场景,可测试发电机的功角差、机端电压、励磁电压以及有功功率(图4-26~图4-29)。

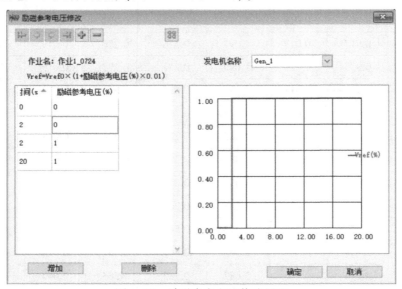

图4-25　励磁参考电压修改界面

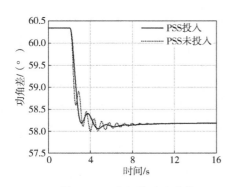

图4-26　功角差对比曲线

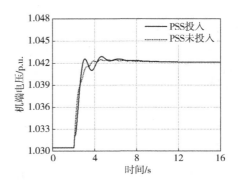

图4-27　机端电压对比曲线

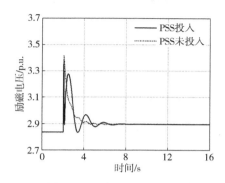

图 4-28 励磁电压对比曲线

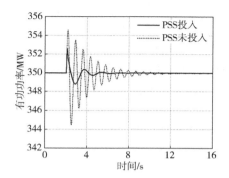

图 4-29 有功功率对比曲线

从上述结果可知,PSS 投入后在提高阻尼比和减少振荡方面的作用显著。因此,基于 PSASP 的仿真,可以验证自动励磁调节器与 PSS 对电力系统稳定性的影响作用。

4.3.2.2 网络故障

基于图 4-11 模型设置网络故障方案,故障点设置在 AC_1 交流线 100%处,基于 PSASP 的系统故障设置如图 4-30 所示。场景 1:三相短路故障起始时间 t =5 s,故障持续时间为 0.02 s。场景 2:三相短路故障起始时间 t=5 s,故障持续时间为 0.2 s。

图 4-30 系统网络故障设置界面

从图 4-31 可知,场景 1 和场景 2 系统都在故障切除后一段时间恢复稳定。不同的是,场景 1 的故障切除先于场景 2,故系统表现出更好的暂态稳定性。这是因为当系统发生短路故障时,继电保护快速切除故障以减小加速面积,且切除故障动作越快,加速面积增量越小,越有利于系统暂态稳定性的提高。因此,利用 PSASP 的仿真,可以验证故障切除快慢对系统的影响。

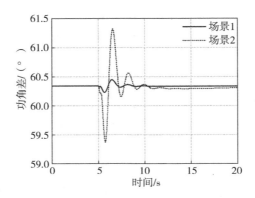

图 4-31　功角差曲线对比

4.3.3　典型系统的短路计算

如图 4-19 所示模型,在 1 厂变 1 母线设置两相接地短路故障,并进行基于潮流的短路计算作业,模型具体参数如图 4-32 所示,短路计算结果报表输出设置界面如图 4-33 所示。设置计算结果输出为有名值,如表 4-6 和表 4-7 所列。

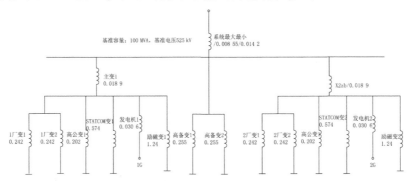

图 4-32　模型参数图示

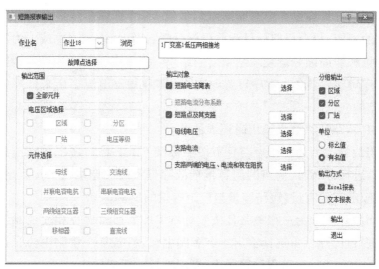

图 4-33 短路计算报表输出界面

表 4-6 短路电流简表

短路作业名:作业 18 潮流作业名:作业_1					
短路作业描述:1 厂变高 1 低压两相接地					
短路计算日期:2024/06/13 时间:13:53:14					
故障类型:AB 两相短路接地					
母线名	短路电流(周期分量初始值 I''_k)/kA	短路容量/MVA	计算开断电流 I_b/kA	计算峰值短路电流 I_p/kA	计算稳态短路电流 I_k/kA
1 厂变 1	24.552	446.518	16.365 6	24.552 1	16.365 6

表 4-7 短路点及其支路结果输出

故障类型:AB 两相短路接地			
故障母线:1 厂变 1		相连母线:BUS-G1	
		支路名称:1 号厂高变 1 支路	
零序短路电流 I_{K0}/kA	正序短路电流 I_{K1}/kA	零序短路电流 I_{K0}/kA	正序短路电流 I_{K1}/kA
8.431 4	16.365 6	0	17.663 4

常规火电厂的短路计算多关注短路点及其支路的短路信息,在表 4-6 中,短路电流周期分量初始值 I''_k 即为通常短路计算时得到的结果;计算开断电流 I_b 为

短路电流周期分量经过一定时间衰减后的结果;计算峰值短路电流 I_p 为短路时短路电流的峰值,包含周期分量和非周期分量;计算稳态短路电流 I_k 为短路电流在周期分量和非周期分量衰减结束后的结果。表 4-7 主要输出的是故障点及其支路的正序短路电流 I_{K1}、零序短路电流 I_{K0},零序短路电流多用来计算接地短路的入地电流。

PSASP 短路计算结果输出时还需注意:

(1)当故障类型为三相短路且不按照标准 GB/T 15544《三相交流系统短路电流计算》进行计算时,输出的内容包括故障母线的短路电流 I''_k、短路容量、母线断路器额定三相容量、短路容量与额定容量的比值。

(2)当故障类型为三相短路且按照标准 GB/T 15544《三相交流系统短路电流计算》进行计算时,可选择输出 4 个短路电流量;若某个短路电流量没有进行计算,则相应的值为 0;若仅计算了 I_k,则只有该值可以输出。

(3)当故障类型为单相接地时,输出的内容包括故障母线的短路电流 I''_k、短路容量、母线断路器额定单相容量、短路容量与额定容量的比值。

(4)当故障类型为两相短路或两相短路接地时,输出的内容包括故障母线的短路电流 I''_k、短路容量值。

(5)短路电流简表的输出范围受作业中指定的输出范围影响,在进行快速扫描计算时,仅此表可以输出。短路点短路容量=故障点正、负、零序电流之和×基准电压。

4.3.4 小干扰稳定分析

PSASP 小干扰稳定分析包含多个计算功能,如特征值计算、时域或频域响应计算等。基于 4.3.2 节的暂态稳定计算,对于并网系统的小干扰稳定问题,以计及励磁调节、PSS 调节功能的小干扰稳定场景为例进行分析。

4.3.4.1 不计励磁时的小干扰稳定分析

退出并网系统的励磁调节功能,进行小干扰稳定作业定义,采用 QR 法计算并网系统的特征值。如图 4-34 所示,为小干扰稳定作业信息定义界面。需要强调的是,暂态稳定作业的结果必须是稳定的。

图 4-34 小干扰稳定作业信息定义界面

图 4-35 所示为不计励磁时并网系统特征值分布图,表 4-8 所列为不计励磁时的本机振荡模式特征值。

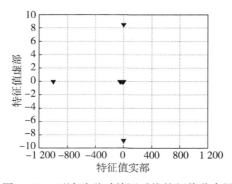

图 4-35 不计励磁时并网系统特征值分布图

表 4-8 不计励磁时的本机振荡模式特征值

实部	虚部	频率/Hz	衰减阻尼比/%
−0.565 8	8.520 1	1.356 0	6.626 9

据图 4-35 可知,不计励磁时并网系统所有特征值的实部均为负值,表明并网系统小干扰特性是完全稳定的。表 4-8 展示了振荡频率为 1.356 0 Hz 特征值的计算结果,其振荡频率位于 1~2.5 Hz 的本机振荡频段内,表明本工况下的本机振荡模式是稳定的,拥有了 6.626 9% 的正阻尼特性。

4.3.4.2　计及励磁时的小干扰稳定分析

在本场景下,先填写并投入励磁调压器模块所有环节的参数,然后进行小干扰稳定作业定义,依然选用 QR 特征值算法对并网系统进行计算。加入励磁时并网系统特征值分布图如图 4-36 所示,加入励磁时 QR 算法选择具有低频振荡特征的特征值如表 4-9 所列。

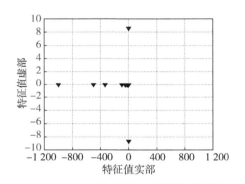

图 4-36　加入励磁时并网系统特征值分布图

表 4-9　加入励磁时 QR 算法选择具有低频振荡特征的特征值

实部	虚部	频率/Hz	衰减阻尼比/%
−0.463 3	8.618 6	1.371 7	5.368 1

据图 4-36 可知,计及励磁调节功能后,并网系统的小干扰特性不发生变化,依然保持全系统稳定。本机振荡模式的振荡频率从 1.356 0 Hz 转移至 1.371 7 Hz,正阻尼比从 6.626 9% 减小至 5.368 1%。

4.3.4.3　投入 PSS 时并网系统的小干扰稳定分析

投入励磁调节器之后,填入 PSS 模块所有环节的参数,进行小干扰稳定作业定义,采用 QR 特征值算法计算并网系统的特征值。图 4-37 所示为计及 PSS 时并网系统特征值分布图,表 4-10 所列为投入 PSS 时 QR 算法选择具有低频振荡特征的特征值。

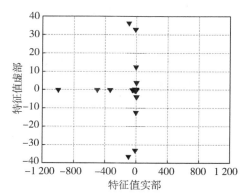

图 4-37　计及 PSS 时并网系统特征值分布图

表 4-10　投入 PSS 时 QR 算法选择具有低频振荡特征的特征值

实部	虚部	频率/Hz	衰减阻尼比/%
−99.441 9	36.425 0	5.797 2	93.898 9
−12.933 0	32.999 9	5.252 1	36.488 9
−7.758 1	12.449 2	1.981 4	52.888 9
−1.068 4	3.848 6	0.612 5	26.749 2
−4.885 3	0.353 8	0.056 3	99.738 9
−19.982 9	0.336 5	0.053 6	99.985 8

据图 4-37 可知,投入 PSS 后并网系统特征值的实部均为负值,表明并网系统小干扰稳定。表 4-10 所列为从特征值中选择出的具有振荡特征的 6 组特征值,其中本机振荡模式的振荡频率从 1.371 7 Hz 提高至 1.981 4 Hz,阻尼比从 5.368 1%提高至 52.888 9%。由于特征值的实部左移,系统阻尼大幅增加,因此 PSS 的投入可有效抑制系统低频振荡。除此之外,还出现了振荡频率分别为 5.797 2 Hz、5.252 1 Hz、0.612 5 Hz、0.056 3 Hz、0.053 6 Hz 的 5 组由 PSS 投入所激发的新的振荡模式,但其具有很强的阻尼效果,不影响系统的稳定性。

4.3.4.4　PSS 无补偿特性

励磁系统无补偿相频特性的求取是整定 PSS 参数的关键,通常情况是通过现场试验获取。如果掌握了 PSASP 小干扰稳定仿真技术,就可以在试验前对励磁系统无补偿特性进行预估,如可采用图 4-11 所示的模型进行等值仿真。

借助图 1-2 经典 Heffron-Philips 模型对励磁系统无补偿频率响应特性的概念进行阐述。励磁系统无补偿频率响应特性是指无 PSS 时励磁调节产生的力矩

分量 M_{e2} 对于 PSS 输出信号 U_{PSS} 的励磁系统频率响应特性 $\Delta M_{e2}/\Delta U_{PSS}$（$\Delta M_{e2}/\Delta U_{PSS}$ 相位等于 $\Delta E'_q/\Delta U_{PSS}$），但由于 ΔM_{e2} 求取困难，因此工程上常用机端电压 ΔU_t 代替力矩分量 ΔM_{e2}。通过 PSASP 小干扰稳定程序的频域特性分析功能，容易获得励磁系统无补偿相频特性，其结果如图 4-38 所示。

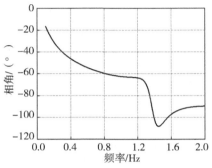

图 4-38 励磁系统无补偿特性

仿真结果显示励磁系统本征频率在 1.53 Hz 附近，对应相位大约为 $-94°$，无补偿特性在低频振荡的频域区间对应的相位为 $[-94°,-15°]$。

4.3.4.5 PSS 增益的确定

依照 PSS 参数整定导则，在确定了 PSS 无补偿特性后，可以进行 PSS 参数整定。其中，临界增益的整定为试验现场的风险项，依旧借助小干扰稳定仿真技术对临界增益进行预计算，以期为现场试验提供技术参考和指导。

本例中，增加 PSS 直流增益 K_P 为 19 时，观察到发电机有功功率和励磁电压开始发散，如图 4-39 和图 4-40 所示，因而认为 18 就是 PSS 临界增益的估算值。

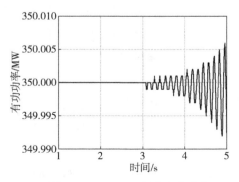

图 4-39 $K_P = 19$ 有功功率响应

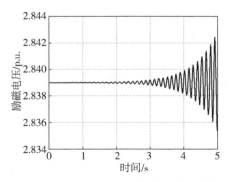

图 4-40 $K_P = 19$ 励磁电压响应

4.3.4.6　PSS 阻尼效果验证

通常利用发电机负载阶跃来检验 PSS 相位补偿参数以及直流增益的整定效果。因而,还可在 PSASP 中对所整定的参数进行大量测试与效果验证。

分别进行有、无 PSS 作用时的电压阶跃试验,比较两种情况下的阻尼效果。其中,无 PSS 的 1%参考电压阶跃有功功率响应如图 4-41 所示,有 PSS 作用时 1%参考电压阶跃有功功率响应如图 4-42 所示。通过对比可看出,PSS 投入时,有功功率的摆动幅值和次数减少,说明 PSS 投入后对机组有功振荡的抑制效果明显。

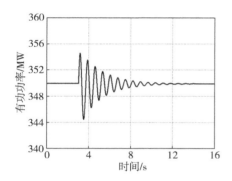

图 4-41　无 PSS 时 1%阶跃有功功率响应　　　图 4-42　有 PSS 时 1%阶跃有功功率响应

PSASP 仿真可以模拟各种运行条件下的系统响应,减少实际工程试验的次数,降低试验成本和风险。通过 PSASP 进行 PSS 参数整定,可以为工程试验人员提供预整定参数参考,为现场试验提供初步指导和重要的决策支持。

4.4　本章小结

本章阐述了 PSASP 电力系统分析软件工具在同步发电机并网系统的潮流计算、暂态稳定计算、短路计算以及小干扰稳定分析上的应用及模型仿真分析,可为工程人员的现场实际操作提供实用参考。

参考文献

[1]中国电力科学研究院.PSASP 潮流计算用户手册(7.0 版)[DB/OL].

［2］中国电力科学研究院.PSASP 暂态稳定计算用户手册(7.1 版)［DB/OL］.

［3］中国电力科学研究院.PSASP 小干扰计算用户手册(7.0 版)［DB/OL］.

［4］中国电力科学研究院.PSASP 动态元件模型库用户手册(7.0 版)［DB/OL］.

第5章　基于 PSD 的并网系统仿真及分析方法

电力系统仿真计算集成环境软件 PSD Power Tools,简称 PSD,图标,为中国电力科学研究院有限公司开发所有(图 5-1)。用于电力系统仿真,包括多个子功能模块。

图 5-1　PSD 程序欢迎页面

中国南方电网有限责任公司方式处采用 PSD 对所辖区域的各个电源点和输电网络进行了仿真模型建立和管理。借助 PSD 的强大功能,可对建模试验、关键参数预计算校核及系统稳定性进行评估。加之同步发电机并网系统的研究有别于侧重于网侧分析的传统电力系统,本章讲述的 PSD 仿真分析方法主要聚焦于以同步发电机为代表的电源侧。首先对同步发电机并网系统进行详细建模,建模对象包括原动机、调速器、同步发电机、变压器、励磁调节器、电力系统稳定器以及机组厂用电系统;其次,对上述元件构成的同步发电机并网系统进行潮流计算、暂态稳定计算以及小干扰稳定分析。

5.1　PSD 软件功能简介

PSD 电力系统分析软件工具(PSD Power Tools)是一个大型电力系统分析软

件包,由中国电力科学研究院自主开发,简称 PSD 软件或 PSD 程序。PSD 软件主体由下述程序组成:

·PSD-BPA 潮流及暂态稳定程序(原中国版 BPA 程序),包括潮流计算程序 PSD-PF 和暂态稳定计算程序 PSD-ST

·PSD-PSDB 电网计算数据库系统

·EMTPE 电力电子与电磁暂态仿真程序

·PSD-FDS 电力系统全过程动态仿真程序

·PSD-SCCP 电力系统短路电流计算程序

·PSD-DEQU 电力系统动态等值程序

·PSD-SSAP 电力系统小干扰稳定性分析程序

·PSD-OPF 无功优化程序

·PSD-VSAP 电压稳定分析程序

·PSD-NET 电力系统快速分布式统一计算平台

·PSD 软件辅助分析工具系统

同步发电机并网系统研究主要涉及的应用领域为潮流计算、暂态稳定计算以及小干扰稳定分析,本章重点对 PSD-BPA 潮流及暂态稳定程序和 PSD-SSAP 电力系统小干扰稳定性分析程序的相关功能进行介绍。

5.1.1 PSD-BPA 潮流及暂态稳定程序

PSD-BPA 由潮流程序(PSD-PF)和暂态稳定程序(PSD-ST)构成,具有计算规模大、速度快、数值稳定性好、功能强等特点[1]。PSD-BPA 潮流及暂态稳定程序的主体计算结构如图 5-2 所示。

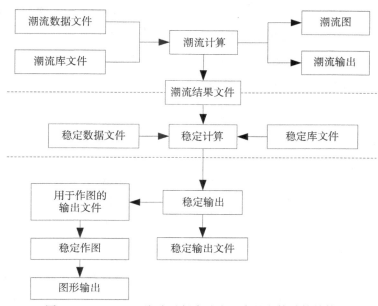

图 5-2　PSD-BPA 潮流及暂态稳定程序的主体计算结构

5.1.1.1　潮流程序

潮流程序的主要功能包括：

（1）进行潮流计算，计算电压、功率等。

（2）用户可以自定义输出。

（3）模拟负荷静态特性。

（4）控制发电机功率。

（5）计算节点的 P-V、P-Q、Q-V 曲线。

（6）节点、线路、损耗灵敏度分析。

（7）模拟 N-1 断开。

（8）区域联系线功率控制等。

潮流程序的输入、输出模式如图 5-3 所示。

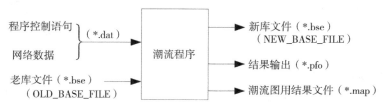

图 5-3　潮流程序的输入、输出模式简图

潮流数据文件为潮流计算提供数据与指令,是按照 BPA 定义编制的 * .dat 文本文件。该文件可直接编辑、修改参数,通过专用控制语句,用户可以设定潮流程序的输入、调用上一个作业生成的 * .bse 库文件(老库文件)、设置计算方式、确定控制功能和输出内容。程序控制语句后则为以卡片形式输入的电力网络数据。表 5-1 为潮流数据文件的一般结构。

表 5-1　潮流数据文件的一般结构

顺序	类型	内容
1	潮流开始标志,命令语句	潮流名-方式名-工程名
2	控制语句	输出范围、迭代次数等
3	网络数据	节点(B卡)-线路(L卡)-变压器(T卡)
4	潮流结束标志,控制语句	(END)

潮流程序提供了 PQ 分解法、牛顿-拉夫逊法和改进的牛顿-拉夫逊法等 3 种算法,各种算法和最大迭代次数可自行选定,对不同性质的状态变量可分别设定允许误差。

编辑好潮流数据文件,并在 PSD 集成环境中配置好 BPA 的潮流计算模块路径,即可运行程序并查看潮流计算的输出结果。另外,潮流库文件将作为暂态稳定计算的基础。

潮流程序的 * .pfo 输出文件结构如图 5-4 所示,包括输出列表、计算结果和分析报告等,也可由用户自定义选择,具有灵活、详细的特点。其中,"详细的输出列表"中节点的电压(幅值/角度)、负荷(有功/无功)与线路的功率(有功/无功)、损耗(有功/无功)以及充电功率是 BPA 潮流计算结果的固定格式。

图 5-4　潮流程序的 * .pfo 输出文件结构

5.1.1.2　暂态稳定程序

暂态稳定程序的文件格式为 * .swi。与潮流数据文件类似,元件动态参数、故障操作、计算和输出控制均以卡片形式输入,并可通过设置相关条目快速进行不同干扰方式下的稳定计算。表 5-2 为暂态稳定程序文件的一般结构。

表 5-2 暂态稳定程序文件的一般结构

顺序	类型	内容
1	稳定开始标志,一级控制语句	CASE 卡
2	网络数据,包括模型、故障数据等	如故障操作卡/发电机卡/负荷特性卡等
3	稳定计算控制语句	FF 计算控制卡
4	稳定计算输出控制语句	以 90 卡开始,99 卡结束;中间为输出卡

暂态稳定程序用导纳阵三角分解迭代法或牛顿－拉夫逊法解网络方程,用隐式梯形积分法解常微分方程。运行程序后就可以观察到稳定计算过程,如每个时间步长的最大摇摆角及其机组、节点最低电压和最大频差曲线;计算结束后,可自动输出全网机组功角最低和最高点、电压和频率最低点曲线,体现全网运行大致情况;还可以通过控制输出卡将用户所关心的数据以多种格式导出[2]。

PSD-ST 暂态稳定程序的数据卡主要分为以下 6 大类:

(1)输出控制卡,用于根据用户需要,指定计算结果的输出方式和内容。

(2)故障设置卡,用于故障模拟,具体包括对称故障、不对称故障、单相故障、多相故障、单重故障以及多重故障等电力系统常见故障分类。

(3)发电机模型卡,用于模拟发电机模型,包括各种发电机、各种励磁系统、各种原动机与调速系统等。

(4)负荷模型卡,用于指定稳定计算所用的负荷模型类型,包括静态负荷模型、动态负荷模型、综合负荷模型。

(5)支路数据卡,用于模拟包括线路和变压器的零序分量的模型卡。

(6)其他数据卡,包括各种补偿卡、继电器操作卡等。

5.1.2 PSD-SSAP 电力系统小干扰稳定性分析程序

PSD-SSAP 电力系统小干扰稳定性分析程序是中国电力科学研究院 PSD 软件包中另一个比较重要的软件,用于分析电力系统小干扰下的电压稳定性、功角稳定性,同时能够分析计算大型电力系统的低频振荡问题[3]。

PSD-SSAP 小干扰程序的计算流程如图 5-5 所示。

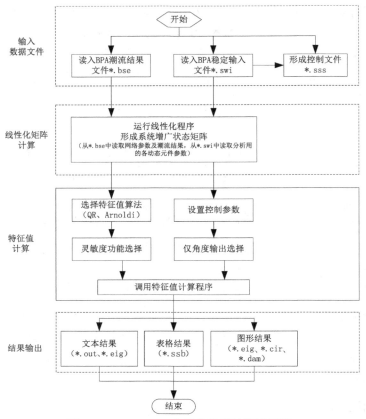

图 5-5　PSD-SSAP 小干扰程序计算流程图

PSD-SSAP 小干扰稳定性分析程序的输入、输出文件如图 5-6 所示。

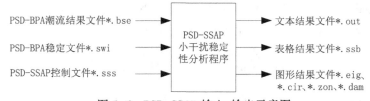

图 5-6　PSD-SSAP 输入、输出示意图

输入文件中：

（1）潮流结果文件（＊.bse）和稳定文件（＊.swi）与 PSD-BPA 程序是完全一致的，不需要修改。

（2）控制文件（＊.sss）用于填写小扰动程序计算的矩阵选择、算法选择、Arnoldi 算法的搜索点和输出范围等控制信息。

控制文件可使用文本编辑器并遵循一定的格式填写,亦可使用图形界面通过对话框的方式填写。

输出文件中:

(1)＊.out 文件,为文本文件,包含输出的全部结果,分别为根据频率和阻尼比选择的特征值结果,频率、阻尼比、机电回路相关比,特征向量和参与因子。

(2)＊.ssb 文件,为二进制结果文件,主要用于表格结果分析和模态图分析。

(3)＊.eig 文件,为文本文件,包括所有求得的特征值输出。

(4)＊.cir 文件,为文本文件,包括每次 Arnoldi 算法的搜索圆,主要用于绘制搜索轨迹图。

(5)＊.zon 文件,为文本文件,包括所有收敛的搜索圆边界所组成的已搜索区域,主要用于绘制收敛的搜索边界。

(6)＊.dam 文件,为文本文件,包括阻尼比 0.02～0.03 之间的范围,主要用于绘制特征值分布图。

5.2　面向同步发电机并网系统的 PSD-BPA 建模

作为 PSD-BPA 的两大核心功能,暂态稳定计算是分析同步发电机并网模型的主要手段,而潮流计算则为暂态稳定计算提供初值,两者分别从静态和动态角度描述同步发电机并网系统。本节围绕同步发电机并网系统相关模型,关注潮流计算与暂态稳定计算的关键细节,完成同步发电机并网系统从物理概念到数学模型的对应解析。

5.2.1　PSD-BPA 同步发电机并网系统模型概览

所述并网系统的发电单元包含原动机(汽轮机)、调速器、同步发电机、励磁调节器、电力系统稳定器(PSS)、主变压器以及高压厂用变压器(机组厂用电系统),还需结合电网部分方可组成同步发电机并网系统全模型。其中,发电单元模型的通用结构如图 5-7 所示。

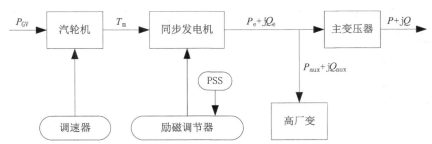

图 5-7　PSD-BPA 同步发电机并网单元模型通用结构示意图

对于 BPA 潮流计算,构建包含同步发电机并网单元的单机-无穷大系统,其中同步发电机可根据其控制方式视为 PQ 节点或 PV 节点。

对于 BPA 暂态稳定计算,同步发电机并网系统模型为机电暂态模型,能够反映其故障工况下的基频正序特性,仿真步长通常设置为 0.5 个周波,适用于含同步发电机并网系统的基本暂态稳定分析。

为了有效地模拟同步发电机并网系统的暂态特性,一方面 BPA 模型应能够体现一次系统的物理特性,包括热能-机械能之间的转换、轴系能量传递以及电气设备的载体特性等;另一方面还应能够包含同步发电机的控制功能。

5.2.2　同步发电机并网系统的潮流模型

在电力系统分析中,静态分析和动态分析是两种重要的方法。静态分析主要研究电力系统在稳态下的运行特性,而动态分析则关注电力系统在受到扰动后的瞬态和稳态过程。静态电路分析结果为小信号扰动等动态响应分析提供了基础工作点,这是因为在电力系统中,许多设备(发电机、变压器、线路等)的数学模型都是非线性的。在进行小信号扰动分析时,我们需要先找到一个工作点,然后在这个工作点附近对设备进行线性化处理,以便使用线性系统理论进行分析。这个工作点就是由静态电路分析得到的。

潮流计算是开展后续工作的前提,也是开展合理分析的关键。要执行暂态稳定计算程序,必须根据潮流计算结果,获取同步发电机并网系统的电压、有功功率和无功功率等特征参数。

图 5-8 为所设计的同步发电机并网系统潮流计算通用拓扑。

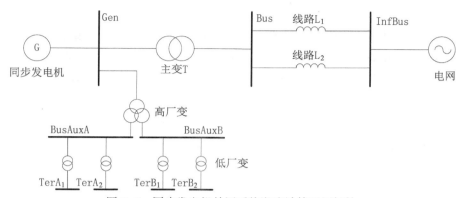

图 5-8 同步发电机并网系统潮流计算通用拓扑

根据图示,需要在 BPA 中建立同步发电机、变压器、线路、母线等元件,这在 BPA 系统中以数据卡的形式体现。图 5-8 中所涉及的数据卡格式示意如图 5-9 所示。

节点卡

| B | | Bus | | 230. | 400. | 80. | | |
| 数据卡名称 | | 节点名 | | | 负荷与出力数据 | | | |

线路卡

| L | | Bus | 230. | | InfBus | 230.1 | .007 | |
| 数据卡名称 | | 节点1 | 数据 | | 节点2 | | 数据 | |

变压器卡

| T | | Gen | 20. | Bus | 230. | .031 | 20. | 230. |
| 数据卡名称 | | 节点1 | 数据 | 节点2 | | 变压器数据 | | |

图 5-9 BPA 潮流拓扑数据卡格式示意

需要注意的是,BPA 软件的网络数据卡中没有三绕组变压器数据卡,而图 5-9 中所示高厂变为分裂变压器,需要按常规方法转化为 3 台两绕组变压器之后,再用 T 卡模拟。等效之后的 3 台变压器的公共节点一般需要增加一个与系统电压不重复的电压等级,如 1 kV。高厂变的等效计算公式如式(5-1)所示。

$$
\begin{cases}
u_{\mathrm{kH}}\% = \dfrac{1}{2}(u_{\mathrm{k(H\text{-}l1)}}\% + u_{\mathrm{k(H\text{-}l2)}}\% - u_{\mathrm{k(l1\text{-}l2)}}\%) \\[2mm]
u_{\mathrm{kl1}}\% = \dfrac{1}{2}(u_{\mathrm{k(H\text{-}l1)}}\% + u_{\mathrm{k(l1\text{-}l2)}}\% - u_{\mathrm{k(H\text{-}l2)}}\%) \\[2mm]
u_{\mathrm{kl2}}\% = \dfrac{1}{2}(u_{\mathrm{k(H\text{-}l2)}}\% + u_{\mathrm{k(l1\text{-}l2)}}\% - u_{\mathrm{k(H\text{-}l1)}}\%)
\end{cases}
\tag{5-1}
$$

式中，$u_{kH}\%$ 为高压侧等效双绕组变压器短路阻抗，p.u.；$u_{kl1}\%$、$u_{kl2}\%$ 分别为 A、B 分支侧等效双绕组变压器短路阻抗，p.u.；$u_{k(H-l1)}\%$ 为高厂变高压侧对 A 分支半穿越阻抗，p.u.；$u_{k(H-l2)}\%$ 为高厂变高压侧对 B 分支半穿越阻抗，p.u.。

在 BPA 中建立的同步发电机并网系统的潮流文件如图 5-10 所示。

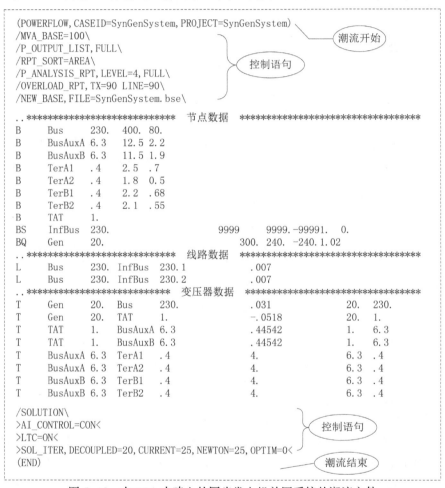

图 5-10　在 BPA 中建立的同步发电机并网系统的潮流文件

潮流文件由控制语句和网络数据组成，控制语句用来指定作业及工程名称，指定计算中采用的所有程序功能，指定输出及输入文件的选择等；网络数据包括节点数据和支路数据。下面对 BPA 潮流文件中比较重要的部分逐一进行解释。

5.2.2.1　控制语句部分

（1）（POWERFLOW、CASEID＝方式名，PROJECT＝工程名）：一级控制语句，

表示开始潮流作业的处理,为潮流文件的第一条控制语句,必须填写。该控制语句中必须填写潮流方式名"CASEID"和工程名"PROJECT"。

(2)(END):一级控制语句,表示潮流作业的结束,在潮流数据文件中必须有此控制语句,通常填写在潮流数据的最后一行,且此语句后的其他数据或控制语句均是无效的。

(3)/MVA_BASE=100\:二级控制语句,用于指定系统的基准功率,单位为 MVA。

(4)/P_OUTPUT_LIST,FULL\:二级控制语句,用于潮流计算结果的输出选择,设置为"FULL"时,输出系统中所有节点及相连线路的数据。

(5)/RPT_SORT=AREA\:二级控制语句,用于指定输出文件的顺序,设置为"AREA"时,表示按照区域顺序输出。

(6)/P_ANALYSIS_RPT,LEVEL=4,FULL\:二级控制语句,用于定义潮流计算完成后生成分析报告并对输出的数据列表进行分级,"LEVEL"的两个控制参数设置为"4,FULL"时,表示输出所有分析报告。

(7)/OVERLOAD_RPT,TX=90 LINE=90\:二级控制语句,用于指定线路和变压器的过负荷指标。

(8)/NEW_BASE,FILE=SynGenSystem.bse\:二级控制语句,用于指定潮流程序生成潮流图使用的二进制结果文件名。

(9)/PF_MAP,FILE=SynGenSystem.map\:二级控制语句,用于指定潮流结果输出的二进制文件名。

(10)/SOLUTION\:二级控制语句,为求解过程控制语句,该语句后跟有相应的三级控制语句,用来指定该语句的具体功能。

(11)>AI_CONTROL=CON<:三级控制语句,用于区域联络线功率控制选择,"CON"表示控制(缺省值)。

(12)>LTC=ON<:三级控制语句,用于带负荷调压变压器控制选择,"ON"表示完全控制(缺省值)。

(13)>SOL_ITER,DECOUPLED=20,CURRENT=25,NEWTON=25,OPTIM=0<:三级控制语句,用于计算方法和迭代次数选择。"DECOUPLED=20"表示PQ 分解法,迭代次数为 20 次;"CURRENT=25"表示改进的牛顿-拉夫逊算法,迭代次数为 25 次;"NEWTON=25"表示牛顿-拉夫逊算法,迭代次数为 25 次。

5.2.2.2　网络数据部分

　　网络数据部分一般包含四类数据卡,分别为区域控制数据卡、节点数据卡、支路数据卡和数据修改卡。下面对本例中用到的节点数据卡 B、支路数据卡 L 和 T 做简要介绍。

　　(1)B:交流节点数据卡,用于定义节点类型、节点名称、基准电压(kV)以及负荷与出力等信息。本例中使用的 B 卡表示 PQ 节点,BS 卡表示平衡机节点,BQ 卡表示 PV 节点。

　　(2)L:支路数据卡,为对称线路数据卡,用于模拟对称的 π 型支路。需要注意的是,支路电抗的最小值不能小于 0.000 1 p.u.。

　　(3)T:支路数据卡,为变压器数据卡,用于模拟两绕组变压器和移相器,三绕组变压器需要先按常规方法转化为 3 台两绕组变压器后再用此卡模拟。

5.2.3　同步发电机并网系统的机电暂态模型

　　与 BPA 潮流程序中同步发电机并网系统静态模型的建立过程类似,暂态稳定程序的并网系统模型的建立过程可以概括为:选定同步发电机模型→模型卡的参数填写→输出卡填写。因此,BPA 同步发电机并网系统仿真的关键在于对其模型的理解与认识。

　　同步发电机并网系统发电单元的物理结构示意如图 5-7 所示,其中包含的原动机、调速器、同步发电机、励磁调节器以及电力系统稳定器等,本节将逐一进行介绍。

5.2.3.1　原动机模型

　　原动机是指驱动同步发电机旋转的机械动力源,如蒸汽涡轮、水轮机或燃气轮机。原动机模型描述了原动机的动态特性,包括其对机械功率的响应特性。这些特性对于理解发电机在暂态过程中的行为至关重要。

　　本例中原动机为串联组合、单再热器型汽轮机,其输入为来自锅炉的高压主蒸汽和控制阀的阀位,输出为传递至同步发电机大轴的机械功率。如图 5-11 所示,为汽轮机模型。

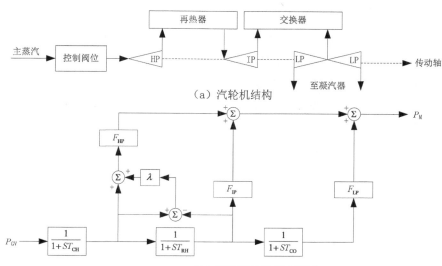

（a）汽轮机结构

（b）汽轮机数据卡TB模型

图 5-11 汽轮机模型

在图 5-11 中,(a)为汽轮机结构图,(b)为汽轮机数据卡 TB 模型。TB 卡中,T_{CH}、T_{RH}、T_{CO} 分别为蒸汽容积时间常数、再热器时间常数、交换器时间常数,s;F_{HP}、F_{IP}、F_{LP} 分别为高、中、低压缸功率比例;λ 为高压缸功率自然过调系数。

其中,"控制阀位"的作用为调节汽轮机的进气量,用于控制汽轮机的输出机械功率,需要由调速器(控制系统)来实现。

表 5-3 展示了某 350 MW 火电机组典型 TB 卡主要参数设置。

表 5-3 TB 卡主要参数表

参数名	数值	参数名	数值
T_{CH},蒸汽容积时间常数/s	0.16	F_{HP},高压缸功率比例/p.u.	0.313
T_{RH},再热器时间常数/s	12.4	F_{IP},中压缸功率比例/p.u.	0.275
T_{CO},交换器时间常数/s	0.95	F_{LP},低压缸功率比例/p.u.	0.412
λ,高压缸功率自然过调系数	0.63		

5.2.3.2 调速器模型

调速器是控制原动机输出功率的装置,以维持发电机的额定转速。调速器模型描述了调速器的动态响应过程,即如何调节原动机的燃料供应或水流量来适应机械功率的输出变化。

本例中调速器为数字电子液压型调速器,主要由调节系统(控制系统)、电液伺服系统组成。电液伺服系统对应 BPA 中的 GA 卡,调节系统则对应 BPA 中的 GJ 卡。需要注意的是,汽轮机应该匹配对应的汽轮机调速器,同理,水轮机应该匹配对应的水轮机调速器,否则系统会报错。

电液伺服系统接收调节系统传递的调门指令,通过电液转换 PID 模块驱动油动机带动调门动作,从而实现调门的开度与调门指令相匹配。电液伺服系统控制 GA 卡模型如图 5-12 所示。

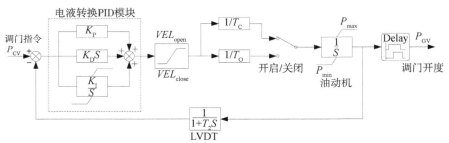

图 5-12　电液伺服系统控制 GA 卡模型

某 350 MW 火电机组对应的典型 GA 卡主要参数如表 5-4 所列。

表 5-4　GA 卡主要参数表

参数名	数值	参数名	数值
P_N,原动机额定输出功率/MW	350	K_P,PID 模块比例环节系数	13.8
T_C,油动机关闭时间常数/s	1.45	K_D,PID 模块微分环节系数	0
T_O,油动机开启时间常数/s	1.75	K_I,PID 模块积分环节系数	0
VEL_{close},过速关闭系数	−1.0	PID 模块积分环节输出上限/p.u.	1
VEL_{open},过速开启系数	1.0	PID 模块积分环节输出下限/p.u.	−1
P_{max},原动机最大输出功率/p.u.	1.08	PID 模块输出上限/p.u.	1
P_{min},原动机最小输出功率/p.u.	0	PID 模块输出下限/p.u.	−1
T_2,油动机行程反馈时间/s	0.02		

需要说明的是,在表 5-4 中,P_{max}、P_{min} 也分别代表油动机的最大行程(调门最大开度)、最小行程(调门最小开度)。

5.2.3.3　同步发电机模型

如图 5-13 所示,为 BPA 中通用的六绕组同步发电机模型,其中 x、y、g 为阻尼绕组,f 为励磁绕组。六绕组同步发电机电压电流方程参见表 1-2 中内容。

六绕组同步发电机模型的转子运动方程如式(5-2)所示。

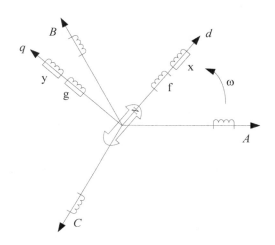

图 5-13　六绕组同步发电机示意图

$$M \frac{\mathrm{d}^2 \delta}{\mathrm{d}t^2} + D \frac{\mathrm{d}\delta}{\mathrm{d}t} = T_\mathrm{M} - T_\mathrm{E} \tag{5-2}$$

式中,M 为机组转子轴系转动惯量,p.u.;D 为阻尼,p.u.。

为保证用 BPA 程序研究同步发电机模型时与 PSASP 一致,一般对上述模型进行进一步改进,其电压电流方程、转子运动方程分别如式(5-3)、(5-4)所示。

$$\begin{cases} E''_\mathrm{q} = U_\mathrm{q} + R_\mathrm{a} I_\mathrm{q} + X''_\mathrm{d} I_\mathrm{d} \\[4pt] E''_\mathrm{d} = U_\mathrm{d} + R_\mathrm{a} I_\mathrm{d} - X''_\mathrm{q} I_\mathrm{q} \\[4pt] T''_\mathrm{q0} \dfrac{\mathrm{d}E''_\mathrm{d}}{\mathrm{d}t} = (E'_\mathrm{d} - E''_\mathrm{d}) + (X'_\mathrm{q} - X''_\mathrm{q})\, I_\mathrm{q} + T''_\mathrm{q0} \dfrac{\mathrm{d}E'_\mathrm{d}}{\mathrm{d}t} \\[4pt] T''_\mathrm{d0} \dfrac{\mathrm{d}E''_\mathrm{q}}{\mathrm{d}t} = (E'_\mathrm{q} - E''_\mathrm{q}) - (X'_\mathrm{d} - X''_\mathrm{d})\, I_\mathrm{d} + T''_\mathrm{d0} \dfrac{\mathrm{d}E'_\mathrm{q}}{\mathrm{d}t} \\[4pt] T'_\mathrm{q0} \dfrac{\mathrm{d}E'_\mathrm{d}}{\mathrm{d}t} = - E'_\mathrm{d} + (X_\mathrm{q} - X'_\mathrm{q})\, I_\mathrm{q} \\[4pt] T'_\mathrm{d0} \dfrac{\mathrm{d}E'_\mathrm{q}}{\mathrm{d}t} = E_\mathrm{fd} - E'_\mathrm{q} - (X_\mathrm{d} - X'_\mathrm{d})\, I_\mathrm{d} - (K_\mathrm{G} - 1)\, E'_\mathrm{q} \end{cases} \tag{5-3}$$

其中,$K_\mathrm{G} = 1 + \dfrac{b}{a} E'^{\,(n-1)}_\mathrm{q}$。

$$\begin{cases} T_{\mathrm{J}} \dfrac{\mathrm{d}\omega}{\mathrm{d}t} = \dfrac{P_{\mathrm{m}}}{\omega} - \dfrac{P_{\mathrm{e}}}{\omega} - D(\omega - \omega_0) \\ \dfrac{\mathrm{d}\delta}{\mathrm{d}t} = (\omega - 1)\,\omega_0 \end{cases} \tag{5-4}$$

该模型与 BPA 原有模型的电压电流方程和转子运动方程完全相同,微分方程的主要差别在于:

(1)该模型的次暂态微分方程中保留了暂态电势的微分项,而原模型消去了该微分项。

(2)原模型的暂态电势方程使用 $\dfrac{E'_{\mathrm{d}} - E''_{\mathrm{d}}}{X'_{\mathrm{q}} - X''_{\mathrm{q}}}$ 和 $\dfrac{E'_{\mathrm{q}} - E''_{\mathrm{q}}}{X'_{\mathrm{d}} - X''_{\mathrm{d}}}$,而该模型直接使用 I_{q} 和 I_{d}。

(3)考虑饱和时,原模型程序需要修正 E'_{d}、E'_{q}、E''_{d} 和 E''_{q},而该模型只需要修正关联变量 E'_{q}。

该模型对应 BPA 中的 MG 卡,与考虑全阻尼绕组的发电机次暂态参数模型对应的 M 卡配合使用。本例中 M 卡和 MG 卡的主要参数分别如表 5-5、5-6 所列。

表 5-5　M 卡主要参数表

参数	数值	参数	数值
发电机母线电压/kV	20	交轴暂态电抗 X_{qpp}/p.u.	0.193 2
电机额定容量	412	直轴次暂态时间常数 T_{d0pp}/s	0.045
电机功率因数	0.85	交轴次暂态时间常数 T_{q0pp}/s	0.075
直轴暂态电抗 X_{dpp}/p.u.	0.195 9		

表 5-6　MG 卡主要参数表

参数	数值	参数	数值
发电机母线电压/kV	20	交轴不饱和同步电抗 X_{q}/p.u.	2.115
发电机动能/(MW·s)	1 625.3	直轴暂态开路时间常数 T_{d0p}/s	8.47
发电机标幺参数基准容量/MVA	412	交轴暂态开路时间常数 T_{q0p}/s	0.95
定子电阻/p.u.	0.001	饱和系数 N	4.021
直轴暂态电抗 X_{dp}/p.u.	0.265 3	饱和系数 a	1

参数	数值	参数	数值
交轴暂态电抗 X_{qp}/p.u.	0.420 6	饱和系数 b	0.106
直轴不饱和同步电抗 X_d/p.u.	2.711		

5.2.3.4　励磁调节器和电力系统稳定器模型

励磁调节器控制同步发电机的磁场电流,从而调节机端电压。励磁系统模型描述了励磁系统的动态行为。其中,电力系统稳定器是励磁系统中的一个重要组成部分,用于提供额外的信号输入以改善系统的暂态稳定性。

本例中的同步发电机励磁系统采用了机端自并励静止励磁方式,结构示意如图 5-14 所示。

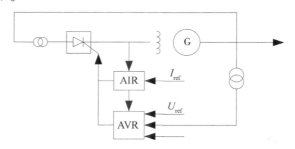

图 5-14　机端自并励静止励磁方式结构示意图

图中,AVR 为自动电压调节器,AIR 为自动电流调节器。

自并励输出转子直流电压可以近似表达为:

$$E_{fd} = K_R U_t \cos \alpha \qquad (5-5)$$

式中,K_R 为整流变压器变比与整流系数的乘积;U_t 为发电机的定子电压,p.u.;α 为可控硅整流器的控制角,°。

通常利用输出量与参考输入量之间的误差来进行励磁控制,即将机端电压与参考值进行比较,利用产生的误差进行励磁控制。一种自动电压调节器 AVR 控制框图如图 5-15 所示。

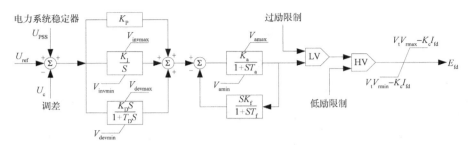

图 5-15　自动电压调节器 AVR 控制框图

对应 BPA 软件,选用改进型自并励静止励磁系统模型 FV 卡,用两张卡实现,分别是 FV 卡和 F+卡,参数分别如表 5-7、5-8 所列。

表 5-7　FV 卡参数表

参数	数值	参数	数值
调差系数 X_c/p.u.	−0.04	电压调节器超前时间常数 T_3/s	0.1
调节器输入滤波器时间常数 T_r/s	0.03	电压调节器滞后时间常数 T_4/s	0.1
调节器 PID 增益 K/p.u.	20	电压调节器放大增益 K_a/p.u.	1
积分选择因子 K_v/p.u.	0	电压调节器放大时间常数 T_a/s	0.01
电压调节器超前时间常数 T_1/s	3	软负反馈放大倍数 K_f/s	0
电压调节器滞后时间常数 T_2/s	1	软负反馈时间常数 T_f/p.u.	1

表 5-8　F+卡参数表

参数	数值	参数	数值
调节器最大内部电压 V_{amax}/p.u.	10	调节器最大输出电压 V_{rmax}/p.u.	7.83
调节器最小内部电压 V_{amin}/p.u.	−10	调节器最小输出电压 V_{rmin}/p.u.	−5.2
换相电抗整流器负载因子 K_c/p.u.	0.089		

电力系统稳定器采用双输入加速功率型电力系统稳定器,即 PSS2B 型电力系统稳定器,对应 BPA 中 SI 型 PSS,用两张卡实现,分别是 SI 卡和 SI+卡,参数分别如表 5-9、5-10 所列。

表 5-9　SI 卡参数表

参数名称	数值	参数名称	数值
PSS 转速环采样时间常数 T_{rw}/s	0.02	PSS 功率环隔直时间常数 T_{w1}/s	5

续表

参数名称	数值	参数名称	数值
PSS 转速环隔直时间常数 T_5/s	5	PSS 功率环隔直时间常数 T_{w2}/s	5
PSS 转速环隔直时间常数 T_6/s	5	PSS 功率系数 $K_s/\mathrm{p.u.}$	1
PSS 转速环隔直时间常数 T_7/s	5	陷波器时间常数 T_9/s	0.6
PSS 功率环采样系数 $K_r/\mathrm{p.u.}$	1	陷波器时间常数 T_{10}/s	0.12
PSS 功率环采样时间常数 T_{rp}/s	0.02	陷波器时间常数 T_{12}/s	0.12
PSS 功率环积分常数 $T_w/\mathrm{p.u.}$	0.63		

表 5-10　SI+卡参数表

参数名称	数值	参数名称	数值
直流增益 $K_p/\mathrm{p.u.}$	7	超前滞后时间常数 T_3/s	0.2
超前滞后时间常数 T_1/s	0.12	超前滞后时间常数 T_4/s	0.03
超前滞后时间常数 T_2/s	0.02	PSS 输出上限 $V_{smax}/\mathrm{p.u.}$	0.05
超前滞后时间常数 T_{13}/s	0.2	PSS 输出下限 V_{smin}/s	−0.05
超前滞后时间常数 T_{14}/s	0.19	SI 卡中 K_R 的基准容量/MVA	412

　　需要注意的是,表 5-10 中"SI 卡中 K_R 的基准容量"需要填写同步发电机的视在容量,否则需要对功率支路放大倍数 K_R 进行基于系统基准容量 S_b 的等效,对应公式如式(5-6)所示。

$$K'_R = K_R \cdot \frac{S_b}{S_N} \qquad (5-6)$$

式中, K'_R 为基于系统基准容量的功率支路放大倍数的标幺值, S_N 为发电机的视在容量。

　　经过对同步发电机并网系统机电暂态模型的梳理,其主要构成元件如原动机、调速器、同步发电机等均已与 BPA 软件中的数据卡一一对应,如图 5-16 所示,为同步发电机并网系统暂态稳定计算文件。

```
.. ***********************************  计算控制卡开始  ***********************************
CASE SynGenSyst
.. ***********************************  故障操作卡  ***********************************
LS Gen      20                    11  0     100. 0.    100. 5.
LS Gen      20                    11  250.  100. 5.    102. 5.01
LS Gen      20                    11  250.5 102. 5.01  102. 15.
LS Gen      20                    11  750.  102. 15.   100. 15.01
LS Gen      20                    11  750.5 100. 15.01 100. 40.
.. ***********************************  同步发电机并网系统数据卡  ***********************************
M  Gen      20. 412. .85              .1959.1932.045.075
MG Gen      20.0 1625.3     412..001.2653.42062.7112.1158.47.954.0211.    .106. 15
FV Gen      20.   -.04.02 20. 0. 3.  1.  .1  .1  0. .01 0.  1.
F+ Gen      20.  10.  -10.                  7.83-5.2.089
SI Gen      20.  .02 5.  5.  5. 1.   .02 .63 5.   5.   .6   .12 .12
SI+Gen      20.  7.  .12 .02 .2  .19 .2  .03 .05  -.05             412.
GJ Gen      20.  .02  .0013 18.3 3.13 0.   .04 1.  -1. 1.  -1. .37 .004 -.004
GJ+Gen      20.  .01  .04 .12
GA Gen      20.  350. 1. 451.75-1. 1.  1.080.  .02 13.80. 0.  1.  -1. 1.  -1.
TB Gen      20.  .16 .313    12.4 .275    .95 .412            .63
.. ***********************************  平衡机  ***********************************
MC InfBus   230. 99999.        .0219                          .15
.. ***********************************  计算控制卡结束  ***********************************
FF 0.  0.5 2000                16            1         1
.. ***********************************  输出数据卡  ***********************************
90
MH
BH
G  Gen      20.      3     3     3 3          3          2  3
B  TerA1    .4  33 3 3  3      33
B  TerB1    .4  33 3 3  3      33
99
```

图 5-16　同步发电机并网系统 BPA 暂态稳定计算文件

5.2.3.5　编写暂态稳定文件 *.swi 时的一般注意事项

（1）暂态稳定计算文件一共分为两部分，第一部分为计算文件，以 CASE 卡开始，FF 卡结束，中间可以填写模型以及故障数据等，顺序可以任意调整。但 CASE 卡必须是暂态稳定计算文件的第一行，同时用于导入潮流计算结果文件。暂态稳定计算文件的第二部分为输出数据控制卡，以 90 卡开始，99 卡结束，中间可以放置需要的输出卡，顺序可以任意调整。

（2）如果暂态稳定计算文件所引用的潮流文件中含有有功出力的节点，那么暂态稳定计算文件中需要填写对应的发电机数据卡，否则会出现"初始化不平衡"的错误信息。

（3）发电机数据卡中的"基准容量"推荐填写发电机的额定视在容量，否则发电机电抗参数需要等效至系统基准容量。

（4）PSS 模型功率输入支路的放大倍数与基准容量有关,因此填写 SI+卡时推荐填写发电机的额定视在容量,否则应按式(5-6)折算功率支路放大倍数。

5.3 基于 PSD 的同步发电机并网系统仿真及分析

在电网仿真计算领域内,同步发电机并网系统中各个元件数学模型的精确性以及参数的准确性对整个系统的动态稳定性具有至关重要的影响。随着大型电网之间的相互连接以及新能源的高比例接入,电网系统面临的低频振荡问题变得日益突出。因此,对同步发电机并网系统的精确模型进行深入研究显得尤为关键。下面将具体介绍利用 PSD-BPA 和 SSAP 软件对同步发电机并网系统模型进行仿真分析的方法。

5.3.1 潮流计算及并网系统节点电压分析

5.3.1.1 潮流计算

以 5.2.2 节中搭建的同步发电机并网系统模型为基础,并网系统中的主变、高厂变、4 台低压厂用变压器分接头均在额定挡位。在机组正常运行(负荷 90 MW~350 MW)区间,高厂变有功负荷的范围为 18 MW~22 MW,4 台低压厂用变压器各自的有功负荷范围为 1.5 MW~2.2 MW,系统侧 220 kV 母线,并网系统内 20 kV、6.3 kV、0.4 kV 母线电压均保持在正常范围之内。其中,电网轻载时,称机组处于小负荷运行工况;电网重载时,称机组处于大负荷运行工况。

对电网系统按照轻载、机组小负荷的运行工况进行潮流计算,固定了系统电压为 1 p.u.的约束条件,计算潮流分布结果如图 5-17 所示,各母线电压幅值与相角的计算结果如表 5-11 所列。

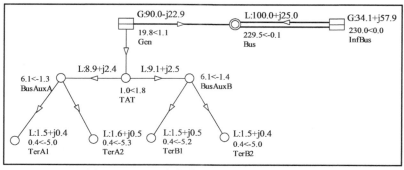

图 5-17　机组小负荷时并网系统潮流分布图

表 5-11　机组小负荷时并网系统母线电压

母线名称	电压幅值/p.u.	电压相角/(°)	母线名称	电压幅值/p.u.	电压相角/(°)
Bus	0.998	−0.1	TAT	0.992	1.8
BusAuxA	0.975	−1.3	TerA1	0.954	−5.0
BusAuxB	0.975	−1.4	TerA2	0.953	−5.3
Gen	0.988	1.1	TerB1	0.953	−5.2
InfBus	1.000	0.0	TerB2	0.956	−5.0

根据图 5-17 和表 5-11 所列数据可知,同步发电机并网系统在电网系统轻载、机组工作于小负荷工况时,为保证系统侧 220 kV 母线不超压,机组进入进相运行工况,机组有功功率为 90 MW,无功功率为−22.9 MVar,计算功率因数为−0.97。并网系统内各母线电压均低于 1.0 p.u.,同时 0.4 kV 母线电压已接近低限值 0.95 p.u.。

对电网系统按照重载、机组大负荷的运行工况进行潮流计算,固定了系统电压为 1 p.u.的约束条件,计算潮流分布如图 5-18 所示,各母线电压幅值与相角具体数据如表 5-12 所列。

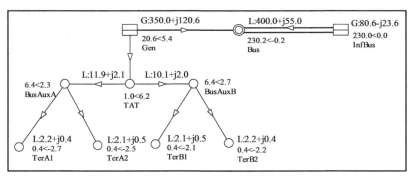

图 5-18　机组大负荷时并网系统潮流分布图

表 5-12　机组大负荷时并网系统母线电压

母线名称	电压幅值/p.u.	电压相角/(°)	母线名称	电压幅值/p.u.	电压相角/(°)
Bus	1.001	−0.2	TAT	1.034	6.2
BusAuxA	1.017	2.3	TerA1	0.995	−2.7
BusAuxB	1.018	2.7	TerA2	0.994	−2.5
Gen	1.030	5.4	TerB1	0.996	−2.1

母线名称	电压幅值/p.u.	电压相角/(°)	母线名称	电压幅值/p.u.	电压相角/(°)
InfBus	1.000	0.0	TerB2	0.998	−2.2

　　根据图 5-18 和表 5-12 所列数据可知,同步发电机并网系统在电网系统重载、机组工作于大负荷工况时,为保证系统的无功需求,机组迟相运行,机组有功功率为 350 MW,无功功率为 120.6 MVar,计算功率因数为 0.95。并网系统内各母线电压均正常。

5.3.1.2　并网系统节点电压分析

　　根据发电机组大、小负荷工况的潮流计算结果可知,并网机组高低压厂用系统电压水平受机组运行工况的影响比较明显。尤其在机组进相运行时,高、低压厂用系统电压较低,容易引发厂用负荷低压脱扣风险。因此,需重点关注并网系统的电压稳定性问题,确保其运行在安全的水平内。

　　本例所研究的对象为 350 MW 火力发电机组,其高压厂用电系统中有较多大容量电动机负荷,且是主备配置,当主设备有故障时,备用设备应立即启动并投入运行。当备用设备启动时,往往会产生数倍于额定运行电流的启动电流,该启动电流主要为感性无功分量,即高压厂用电系统的感性无功负载会瞬间增加,从而拉低高压厂用电系统的电压水平。下面以机组高压厂用 A 段(BusAuxA 节点)额定功率为 3 500 kW 的脱硫增压风机在机组进相运行工况下启动为例,利用 PSD-BPA 的节点灵敏度分析以及 $Q\text{-}V$ 曲线求解功能来研究其对厂用电系统电压的影响。

　　机组高压厂用 A 段 BusAuxA 节点启动脱硫增压风机时,表现出了无功负荷的突增现象,约为 7 MVar(5~7 倍风机额定无功)。采用节点灵敏度分析方法计算此过程并网系统中各节点的电压水平,图 5-19 为节点灵敏度分析计算文件,表 5-13 为节点灵敏度分析结果。

```
(POWERFLOW, CASEID=SynGenSystem, PROJECT=SynGenSystem)
/OLD_BASE, FILE=SynGenSystemsmall. bse\
/BUS_SENSITIVITY, NOUT=8, BUSVMIN=0. 4\
B        BusAuxA 6. 3          7.
(END)
```

图 5-19　节点灵敏度分析计算文件

表 5-13 节点灵敏度分析结果

节点名	基准电压 /kV	dV/dQ		扰动前电压		扰动后电压	
		/(p.u./p.u.)	/(kV/MVar)	/p.u.	/kV	/p.u.	/kV
Bus	230.0	0.000 0	0.000 0	0.998	229.53	0.998	229.53
TAT	1.0	−0.054 5	−0.000 5	0.992	0.99	0.996	1.00
BusAuxA	6.3	0.422 6	0.026 0	0.975	6.14	0.945	5.96
BusAuxB	6.3	−0.056 8	−0.003 5	0.975	6.14	0.979	6.16
TerA1	0.4	0.443 5	0.001 7	0.954	0.38	0.923	0.37
TerA2	0.4	0.444 8	0.001 7	0.953	0.38	0.921	0.37
TerB1	0.4	−0.059 7	−0.000 2	0.953	0.38	0.957	0.38
TerB2	0.4	−0.059 4	−0.000 2	0.956	0.38	0.960	0.38

根据表 5-13 的仿真算例可知,在机组进相运行工况下,突然启动约占高厂变对应分支 14% 容量的电机类负载,导致本段高压厂用母线电压由 6.14 kV 降低至 5.96 kV,变化量约为 3%,且已低于高压厂用段电压的最低限值水平 0.95 p.u.;同时,还导致了其对应的低压厂用母线电压由 0.38 kV 降低至 0.37 kV,变化量约为 3.2%。

由此可知,在所述工况下启动大容量电机时,导致了并网系统电压水平失稳的风险。然而发电机进相运行时,厂用电电机的启停和切换在实际运行中不可避免,那么该如何应对此类问题呢?

在同步发电机并网系统中,为了在机组进相运行时满足大容量感性负载的主备切换操作,通常会采用调节高压厂用变压器分接头的手段来保证大容量感性负载切换操作时各厂用电压节点的电压水平不越限。

本例将利用潮流计算程序中的 Q-V 曲线求解功能,来分析通过调节高厂变分接抽头的方式以改善厂用电系统无功储备水平的可行性。

在同步发电机并网系统小负荷潮流文件中添加如下 Q-V 曲线二级控制语句,以实现高厂变分接抽头变比从 1 至 1.05 的参数调节:

/CHANGE_PARAMETERS,BUS = BusAuxA   6.3,V = 1.0,Q = \

/CHANGE_PARAMETERS,BUS = BusAuxA   6.3,V = 1.0125,Q = \

/CHANGE_PARAMETERS,BUS = BusAuxA   6.3,V = 1.025,Q = \

/CHANGE_PARAMETERS,BUS=BusAuxA　　6.3,V=1.0375,Q=\
/CHANGE_PARAMETERS,BUS=BusAuxA　　6.3,V=1.05,Q=\

图 5-20 为调节高厂变分接抽头时 BusAuxA 节点的 Q-V 求解曲线。按照前述负荷场景,即需要保有 5~7 倍电机额定无功容量才可维持可接受的并网系统电压水平。这里取电机启动的无功需求为 7 MVar,并考虑一个 1.3 倍的同时系数,即在本机组进相运行工况下,厂用段需持有高于 9.1 MVar 的无功储备裕度才可保证脱硫增压风机正常启动。从图中 Q-V 曲线可知,当高厂变分接抽头变比调节至 1.012 5 及以上时,厂用段无功储备裕度即可满足要求。

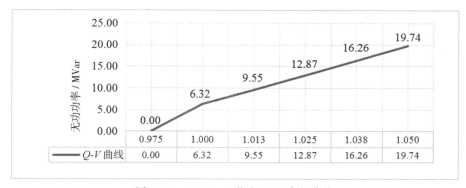

图 5-20　BusAuxA 节点 Q-V 求解曲线

由此可见,通过调节同步发电机并网系统中机组高厂变分接抽头以改善高压厂用母线节点无功储备裕度的方法是可行的;同时也表明,PSD-BPA 系列工具可以为此类问题的定量分析提供一种便捷、可靠的手段。

5.3.2　暂态稳定计算

电力系统在正常运行时必须具有足够的暂态稳定性,应能承受住一般的大扰动而不崩溃。暂态稳定计算用于配合电力系统安全稳定控制的"三道防线",校验系统是否能安全过渡至新的稳定状态。

暂态稳定计算考察的场景主要是"大扰动",以短路故障扰动最为严重,在校验时应考虑到故障发生的各种可能性,尤其是在对系统稳定最不利的位置。通常设置的故障场景有发电机机端、输电线路和主变压器高压侧发生金属性三相短路等。

利用 PSD-BPA 程序的暂态稳定模块进行暂态稳定计算时,采用的是基于数值积分的时域仿真法,在潮流计算结果的基础上设置短路等扰动,逐步积分求出系统各变量随时间的变化,观察发电机相对功角的大小变化,从而判别暂态稳定。当系统受到大扰动后,任意两台发电机之间的相对功角会出现振荡,如果系统能够保持暂态稳定,那么在振荡的第一、二个周期内仍能保持同步,功角的振荡逐渐衰减,最后所有发电机能在一个稳定的状态下同步运行,母线电压也能稳定在正常范围之内。

依然以 350 MW 机组并网系统为例,在机组满负荷工况运行条件下,设置主变压器高压侧母线在 5 s 时发生三相金属性短路故障,故障持续时间为 0.1 s。其间励磁系统、调速系统正常投入运行,PSS 退出。观察并网系统在暂态扰动期间各状态参量的变化过程,如图 5-21 所示。

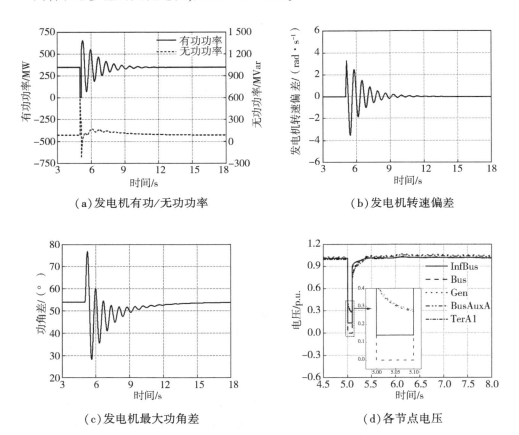

（a）发电机有功/无功功率　　　　　　（b）发电机转速偏差

（c）发电机最大功角差　　　　　　（d）各节点电压

图 5-21　短路故障时并网系统各状态参量

图 5-21（a）、（b）所示并网系统发生三相金属性短路故障后,发电机的发电功率、转速偏差均呈现出持续振荡现象,并在故障后约 4.5 s 时振荡平息。另外,

由于故障发生时刻系统各段电压均大幅降低,励磁系统瞬时强励,发电机无功功率瞬时增大,因此对功角的稳定性起到了快速支撑作用,维持了系统稳定性。根据图 5-21(c)所示的功角差曲线可以看出,并网系统发生大扰动之后,发电机的功角差经过第一个振荡周期后不失步,且变化量持续衰减,约 10 s 后功角差复位。由图 5-21(d)所示的短路故障发生后并网系统各节点电压曲线可知,并网系统中各节点电压在故障发生时均低于 0.35 p.u.,故障清除后 103 ms 内,各节点电压均恢复至 0.95 p.u.以上水平。

　　根据前面的分析我们可以看出,经过约 8 个振荡周期系统才过渡到稳定水平,故大扰动对同步发电机并网系统可能产生失稳的风险。为了提升并网系统对系统失稳的抵抗能力,通常会从控制手段上采取相应的措施,其中投入电力系统稳定器(PSS)是最常用的手段。PSS 就是为抑制低频振荡而研究的一种附加励磁控制技术,它在励磁电压调节器中引入超前于轴速度变化量的一个附加信号,通过叠加进励磁调节过程中传变成为附加阻尼转矩,削弱了原系统的负阻尼、弱阻尼特性。

　　在示例仿真的场景下投入 PSS,对比有、无 PSS 时在相同扰动下的暂态过程,PSS 参数参照表 5-9、表 5-10 整定。其中发电机的最大功角差、有功功率曲线如图 5-22 所示。

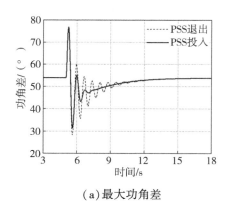
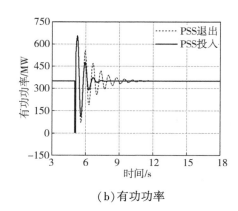

（a）最大功角差　　　　　　　　　　（b）有功功率

图 5-22　PSS 投入、退出时发电机的状态参量

　　根据图 5-22(a)所示发电机最大功角差曲线计算无 PSS 投入时发电机最大功角差的振荡频率为 1.525 6 Hz,计算的阻尼比为 0.158 6;有 PSS 投入时,发电机最大功角差的振荡频率为 1.226 3 Hz,计算的阻尼比提高到了 0.257 0。根据

图 5-22(b)所示发电机有功功率曲线计算无 PSS 投入时发电机有功功率的振荡频率为 1.495 8 Hz,计算的阻尼比为 0.164 5;有 PSS 投入时,发电机有功功率的振荡频率为 1.358 2 Hz,阻尼比提高至 0.210 2。由此可见,投入 PSS 之后,发电机最大功角差、发电机有功功率的振荡频率明显降低、阻尼比明显增大,即 PSS 的投入可以有效抑制振荡,显著提高了系统的暂态稳定性。

上面分析了电力系统稳定器 PSS 的作用,而本例分析的同步发电机并网系统模型,其全网元件均选用详细模型,因此并网系统发生大扰动时,其励磁调节器、调速器对系统维持暂态稳定的作用也是不容忽略的。图 5-23、图 5-24 还展示了励磁调节器和调速器在并网系统大扰动期间的响应过程。

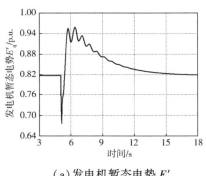
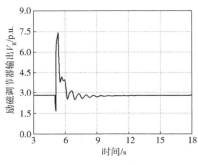

(a)发电机暂态电势 E'_q　　　　　　(b)励磁调节器输出 V_R

图 5-23　并网系统故障时发电机暂态电势 E'_q 及励磁调节器输出 V_R

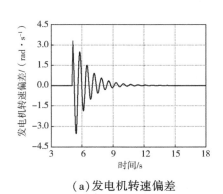
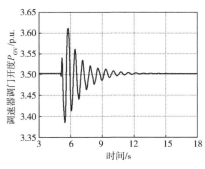

(a)发电机转速偏差　　　　　　(b)调速器调门开度 P_{GV}

图 5-24　并网系统故障时发电机转速偏差及调速器调门开度 P_{GV}

由图 5-23 可知,同步发电机并网系统主变高压侧发生三相金属性短路故障时,发电机机端电压瞬间降低,励磁调节器立刻输出强励功率以维持机端电压稳定。由图 5-24 可知,并网系统发生短路故障时,机-电转矩发生不平衡,发电机转速瞬间下降,调速系统也迅速响应以维持发电机转速稳定。

综上分析可知,同步发电机并网系统发生大扰动干扰时,发电机励磁调节器以及汽轮机调速器的控制特性对并网系统电压、频率的稳定也具有至关重要的作用。

5.3.3　小干扰稳定分析

电力系统小干扰稳定是指系统受到小扰动后,不发生自发振荡或非周期性失步,自动恢复到起始运行状态的能力。系统在小干扰作用下所产生的振荡如果能够被抑制,系统状态的偏移足够小,系统就是稳定的。相反,如果振荡的幅值不断增大或无限地维持下去,系统就是不稳定的。因此,系统小干扰稳定性取决于系统的固有特性,与扰动的方式无关。

遭受小干扰后的系统是否稳定与很多因素有关,主要包括初始运行状态和各控制环节的控制特性等。系统受到小干扰后出现的不稳定一般表现为两种形式:其一为由于缺乏同步转矩而引起的发电机转子角度持续增大;其二为由于缺乏足够的阻尼力矩而引起的等幅振荡。电力系统运行过程中难以避免小干扰的存在,一个小干扰不稳定的系统在实际中难以正常运行。换言之,电力系统的正常运行首先应该具有小干扰稳定性。因此,进行电力系统的小干扰分析,判断系统在指定运行方式下是否稳定,是电力系统分析的一个基本任务。

目前小干扰稳定分析的主要方法是李雅普诺夫第一法。该法的本质是:由非线性系统线性逼近的稳定性来描述非线性系统在一个平衡点附近的局部稳定性。因此,用李雅普诺夫线性化方法研究电力系统小扰动稳定性的理论基础是扰动应足够微小。

PSD-SSAP 是 PSD 软件包中专用的电力系统小干扰稳定性分析程序,采用多种先进的特征值算法,用于分析电力系统小干扰下的电压稳定性、功角稳定性,同时能够分析计算大型电力系统因阻尼不足造成的低频振荡问题。程序中具有两种特征值算法:QR 算法和隐式重启动 Arnoldi 算法,其中 QR 算法一般适用于中小规模电力系统的小干扰稳定性分析,Arnoldi 算法适用于大规模电力系统的小干扰稳定性分析。

现今研究表明,发电机的励磁控制——AVR+PSS,是提高电力系统小干扰稳定性最为便捷且代价最小的有效手段,同时它还兼具维持机端电压的能力。

PSS 可以增强系统的电气阻尼,在不降低励磁系统电压调节环的增益、不影响励磁系统的暂态性能的情况下,实现了电力系统低频振荡的抑制效果,整体投资相对较小,效率高,因而得到了广泛应用。

本节将利用 PSD-SSAP 小干扰稳定分析软件来探讨图 5-8 所示的并网系统在 PSS 作用下的系统小干扰稳定性专项分析相关问题。

5.3.3.1 不计励磁作用的小干扰稳定分析

退出并网系统所有发电机的励磁设备,根据潮流计算的结果,将各元件模型在工作点处线性化,采用 QR 特征值算法计算并网系统的特征值。如图 5-25 所示为不计励磁作用的特征值分布图,如表 5-14 所列为不计励磁作用的具有低频振荡特征的特征值。

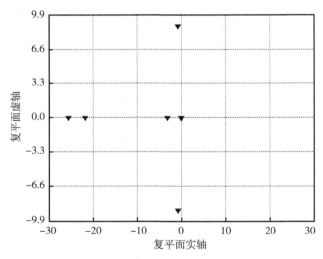

图 5-25　不计励磁作用的特征值分布图

表 5-14　不计励磁作用的具有低频振荡特征的特征值

实部	虚部	频率/Hz	阻尼比	机电回路相关比
−0.821 790 13	8.846 977 53	1.408 040 21	0.092 491 20	9.739 397 05

由图 5-25 可知,不计励磁时并网系统一共有 7 组特征值,其实部均为负值,表明并网系统小干扰稳定;表 5-14 所列为从 7 组特征值中处于 1~2.5 Hz 之间振荡频率为 1.408 Hz 的特征值,其机电回路相关比为 9.74,远大于 1,属于机电振荡,但对应的阻尼比小于 0.1,阻尼作用偏弱。

5.3.3.2　计及励磁作用的小干扰稳定分析

投入发电机的励磁调节器,根据潮流计算的结果,将各元件模型在工作点处线性化,采用 QR 特征值算法计算并网系统的特征值。如图 5-26 所示为计及励磁作用的特征值分布图,表 5-15 所列为计及励磁作用的具有低频振荡特征的特征值。

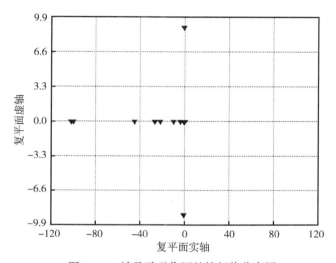

图 5-26　计及励磁作用的特征值分布图

表 5-15　计及励磁作用的具有低频振荡特征的特征值

实部	虚部	频率/Hz	阻尼比	机电回路相关比
−0.717 742 82	8.923 545 19	1.420 226 33	0.080 173 56	10.310 953 14

由图 5-26 可知,计入励磁时并网系统一共有 12 组特征值,其实部均为负值,表明并网系统小干扰稳定;表 5-15 所列为本机振荡频率区间下振荡频率为 1.420 Hz 的特征值,其机电回路相关比为 10.31,对应的阻尼比为 0.08,阻尼作用相较于不计励磁时更弱。

5.3.3.3　投入 PSS 时的小干扰稳定分析

投入 PSS,根据潮流计算的结果,将各元件模型在工作点处线性化,依然采用 QR 特征值算法计算并网系统的特征值。如图 5-27 所示为投入 PSS 时并网系统特征值分布图,如表 5-16 所列为投入 PSS 时的特征值。

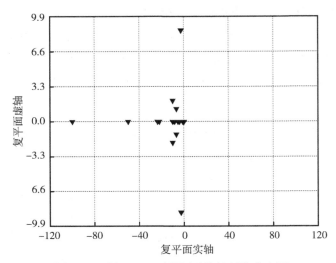

图 5-27　投入 PSS 时并网系统特征值分布图

表 5-16　投入 PSS 时的特征值

实部	虚部	频率/Hz	阻尼比	机电回路相关比
−91.349 670 27	16.720 143 30	2.661 093 46	0.983 658 65	0.002 252 11
−23.672 761 11	23.050 216 25	3.668 555 86	0.716 464 80	0.027 321 85
−2.567 155 65	8.598 209 27	1.368 447 51	0.286 089 35	0.741 562 19
−9.967 042 95	1.980 138 90	0.315 148 89	0.980 830 99	0.559 148 91
−6.720 680 84	1.201 723 53	0.191 260 24	0.984 386 94	0.603 581 96

　　由图 5-27 可知，投入 PSS 后并网系统一共有 25 组特征值，其实部均为负值，表明并网系统小干扰稳定；表 5-16 所列为从 25 组特征值中选择出的具有振荡特征的 5 组特征值，其中一组振荡频率为 1.368 Hz，位于 1～2.5 Hz 之间，属于本地振荡模式；两组振荡频率分别为 0.191 Hz、0.315 Hz，位于 0.1～1 Hz 之间，属于区域间振荡模式；另外两组振荡频率分别为 2.66 Hz、3.67 Hz，位于 2.5～4 Hz 之间，属于普通振荡模式。

　　将表 5-14、表 5-15 所列数据进行对比，可知投入励磁调节器之后，并网系统振荡频率增加，阻尼比减小，说明快速、高放大倍数的励磁系统容易导致系统振荡失稳。由图 5-26、5-27 所示并网系统特征值分布图可知，当投入 PSS 之后，所有特征值的实部左移，意味着 PSS 的投入提高了系统的小干扰稳定性。同时，从表 5-15、表 5-16 所列的数据也可以明显看出，投入 PSS 之后，系统阻尼比大幅增加。因此,投入 PSS 可以有效抑制系统低频振荡。

5.3.3.4　PSD-SSAP 小干扰分析程序在 PSS 参数预整定上的应用

根据前面的分析可知,PSS 的投入对提高并网系统小干扰稳定性有着显著作用。那么,如何快速、有效地选用一组有效的 PSS 控制参数用于实际运行中的机组就显得尤为重要。下面介绍利用 PSD-SSAP 小干扰分析程序在 PSS 参数预整定上的几个应用。

(1)PSS 转速偏差放大倍数 T_5。

在表 5-9 中,PSS 转速偏差通道中的放大倍数 T_5 是参数整定中的难点,尚无有效手段对其整定效果进行验证,因此现场 PSS 参数整定时,一般取经验值,设为 5 s。利用 PSD-SSAP 小干扰分析程序,现对 T_5 分别为 0.1、5、20 时做小干扰分析。如图 5-28 所示,为 T_5 与并网系统小干扰稳定性的相关性。

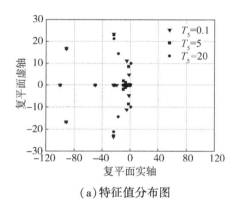

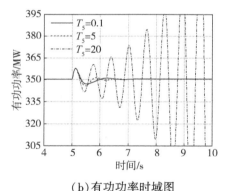

(a)特征值分布图　　　　　　　　　(b)有功功率时域图

图 5-28　转速偏差通道放大倍数 T_5 与并网系统干扰稳定性的相关性

由图 5-28(a)可知,转速偏差通道放大倍数 T_5 对系统小干扰稳定性的影响较大,当 T_5 增大时,特征值在复平面实轴上向左偏移,系统小干扰稳定性增加;但当 T_5 达到 20 时,出现实部为零的特征值,系统处于临界稳定状态。从图 5-28(b)所示的有功功率时域图可以看出,当 T_5 为 20 时,有功功率振荡发散,系统已经不稳定。同时,当 T_5 取 0.1 时,特征值的实部分布相较于 T_5 取 5 时也更靠近零轴。对比时域结果来看,其呈现的阻尼作用也弱于 T_5 取 5 时的效果。也就是说,PSS 的 T_5 需合理设定才可在一定范围内对系统低频振荡起到最佳效果。

因此,在进行 PSS 参数预整定时,可以利用 PSD-SSAP 小干扰分析程序研究参数对稳定性的影响趋势,来辅助指导现场参数的整定问题。

（2）PSS 临界增益。

PSS 的放大倍数在很大程度上决定着 PSS 抑制低频振荡能力的发挥,按照电力系统稳定器的整定规程 DL/T 1231《电力系统稳定器整定试验导则》,PSS 的放大倍数常取临界增益的 $1/5\sim1/3$。而现场准确测试 PSS 的临界增益对机组的安全运行存在一定风险,因此现场试验时往往很少能准确测试出放大倍数的临界值,从而导致现场整定的 PSS 放大倍数 K_P 与规程要求存在一定差异。

利用 PSD-SSAP 小干扰稳定分析程序,通过分析并网系统小干扰稳定性,提前计算出 PSS 临界增益,指导现场测试临界增益,更精确整定放大倍数 K_P,以更好发挥 PSS 抑制系统低频振荡的能力。

依然在所述的示例中,结合表 5-9 的 PSS 参数设置情况,从小到大依次设定一组放大倍数 K_P,来分析并网系统的小干扰稳定性。如图 5-29 所示,为不同 K_P 时并网系统的小干扰稳定性。

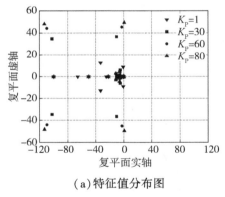
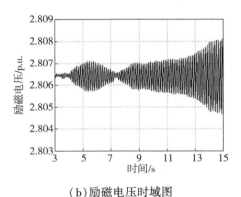

（a）特征值分布图　　　　　　　　（b）励磁电压时域图

图 5-29　不同 K_P 时并网系统的小干扰稳定性

从图 5-29（a）可以看出,当 K_P 达到 80 时,并网系统小干扰稳定计算出现正的特征值实部,表明系统已经不稳定;而且从图 5-29（b）所示的励磁电压时域图的波形可以看出,此时励磁电压已开始振荡,说明 PSS 已经达到临界增益。从上述小干扰稳定分析结果可知,PSS 的临界增益大概在 $70\sim80$。

因此,在已知临界增益边界的前提下,现场开展临界增益试验的风险性大大降低。

（3）PSS 无补偿特性。

现场 PSS 整定试验中还有一个高风险的试验项目,即机组的无补偿特性测试。该试验项目需要在励磁调节器上外加噪声信号,干预励磁调节器的正常工作,当随机信号的幅值过大时,还会导致机组保护跳闸的风险。受噪声源以及现场干扰的影响,有时候很难判断实测的无补偿特性是否准确,因此会多次进行该试验项目,导致试验风险进一步加大。

利用 PSD-SSAP 小干扰分析程序的频率响应计算功能,可以预计算励磁系统的无补偿特性。在暂态稳定计算文件中,退出 PSS 功能,添加励磁模型内部变量输出卡(OEX),自变量选取参考值叠加输出点 VS,因变量选取励磁输入电压信号 VF,励磁系统无补偿特性计算值曲线如图 5-30 所示,励磁系统无补偿特性计算值与本例模型对应机组的实测值对比结果如表 5-17 所列。

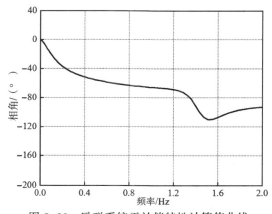

图 5-30　励磁系统无补偿特性计算值曲线

表 5-17　励磁系统无补偿特性计算值与实测值对比结果

频率/Hz	角度/(°)		误差/(°)	频率/Hz	角度/(°)		误差/(°)
	计算值	实测值			计算值	实测值	
0.1	−21.16	−16.14	5.02	1.1	−66.95	−70.91	−3.96
0.2	−37.11	−39.58	−2.47	1.2	−68.89	−72.54	−3.65
0.3	−46.07	−45.01	1.06	1.3	−75.83	−79.13	−3.30
0.4	−51.37	−50.17	1.20	1.4	−89.82	−89.5	0.32
0.5	−55.31	−57.94	−2.63	1.5	−109.99	−105.25	4.74
0.6	−58.58	−59.15	−0.57	1.6	−106.89	−107.2	−0.31
0.7	−61.02	−61.85	−0.83	1.7	−101.23	−102.11	−0.88

续表

频率/Hz	角度/(°)		误差/(°)	频率/Hz	角度/(°)		误差/(°)
	计算值	实测值			计算值	实测值	
0.8	−62.81	−63.7	−0.89	1.8	−96.61	−99.98	−3.37
0.9	−64.33	−66.21	−1.88	1.9	−94.22	−98.41	−4.19
1.0	−65.59	−68.65	−3.06	2.0	−92.50	−95.31	−2.81

由图 5−30 所示的励磁系统无补偿特性计算值曲线可以看出,本机的振荡频率在 1.4~1.6 Hz 之间,与本节中加入励磁时系统小干扰稳定分析的本机振荡频率 1.42 Hz 相吻合。

由表 5−17 所列计算值与实测值的对比结果可以看出,当并网系统按照被测试机组参数进行详细建模时,计算无补偿特性与实测无补偿特性的误差在 −4.19°~+5.02°之间,属于工程应用中允许的范围。因此,利用 PSD−SSAP 小干扰稳定计算程序预计算励磁系统无补偿相频特性,指导现场无补偿特性试验,可以节约试验时间,有效降低试验风险。

5.4　本章小结

本章阐述了 PSD 电力系统分析软件工具(PSD Power Tools)在同步发电机并网系统潮流计算、暂态稳定计算以及小干扰稳定分析上的应用。首先简述了同步发电机并网系统各元件包括原动机、调速器、发电机、励磁调节器以及变压器在 PSD 软件里的详细建模过程,其次介绍了对并网系统模型进行潮流计算、暂态稳定计算以及小干扰稳定分析的方法,最后通过算例探讨了 PSD−SSAP 小干扰稳定分析程序在电力系统稳定器现场参数整定中应用。

参考文献

[1] 中国电力科学研究院.PSD−BPA 潮流程序用户手册(3.03 版)[DB/OL].

[2] 中国电力科学研究院.PSD−ST 暂态稳定程序用户手册(5.1 版)[DB/OL].

[3] 中国电力科学研究院系统所.PSD−SSAP 电力系统小干扰稳定性分析程序用户手册(2.5.2 版)[DB/OL].

第6章　基于 PSCAD 的电力并网系统仿真及分析

电力系统计算机辅助设计软件 PSCAD（Power Systems Computer Aided Design），图标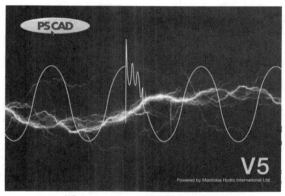，是著名的 EMTDC 电磁暂态仿真引擎的图形用户界面版程序，为加拿大 Manitoba 水电公司所研发（图6-1）。PSCAD 在图形环境中示意性地构建电路、运行仿真、分析结果和管理数据，还包括在线绘图功能、控件和仪表，使用户能够在模拟运行过程中改变系统参数，从而在模拟过程中查看效果。

图6-1　PSCAD 程序欢迎页面

PSCAD 配有一个预编程和经过测试的仿真模型库，库中元件不仅包括简单的无源元件和控制功能，还包括更复杂的模型，如电机、全功能 FACTS 设备、传输线和电缆。如果所需的模型不存在，那么 PSCAD 提供了构建自定义模型的途径。例如，定制模型可以通过将现有模型拼接在一起形成一个模块来构建，或者通过在灵活的设计环境中从零开始构建基本模型来构建。

PSCAD 的模型中电机类、控制器类元件库对标 IEC/IEEE 的规程导则，加上在输电线路电磁暂态计算方面的优势，使得电力系统领域学者、工作人员对其的熟悉度极高。

6.1　PSCAD 功能特性认识

PSCAD 号称经过40多年的持续研发，其已成为当今最流行的电力系统暂态仿真软件之一(图6-2)。

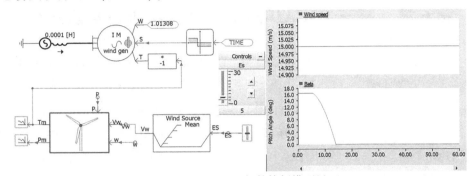

图 6-2　PSCAD V5 版某算例模型界面

关于 PSCAD 的各类使用指南很多,这里不再赘述软件的先进性、使用功能和用户使用操作,但需要特别介绍 PSCAD 软件的一个与同类软件相比的特殊性——非潮流结果依赖。

通过第一编的内容我们知道,电力系统的电磁暂态仿真是一系列状态方程和代数方程的求解,本质是对微分方程的计算。而微分方程需要给出适当的边界条件才能给出正确的解,例如牛顿-拉夫逊迭代,需要设置边界和初始值方可计算。根据电力系统电磁暂态仿真的要求,在施加扰动前,需要让系统处于稳定状态,才能让仿真结果与实际运行结果接近。也就是要求系统潮流确定、各个控制器内部状态变量的值和参考输入值在不施加扰动的情况下不发生变化。对于有独立潮流计算程序的电力系统仿真软件,要达到以上要求并不难,例如 PSASP 和 PSD 的电磁暂态计算需先完成潮流初始化计算,才可定义暂态作业,然后执行计算。

PSCAD 内有独特的潮流计算方式,潮流计算要事先设置给定的电压幅值及有功功率或有功及无功功率或其他条件,然后通过调节电流的幅值和相角不断地迭代求解,直至符合给定的条件为止。也就是说,无法在仿真开始前获得系统潮流结果。

PSCAD 沿用了 EMTP 理论研发的 EMTDC 内核,软件算法基于梯形积分法,动态元件采用伴随模型,用 LU 分解法和稀疏矩阵来解由节点法建立的代数方程,相比于 PSASP 和 BPA,PSCAD 提供的电力元件模型更详细,且支持用户自定义功能和与其他程序(如 C++、Fortran、Python 和 MATLAB)的接口。

PSCAD 软件在 2020 年前后推出了 Version V5,与第四代版本的软件有 20

余项区别。与同步发电机并网系统仿真相关的增设功能主要有 Z‐Domain Controls Library、IEEE Standard 421.5‐2016 Exciter Models、3/5‐Limb、Duality‐Based Transformer Model 等。本章主要针对同步发电机并网系统在 PSCAD 内的模型建立及应用相关问题进行介绍。

6.2　面向同步发电机并网系统的 PSCAD 建模

6.2.1　同步发电机标准模型

PSCAD 的同步发电机模型为全绕组模型，且无其他低阶版选项。模型包括一个可在 q 轴上建模两个阻尼绕组的选项，用于切换隐极机或凸极机；可以通过向电机模块的 w 输入正值或者向 T_m 输入机械转矩来直接控制发电机的转速。如图 6-3 所示，该元件在 PSCAD 中呈现 3 种结构，包括定子侧单线或三线连接，以及可选择发电机中性点内置或外置。

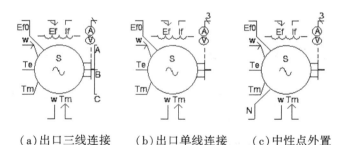

（a）出口三线连接　　（b）出口单线连接　　（c）中性点外置

图 6-3　同步发电机元件的 3 种结构

该元件中包含用于建模同步发电机的高级选项，对于一般用途，标识为"Advanced"的参数可以保留为默认值。这些特征参数旨在使发电机在初始化时快速达到所需的稳态。

通常使用的初始化一般方法是先输入节点电压幅值和相位。启动顺序为：在时间为 0.0 s 时，发电机保持为一个固定电源，其电压幅值和相位由用户输入，可对应于从潮流计算结果中获得的结果；当达到稳定状态时，用户可以选择将发电机的电压源模式"切换"到电机工作的恒速运行模式，这时发电机的机电方程式成立。然而，在此期间，机械动力学方程还不适用，因为转子是以用户指定的恒定速度保持旋转的；在从电源模型转换到发电机模型时，可以调整励磁机和稳定器模型(稳定器可选择接入使用)以给出励磁环节的"初始化"输出,从而实现从电源模型到发电机模型的无缝转换;励磁系统启动后发电机处于恒速的有压状态,此时,发电机转子"解锁"所有的工作电路。励磁系统工作后,任一调速器/涡轮机系统,包括涡轮机、轴和发电机的任何扭转多质量块模型,都可以接入开始调节,这样发电机并网系统就可以正常运行,并有望趋于稳定状态。

如果由于某种原因扰动明显或系统没有达到期望的稳态,就要检查是否正确遵循了初始化程序或模型设置本身不稳定。例如,励磁系统的设计可能不够充分,可能会导致机电不稳定。

当发电机自由运行且励磁和调速器系统稳定时,可以拍摄快照,以便所仿真的故障和扰动可应用于从快照记录的初始化状态启动计算,由此来减少仿真时间和计算负担。

初始条件设置类型的 3 个选项如下:

(1)无:首选选项,只允许输入电压幅值和相位进行初始化。如果电源最初也在时间为 0.0 s 时应用,那么有功功率和无功功率由电源及其连接的网络决定。

(2)功率:此选项允许输入指定电压幅值和相位的有功功率及无功功率。如果指定了功率,并且具有与潮流初始化一致的交流网络,那么发电机可以跳过初始化调节过程直接启动,并且不会出现暂态。

(3)电流:此高级选项要求输入相对于稳态机端电压 A 相的初始转子角度、d 轴电枢、q 轴电枢和磁场中的初始电流,这些参量可能很难获得。同时它还需要获得初始的发电机转速,只有在发电机以自由运行(扭矩控制)模式启动时才可用。

这些选项仅适用于在时间为 0.0 s 时将发电机元件作为发电机而不是恒电源的情况。非高级用户的首选选项是"无"。

关于同步发电机的铁芯饱和模拟,在 PSCAD 中有两处设置可反映,一是提供饱和曲线拟合主气隙磁通曲线表填写卡(图 6-4);二是填写保梯电抗和气隙系数来描述漏磁通无饱和特性。

∨ **General**		
Number of Data Points Available		10
∨ **Currents**		
Point 1 - Current	·	0.0
Point 2 - Current		0.5
Point 3 - Current		0.8
Point 4 - Current		1.0
Point 5 - Current		1.2
Point 6 - Current		1.5
Point 7 - Current		1.8
Point 8 - Current		2.2
Point 9 - Current		3.2
Point 10 - Current		4.2
∨ **Voltages**		
Point 1 - PU Voltage		0.0 [pu]
Point 2 - PU Voltage		0.5 [pu]
Point 3 - PU Voltage		0.79 [pu]
Point 4 - PU Voltage		0.947 [pu]
Point 5 - PU Voltage		1.076 [pu]
Point 6 - PU Voltage		1.2 [pu]
Point 7 - PU Voltage		1.26 [pu]
Point 8 - PU Voltage		1.32 [pu]
Point 9 - PU Voltage		1.53 [pu]
Point 10 - PU Voltage		1.74 [pu]

图 6-4　同步发电机元件的饱和曲线默认参数

对于饱和曲线描述的方式,在 PSCAD 内提供了一种可设置选项,允许用户以 $I\text{-}V$ 点对($I\text{-}V_{\text{p.u.}}$)的形式输入磁化电感的饱和特性。

在 $I\text{-}V$ 曲线上输入的第一个点应该是($0.0,0.0$),第二个点应该是(I_2,V_2),其中 I_2 是饱和开始时的电流,V_2 是对应的单位电压。所有电流值将基于第二点指定的电压 V_2 下的实际电流在内部按比例缩放。如果可用点少于 10 个,那么输入的最后一对必须是($-1.0,-1.0$)。

"保梯电抗 X_p"和"气隙系数 Air Gap Factor"描述了定子漏抗的关系:$X_1 = X_P \cdot F_A$。由于 PSCAD 内部无参数纠错机制,因此填写参数时要注意定子漏电抗必须小于直轴电抗、暂态电抗和次暂态电抗,否则程序计算时会遇到奇异点无法运行,且无法定义错误来源。

保梯电抗的作用是反映定子漏抗。而定子漏抗反映的是定子电流产生漏磁场的能力。励磁绕组电流增大的过程中,气隙磁通的变化并不总是线性的,即磁路的饱和属于非线性问题。定子漏抗对应的漏磁通的主要路径是非磁性区域,磁通不会饱和,故定子漏抗是一个常数。但用定子漏抗计算负载时的同步发电机电压或励磁电流变化时准确度不够,原因就在于主磁路的饱和性使得电枢磁动势增加时励磁磁动势也相应增大,由励磁磁动势产生的转子漏磁也增大,使励磁磁路进入饱和状态,这就需要进一步增加励磁磁动势,以产生同样的励磁主磁通。仍然用定子漏抗进行计算不够准确,问题又不在于定子漏抗,那么解决这个问题就需要通过寻找定子漏抗的替代物实现。具体是利用实测的纯电感性负载特性曲线,也叫零功率因数曲线,使用与求取定子漏抗一样的方法,求取一个新的可能变得更大一些的定子电抗,称其为保梯电抗。用保梯电抗计算励磁电流时结果更准确。保梯电抗可以理解为反映励磁极间饱和程度的定子漏抗。

设置好发电机的电气参数后,便可在图形界面组联模型,设置常规水、火电站的同步发电机模型的外部连接部分如图 6-5 所示,主要涉及 9 项信号连接与定义,模块与信号在水、火电站通用,无差异。

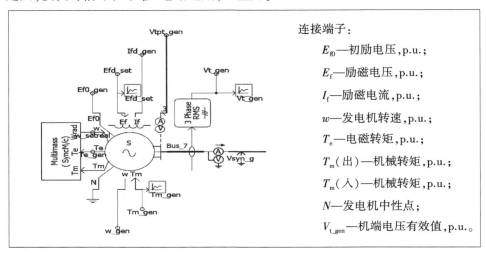

连接端子:

E_{f0}——初励电压,p.u.;

E_f——励磁电压,p.u.;

I_f——励磁电流,p.u.;

w——发电机转速,p.u.;

T_e——电磁转矩,p.u.;

T_m(出)——机械转矩,p.u.;

T_m(入)——机械转矩,p.u.;

N——发电机中性点;

V_{t_gen}——机端电压有效值,p.u.。

图 6-5 同步发电机端子连接定义示意图

6.2.2 励磁标准模型与调速器标准模型

在 IEEE Standard 421.1™-421.6™ 系列标准中统一了同步发电机组励磁系统的全部内容,国内相关技术导则与厂家也都基于该技术架构完成了对励磁技术的规范与装置生产。

IEEE Standard 421.5™—2016 的第六至十三章定义了 3 类励磁方式和 5 类辅助控制环模型,其中励磁方式包括交流励磁系统、直流励磁系统、静止励磁系统,辅助控制环模型包括低励限制环、过励限制环、定子电流限制环、PSS 控制环、功率因数和恒无功控制环。

6.2.2.1 交流励磁系统

交流励磁系统使用交流发电机和静止或旋转整流器产生同步磁场所需的直流电。

图 6-6 所示组件为一组 IEEE 标准 421.5—2016 交流励磁机模型,包括的型

号有 AC1C、AC2C、AC3C、AC4C、AC5C、AC6C、AC7C、AC8C、AC9C、AC10C 和 AC11C。根据该标准,在标准的旧版本中引入的 AC1A、AC2A、AC3A、AC4A、AC5A、AC6A、AC7B 和 AC8B 可以用较新的型号(具有适当的新参数选择,包括在新部件中)代替。这些模型为同步发电机励磁绕组提供直流电,采用闭环控制来维持其机端电压。

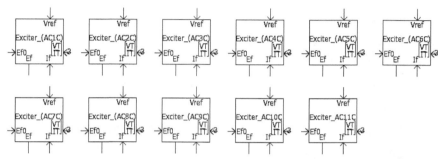

图 6-6　PSCAD 的交流励磁 AVR 模型

励磁系统的主要功能如下:

①恒定机端电压:帮助同步发电机将机端电压保持在设定水平。

②恒定功率因数:帮助同步发电机将功率因数保持在设定水平。

模型连接端口的布置:

①E_f:输出计算出的磁场电压,标幺制。

②V_{ref0}:输出参考电压(V_{ref})的初始值,标幺制。

③E_{f0}:在初始化期间输入同步发电机的磁场电压,标幺制。

④V_T/I_T:以三维数组阵列格式输入同步发电机的电压、电流。

⑤V_{ref}:为同步发电机励磁输入所需的参考电压,标幺制。

⑥V_s:为电力系统稳定器输出信号,标幺制。

6.2.2.2　直流励磁系统

直流励磁系统使用带整流器的直流发电机作为励磁系统电源。

图 6-7 所示组件为一组 IEEE 标准 421.5—2016 直流励磁机模型,包括的型号有 DC1C、DC2C、DC3A 和 DC4C。根据该标准,在标准旧版本中引入的 DC1A、DC2A 和 DC4B 可替换为新型号(新部件中包含适当的新参数选择)。励磁系统的主要功能和连接端子定义同交流励磁机模型。

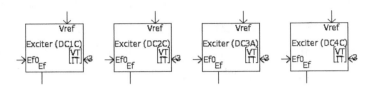

图 6-7 PSCAD 的直流励磁 AVR 模型

6.2.2.3 静止励磁系统

静止励磁系统的励磁电源通过变压器或辅助发电机绕组和整流器提供。

图 6-8 所示组件为一组 IEEE 标准 421.5—2016 静态励磁机模型，包括的型号有 ST1C、ST2C、ST3C、ST4C、ST5C、ST6C、ST7C、ST8C、ST9C 和 ST10C。根据该标准，在其旧版本中引入的 ST1A、ST2A、ST3A、AC4B、ST5B、ST6B 和 ST7B 可以用较新的型号（具有适当的新参数选择，这些参数包括在新部件中）代替。该模型为同步发电机磁场绕组提供连续的直流电流，使用闭环控制来维持其端电压。励磁系统的主要功能和连接端子定义同交流励磁机模型。

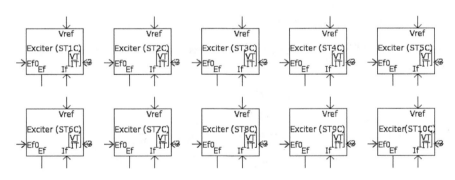

图 6-8 PSCAD 的静止励磁 AVR 模型

6.2.2.4 电力系统稳定器

电力系统稳定器通过励磁控制来增强系统阻尼。在 PSCAD 内提供的封装模型如图 6-9 所示，主要有 PSS1A（单输入电力系统稳定器）、PSS2B（双输入 1# 电力系统稳定器）、PSS3B（双输入 2# 电力系统稳定器）、PSS4B（双输入 3# 电力系统稳定器）、DEC1A（带双作用机端电压限制器的暂态励磁控制器）、DEC2A（开环暂态励磁控制器）、DEC3A（稳态信号临时中断控制器）。

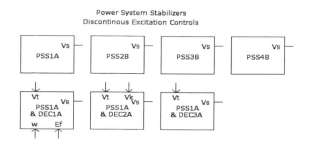

图 6-9　PSCAD 的 PSS 封装模型

电力系统稳定器的常用输入信号为转子角速度、频率、机组有功功率。

电力系统稳定器在 PSCAD 中表示为动态传递函数，可以与同步发电机励磁机连接。PSCAD 主库内的稳定器如果都不能满足需求，那么可以使用 PSCAD 主库 CSMF(连续系统建模功能)的基本控制"构建块"的组合来构建等值电力系统稳定器模型。

在建立同步发电机(水、火电站)的电磁暂态模型时，除了励磁，还需配置调速与调节系统，PSCAD 平台提供了两种调速类型：汽轮机调速器、水轮机调速器，如图 6-10 所示。

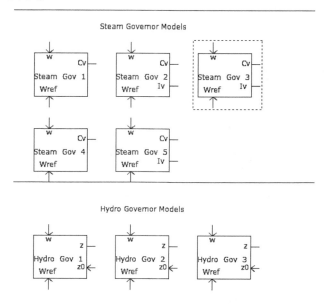

图 6-10　PSCAD 的汽轮机调速、水轮机调速模型

汽轮机调速组件包括 5 种 IEEE 型调节器模型：GOV1(近似机械液压控

制)、GOV2(机械液压控制(GE))、GOV3(电液控制(GE))、GOV4(DEH 控制(西屋))、GOV5(NEI Parsons 控制)。

该部件的输入为转子角速度 w、速度参考 w_{ref}。输出为闸门位置 z 或控制阀流量面积 C_v,在 GOV2、GOV3 和 GOV5 上为截流阀流量面积 I_v。

水轮机调速组件包括 3 种 IEEE 型水轮调速器模型:GOV1(机械液压控制)、GOV2(PID 控制,包括调速和伺服机构模型)、GOV3(针对甩负荷研究的增强型控制)。

6.2.3 变压器模型

变压器类 PSCAD 模型和外部连接定义如图 6-11 所示。元件模块在水、火电站通用,无差异。

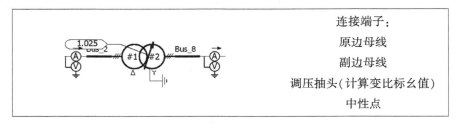

图 6-11 PSCAD 的变压器模型

6.2.4 输电线路模型

PSCAD 提供了精细的输电线路、杆塔、电缆等模型,能够反映精细的行波传播过程,可视需要搭建详细的输电线路走廊,计算全电磁暂态过程。

没有精细输电模型计算要求时,也可选择 π 模型作为水、火电站输电线路模型,其外部连接定义如图 6-12 所示。模块在水、火电站通用,无差异。

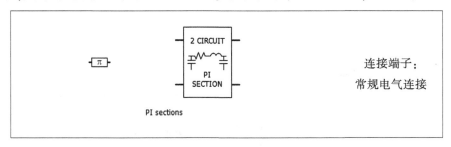

图 6-12 PSCAD 的输电线路 π 模型

6.2.5　无穷大系统模型

同步发电机待并入的电网无穷大系统模型可选择标准电压源模型,设置主要的参数外置接口,便于主界面快速修改以及相关元器件标幺计算,图 6-13 为典型的无穷大系统电源示例模型。

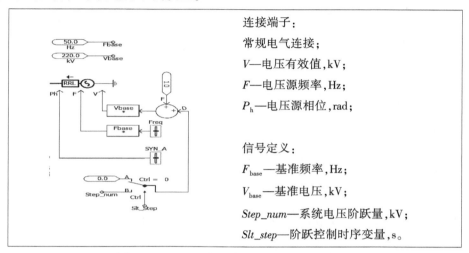

连接端子:

常规电气连接;

V—电压有效值,kV;

F—电压源频率,Hz;

P_h—电压源相位,rad;

信号定义:

F_base—基准频率,Hz;

V_base—基准电压,kV;

$Step\_num$—系统电压阶跃量,kV;

Slt_step—阶跃控制时序变量,s。

图 6-13　PSCAD 的无穷大系统电源示例模型

6.2.6　厂用电负荷模型

同步发电机并网系统模型中的负荷用 PQ 模型模拟,PSCAD 提供了 8 种负荷类型,通过参数设置实现,配置参数如表 6-1 所列,主要的参数外置和外观接口如图 6-14 所示。

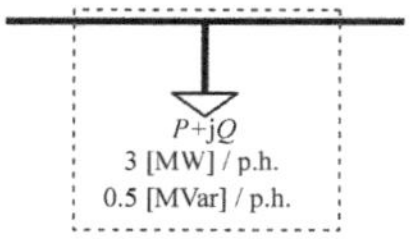

$$P = \mathrm{Scale} \times P_0 (1 + K_\mathrm{PF} \mathrm{d}F)$$
$$\times \left[K_\mathrm{A} \left(\frac{V}{V_0} \right)^{NPA} + K_\mathrm{B} \left(\frac{V}{V_0} \right)^{NPB} + K_\mathrm{C} \left(\frac{V}{V_0} \right)^{NPC} \right]$$
$$Q = \mathrm{Scale} \times Q_0 (1 + K_\mathrm{QF} \mathrm{d}F)$$
$$\times \left[K_\mathrm{A} \left(\frac{V}{V_0} \right)^{NQA} + K_\mathrm{B} \left(\frac{V}{V_0} \right)^{NQB} + K_\mathrm{C} \left(\frac{V}{V_0} \right)^{NQC} \right]$$

图 6-14　PSCAD 负荷模型主要的参数外置和外观接口

图中,K_PF 为 $\mathrm{d}P/\mathrm{d}F$ 有功功率频率关联系数,K_QF 为 $\mathrm{d}Q/\mathrm{d}F$ 无功功率频率关联系数,K_A 为第一级负荷比例系数,NPA 为 $\mathrm{d}P/\mathrm{d}V$ 第一级有功功率电压关联系数,NQA 为 $\mathrm{d}Q/\mathrm{d}V$ 第一级无功功率电压关联系数,K_B 为第二级负荷比例系数,

NPB 为 dP/dV 第二级有功功率电压关联系数, NQB 为 dQ/dV 第二级无功功率电压关联系数, K_c 为第三级负荷比例系数, NPC 为 dP/dV 第三级有功功率电压关联系数, NQC 为 dQ/dV 第三级无功功率电压关联系数。

表 6-1　负载配置参数表

负载类型	dP/dV	dQ/dV	dP/dF	dQ/dF
纯电阻负载	2	——	0	——
恒阻抗负载	——	2	——	0
纯感性负载	——	2	——	-1
纯容性负载	——	2	——	1
恒有功电流负载	1	——	0	——
恒无功电流负载	——	1	——	0
恒有功负载	0	——	0	——
恒无功负载	——	0	——	0

6.3　基于 PSCAD 的同步发电机并网系统仿真及分析

搭建 350 MW 同步发电机组无穷大系统的标准算例, 完成以下 3 类工况的仿真测试:

(1)同步发电机启动阶段。

①标准库例 AVR 模块的起励建压;

②自定义 AVR 模型下的起励建压;

③发变组同期并网;

④高压厂用电源的主备切换。

(2)励磁控制部分。

①空载电压 5%阶跃;

②PSS 临界增益;

③有、无 PSS 作用的电压阶跃;

④欠励限制触发;

⑤过励限制触发;

⑥定子电流限制触发。

(3)系统及扰动模拟部分。

①原动机负载阶跃；

②主变高压侧三相短路。

主要设备参数如表 6-2 ~ 表 6-5 所列。

表 6-2 发电机参数

参数	数值
额定视在功率/MVA	412
额定有功功率/MW	350
额定定子电压/kV	20
额定定子电流/kA	11.893 7
额定功率因数	0.85（滞后）
额定转速/（r·min^{-1}）	3 000
定子电阻/p.u.	0.001
保梯电抗 X_p（不饱和值）/p.u.	0.14
直轴同步电抗 X_d（不饱和值）/p.u.	2.714
直轴瞬变电抗 X'_d（不饱和值）/p.u.	0.265 3
直轴超瞬变电抗 X''_d（不饱和值）/p.u.	0.195 9
横轴同步电抗 X_q（不饱和值）/p.u.	2.115 8
横轴瞬变电抗 X'_q（不饱和值/饱和值）/p.u.	—
横轴超瞬变电抗 X''_q（不饱和值/饱和值）/p.u.	0.193 2
d 轴暂态开路时间常数/s	8.47
d 轴次暂态开路时间常数/s	0.045
q 轴暂态开路时间常数/s	—
q 轴次暂态开路时间常数/s	0.075

表 6-3 主变压器参数

参数	数值
额定容量/MVA	420
额定电压/kV	（220±2×2.5%）÷20
短路阻抗	14.0%
连接组别	YNd11
主变运行挡位	4 挡（对应 1.025 p.u.）

表 6-4　高厂变参数

参数	数值
额定容量/MVA	50
额定电压/kV	（20±2×2.5%）÷6.3-6.3
短路阻抗	19%（半穿越电抗）
运行挡位	3 挡（对应 20 kV）

表 6-5　厂用电参数

段位	数值
A 段	5 MW+j3 MVar
B 段	5 MW+j3 MVar

6.3.1　同步发电机并网系统 PSCAD 模型

如前所述,尽管 PSCAD 软件提供了种类详尽且与 IEEE Std. 421 体系一致的标准化励磁控制模型,但在励磁辅助环节中,除了电力系统稳定器(PSS)外,在欠励限制环节、过励限制环节、定子电流限制环节等方面,PSCAD 未提供详细的辅助环节模型,也未预留外置可扩展的辅助环节连接接口。所以需要利用"CSMF"元件库里的基本元件自行搭建满足国内发电技术需求的精细化水、火电站电磁暂态模型,并设计通用性强、还原度高、仿真工况模拟齐全的算例模型。针对同步发电机组电磁暂态仿真问题,本节提供了一种精细化建模参考方案,所设计的模型算例鸟瞰图如图 6-15 所示。

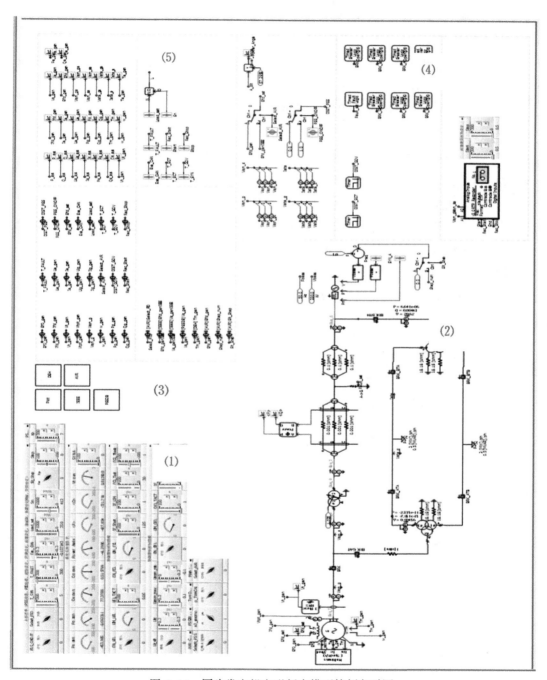

图 6-15 同步发电机电磁暂态模型算例鸟瞰图

算例工程的设计主要由 5 个子板块构成：

（1）人机交互控制板块。

（2）主电路板块。

（3）自定义控制模块板块。

（4）时序和仿真顺控流程控制板块。

（5）信号变量定义与传递板块。

利用板块化建模工作思路来设计总工程，具有操作便捷、工作区清晰、结构化逻辑强、易改造和易扩展的优点。

在人机交互控制板块，本项目标准化算例工程里设计了由控制切换把手、控制给定值滑块、重要模拟量监盘 3 种元件组成的人机交互控制界面，可以仿真同步发电机组模拟 PSS 投退、AVR 方式选择、励磁给定、同期设定、故障设置、增减磁模拟、负荷给定、阶跃给定、4 种励磁辅助环投退及定值设置，还有重要模拟量监盘画面的展示，如图 6-16 所示。

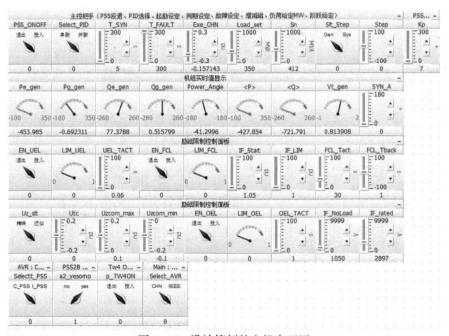

图 6-16　设计算例的人机交互区

在主电路板块设置了单机-无穷大系统工程，并设置了同期并网开关和厂用电切换系统，来模拟同期并网和厂用电由备用电源切回主电源的工作过程。

　　图 6-17 中的"BRK"断路器为设置的并网断路器,与主回路下方的高压厂用变压器及附属断路器的时序开关配合,可模拟同期并网、高压厂用电主备切换场景。

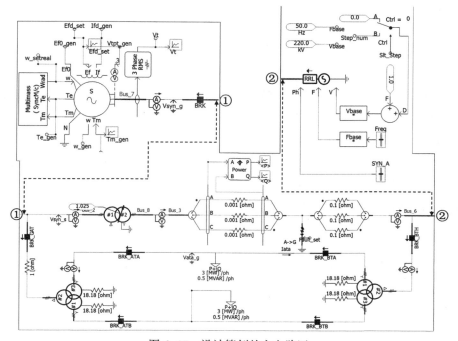

图 6-17　设计算例的主电路区

　　注:图中标①处为同一点;标②处为同一点。

　　同步发电机启动的时序控制区如图 6-18 所示,通过"DIST_ECT"和"DIST_GOV"信号,分别控制起励时间和切换至调速器的时间。"DIST_ECT"信号对应现场作业的空载建压,通过"DIST_GOV"控制调速器进入功率控制模式,结合"BRK"并网指令,来模拟现场作业的发电机并网和进入功率模式的控制工况。通过"Fault_set"和若干"BRK_×××"的断路器开关指令来实现负载切换、故障触发和负载阶跃等功能。

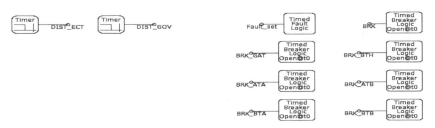

图6-18　设计算例的时序控制区

所建工程的信号变量在不同模块之间通信的局部变量传递设计和主要输出变量观测的曲线绘图设计，可按照需求进行添加或自定义设计。

如图6-19所示，编译环境选用标准"GFortran 8.1（64-bit）"环境，若有非PSCAD库例的新型自定义模型，则可视需要更改为"Intel（R）Visual Fortran Compiler"编译环境。仿真窗口设置了仿真的总时间、步长和输出曲线采样频率，还可视需要进行输出变量曲线存储、多线程工程运行等高级设置。

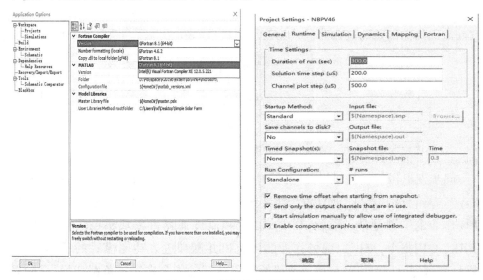

图6-19　编译和仿真环境配置

6.3.2　同步发电机启动测试

已知PSCAD的非潮流依赖性是自动运行至设定条件的平衡点工况的，因此在PSCAD内可以模拟同步发电机的启动并网过程。

6.3.2.1　标准库例 AVR 模型的起励建压

图 6-20 展示了选用 PSCAD 标准库例中静止自并励励磁"ST1A"型模型,在空载 100%建压时的发电机机端电压、励磁电压、励磁电流曲线(非软启动过程)。

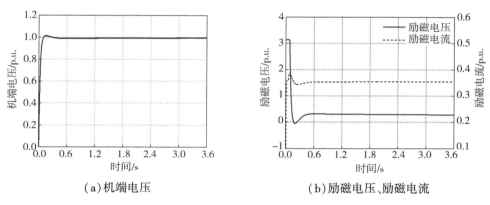

（a）机端电压　　　　　　　　　（b）励磁电压、励磁电流

图 6-20　标准库例 AVR 模型空载时的起励建压过程

6.3.2.2　自定义 AVR 模型的起励建压

图 6-21 展示了自定义串联 PID 模型在空载 100%建压时的发电机机端电压、励磁电压、励磁电流曲线。

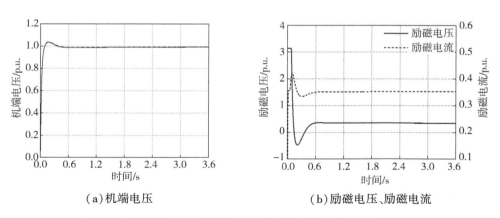

（a）机端电压　　　　　　　　　（b）励磁电压、励磁电流

图 6-21　自定义 AVR 模型空载时的起励建压过程

6.3.2.3　发变组同期并网

图 6-22 展示了自定义串联 PID 模型在并网时的机端电压、系统电压、励磁电压、励磁电流、发电机转速、机械转矩和电磁转矩的变化过程。其中,并网时刻为 5.0 s,同时调速器切换至功率控制模式。为了反映调节过程,专门设置 $2\%U_n$

的压差,来观测同期合闸时的暂态冲击过程。

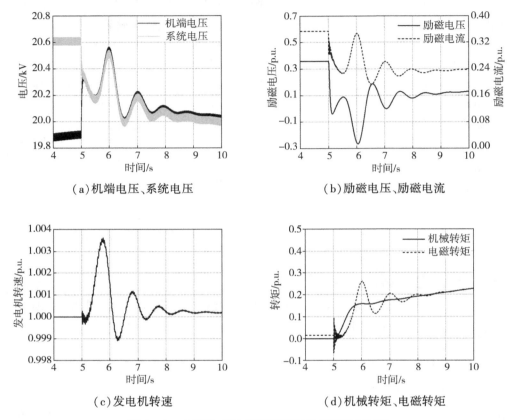

（a）机端电压、系统电压　　　　　（b）励磁电压、励磁电流

（c）发电机转速　　　　　（d）机械转矩、电磁转矩

图 6-22　自定义 AVR 模型并网时的起励建压过程

　　仿真显示 $2\%U_n$ 压差下,冲击过程中最大机端电压达到了 1.01 倍的额定电压,转速波动峰值为 3 040.2 r/min,经过约 5 s 的调节,系统电压达到稳定。

6.3.2.4　高压厂用电源的主备切换

　　图 6-23 展示了第 160 s 进行的高压厂用电源的主备切换过程。仿真显示了切换瞬态全过程,此时汽轮机的机械转矩恒定,但受切换过程影响,机组有功功率产生扰动,机端电压跟随波动变化,约 4 s 后稳定,与实际切换的变化规律吻合。

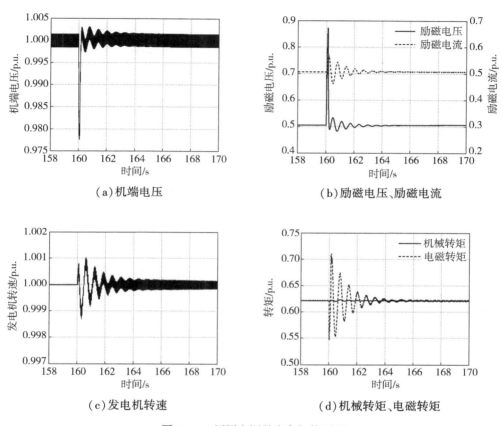

（a）机端电压

（b）励磁电压、励磁电流

（c）发电机转速

（d）机械转矩、电磁转矩

图 6-23 厂用电源的主备切换过程

6.3.3 励磁控制部分的仿真测试

6.3.3.1 空载大、小阶跃

发电机空载时,对 AVR 参考值分别施加±5%和±30%的阶跃扰动,按照 DL/
T 843《同步发电机及调相机励磁系统技术条件》、GB/T 7409.3《同步电机励磁系
统大、中型同步发电机励磁系统技术要求》,开展±5%阶跃扰动仿真,用以优化
调整 PID 参数;开展±30%阶跃扰动仿真,用以计算励磁系统的极限触发角。其
结果如图 6-24 所示。

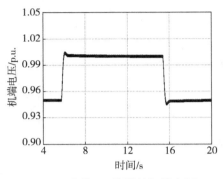

（a）空载 5%阶跃的机端电压

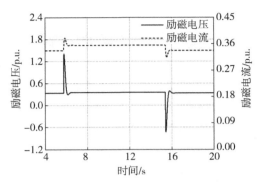

（b）空载 5%阶跃的励磁电压、励磁电流

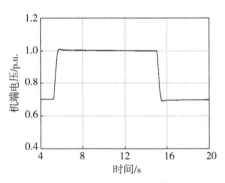

（c）空载 30%阶跃的机端电压

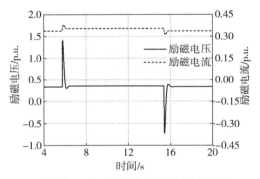

（d）空载 30%阶跃的励磁电压、励磁电流

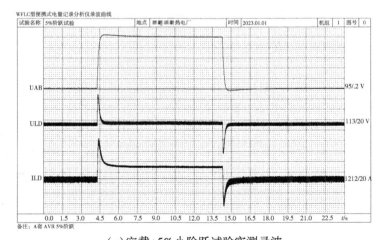

（e）空载±5%小阶跃试验实测录波

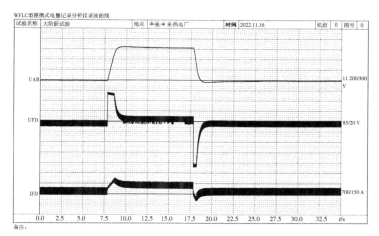

（f）空载±30%大阶跃试验实测录波

图 6-24　空载电压大、小阶跃过程仿真与实测录波比较

　　小阶跃测试了励磁系统的动态调节性能。例如,电力行标 DL/T 843—2021
《同步发电机及调相机励磁系统技术条件》中 5.10 b）项要求:发电机自并励静止
励磁系统机端电压的上升时间不应大于 0.5 s,振荡次数不应超过 3 次,调节时
间不应超过 5 s,超调量不应大于 30%。图 6-24（a）、（b）和（e）为 5%阶跃的仿
真与某机组实测曲线,小阶跃中机端电压满足各项动态指标,响应迅速,曲线连
续平滑。而仿真模拟的大阶跃中,如图 6-24（d）所示,励磁电压出现削顶现象,
励磁电流在励磁电压削顶后变化速率显著降低,与图 6-24（f）中的实测曲线吻
合。因此,在分析发电机空载励磁特性时,PSCAD 的电磁暂态模型能够复现相
关场景。除了分析一般启动过程的参数稳定性问题外,典型地,还可以分析发电
机黑启动过程中的过激磁问题。工程人员可利用此工具,为特定工况的仿真和
复现提出有效的应对方案。

6.3.3.2　PSS 临界增益

　　图 6-25（a）~（d）展示了 PSS 的增益为 70（原参数为 7）时 PSS 投退过程中
的相关曲线,图 6-25（e）为某机组 PSS 临界增益试验录波曲线。由仿真结果可
知,PSS 投退过程引起了励磁电压 3%左右的等幅振荡,与实际工况所反映的现
象吻合。

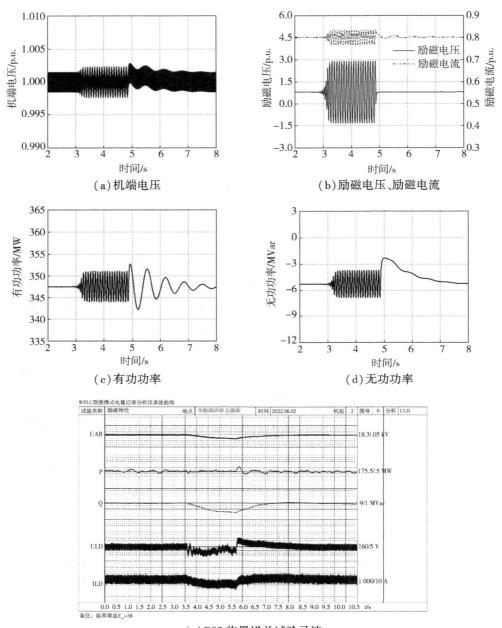

（a）机端电压

（b）励磁电压、励磁电流

（c）有功功率

（d）无功功率

（e）PSS临界增益试验录波

图 6-25　PSS直流增益倍增模拟

高直流增益的 PSS 环节投入后,无功水平开始变化,励磁电压波动明显,等幅振荡且有发散的趋势。PSCAD 仿真结果与图 6-25（e）中的录波曲线变化趋势相吻合。PSS 参数现场整定试验中的临界增益确定往往伴随较高的风险，借助该工具可对临界值进行仿真预测，来辅助指导现场作业的临界增益试验。

6.3.3.3 PSS 投退下的电压阶跃仿真

图 6-26 和图 6-27 分别展示了无 PSS 和有 PSS 作用下的±2% 负载阶跃扰动仿真。通过设置 AVR 参考值来触发阶跃，并将机端电压、励磁电压、励磁电流及发电机功率等与现场试验数据进行对比。

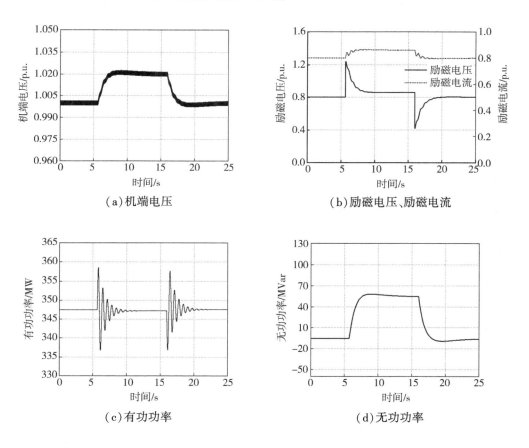

（a）机端电压 （b）励磁电压、励磁电流

（c）有功功率 （d）无功功率

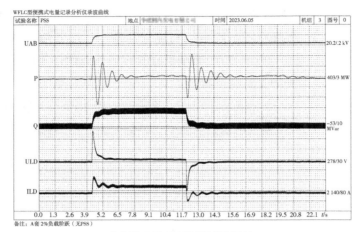

（e）无 PSS 2%阶跃试验录波

图 6-26　无 PSS 下负载±2%阶跃仿真过程

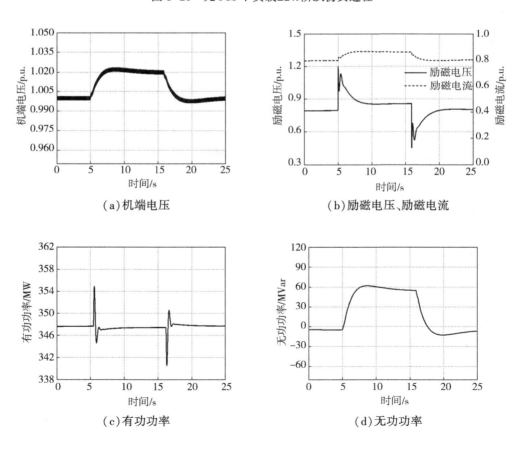

（a）机端电压

（b）励磁电压、励磁电流

（c）有功功率

（d）无功功率

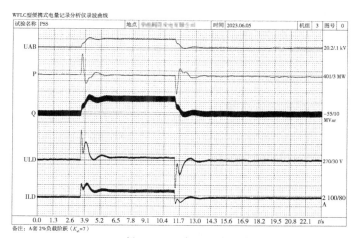

（e）投 PSS 2%阶跃试验录波

图 6-27　PSS 投入时负载 2%阶跃过程仿真

　　投入 PSS 后，励磁电压和励磁电流的暂态响应以及有功功率振荡的阻尼效果表明了 PSS 功能的正确性，与现场试验的现象相吻合。PSS 环节作用于励磁电压输出上，相较于无 PSS 时会有明显变化，此时相位补偿作用的存在有效补偿了系统阻尼，使低频振荡得以抑制。

6.3.3.4　UEL 欠励限制环节仿真

　　PSCAD V5.0 版软件虽然具有辅助环节接口，但未提供 IEEE Std.421 系列标准的欠励模型，这里按照国内某励磁厂家的欠励限制环节搭建了相关 UEL 欠励限制模型，如图 6-28 所示。

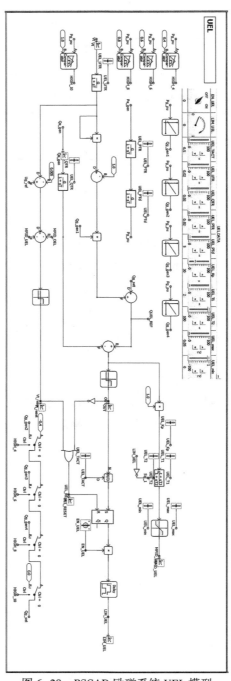

图 6-28　PSCAD 励磁系统 UEL 模型

本例中的 UEL 欠励限制整定值(标幺制)如表 6-6 所列。

表 6-6　UEL 欠励限制整定值

$P/\text{p.u.}$	$Q/\text{p.u.}$
1.0	0.0
0.8	−0.3
0.6	−0.37
0.4	−0.4
0.2	−0.4
0.0	−0.4

发电机进相试验时需要验证欠励环节动作的正确性,通常采用电压阶跃的方式触发欠励限制动作。设置发电机有功功率 1.00 p.u.,为 350 MW,无功功率−0.20 p.u.,为−84 MVar,105 s 时机端施加−3%阶跃,125 s 时恢复阶跃。图 6-29 展示了欠励限制动作的仿真与现场实测对比曲线,结果表明,欠励限制的仿真与实测均正确动作,无功控制在限值范围以内,机端电压无异常波动。

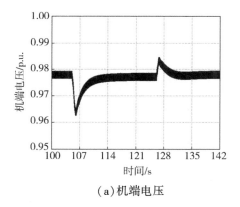

（a）机端电压

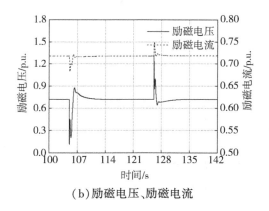

（b）励磁电压、励磁电流

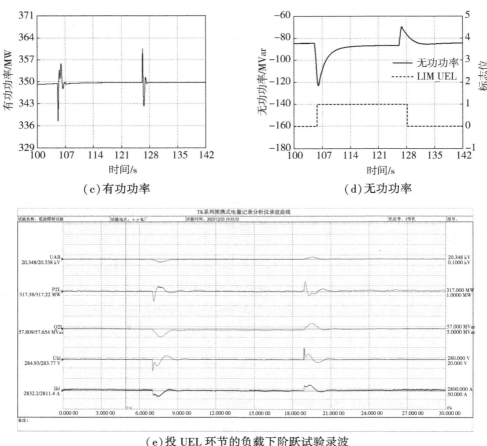

（c）有功功率 （d）无功功率

（e）投 UEL 环节的负载下阶跃试验录波

图 6-29 欠励动作过程仿真

6.3.3.5 OEL 过无功限制环节仿真

OEL 过无功限制对同步发电机无功功率进行限制。PSCAD V5.0 版软件未提供 IEEE Std.421 系列标准的 OEL 过无功限制模型,这里按照国内某励磁厂家的过无功限制环节搭建了相关 OEL 过无功限制模型,如图 6-30 所示。

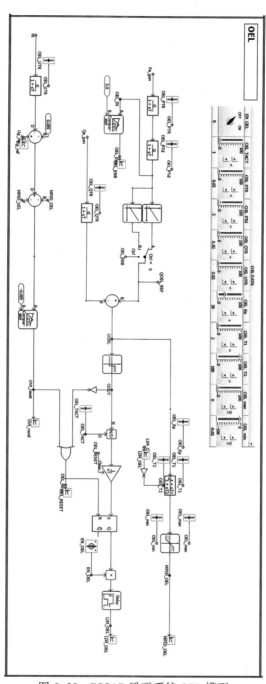

图 6-30　PSCAD 励磁系统 OEL 模型

本例中的 OEL 过无功限制整定值(标幺制)如表 6-7 所列。

表 6-7 OEL 过无功限制整定值

P/p.u.	Q/p.u.
1.0	0.0
0.8	0.3
0.6	0.4
0.4	0.5
0.2	0.6
0.0	0.7

通常采用电压阶跃的方式触发过无功限制动作。设置发电机有功功率 0.36 p.u.,为 150 MW,无功功率 0.49 p.u.,为 202 MVar,105 s 时机端施加 2% 阶跃,125 s 时恢复阶跃。图 6-31 展示了过无功限制动作的仿真曲线,结果表明,过无功限制的仿真正确动作,无功控制在限值范围以内,机端电压无异常波动。

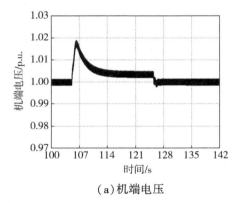

(a)机端电压

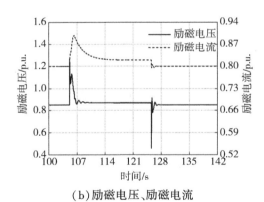

(b)励磁电压、励磁电流

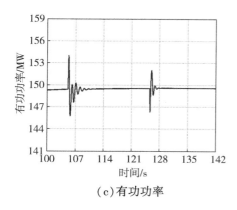

（c）有功功率

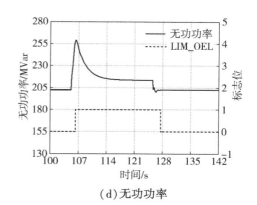

（d）无功功率

图 6-31 OEL 过无功限制动作过程仿真

6.3.3.6 SCL 定子电流限制环节仿真

定子电流限制环节分两种工况，分别为机组的进相工况和滞相工况。机组进相工况下，定子电流限制动作并增励磁直至定子电流恢复至允许值；机组滞相工况下，定子电流限制动作后减励磁直至定子电流恢复至允许值。

PSCAD V5.0 未提供 IEEE Std.421 系列标准的 SCL 定子电流限制模型，这里按照国内某励磁厂家的定子电流限制环节搭建了相关 SCL 定子电流限制模型，如图 6-32 所示。

用电压阶跃的方式触发 SCL 定子电流限制动作。设置发电机有功功率 1.00 p.u.，为 350 MW，无功功率 -0.47 p.u.，为 -195 MVar，105 s 时机端施加 -5% 阶跃，机端电流上升至 1.22 p.u.，经过 75.39 s（计算值：77.13 s）热积累，SCL 动作并增励磁直至机端电流恢复至 1.01 p.u.，如图 6-33 所示；设置发电机有功功率 1.00 p.u.，为 350 MW，无功功率 0.51 p.u.，为 209 MVar，105 s 时机端施加 5% 阶跃，机端电流上升至 1.19 p.u.，经过 92.89 s（计算值：92.77 s）热积累，SCL 动作并减励磁直至机端电流恢复至 1.01 p.u.，如图 6-34 所示。

SCL 动作过程中，热积累值"SCL_HOTACC"达到 100% 之后，SCL 动作标志位 LIM_SCL 正确触发，热积累时间与计算值一致，机端电流控制平滑。

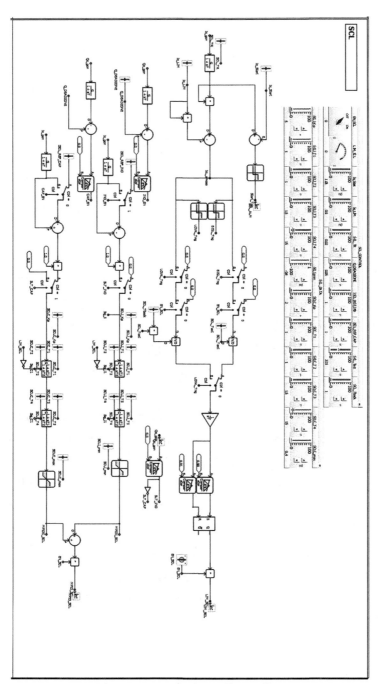

图 6-32　PSCAD 励磁系统 SCL 模型

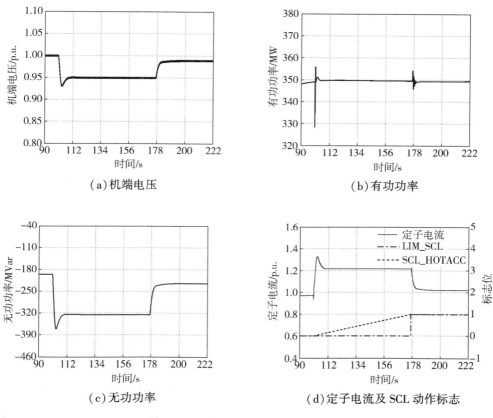

（a）机端电压　　　　　　　（b）有功功率

（c）无功功率　　　　　　（d）定子电流及 SCL 动作标志

图 6-33　进相工况下 SCL 动作过程仿真

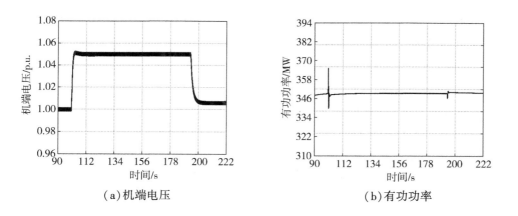

（a）机端电压　　　　　　　（b）有功功率

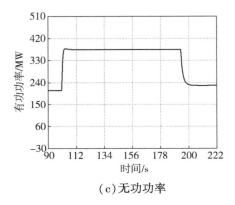

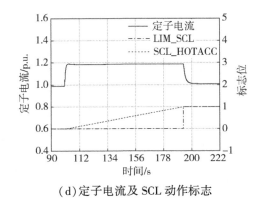

（c）无功功率　　　　　　　　　（d）定子电流及 SCL 动作标志

图 6-34　滞相工况下 SCL 动作过程仿真

6.3.3.7　FCL 转子电流限制环节仿真

以转子电流作为判据的限制环节分为 3 种,分别为最大励磁电流瞬时限制、强励反时限限制以及负载最小励磁电流限制。最大励磁电流瞬时限制即当转子电流超过设定的限制值并持续到设置的动作时间后,最大励磁电流瞬时限制动作,将转子电流自动降到安全的数值;强励反时限限制即励磁电流超出长期运行限制值时,调节器启动热累计积分器,当积分器的输出值超过限制值时限制器启动,将转子电流限制在转子电流给定值附近;负载最小励磁电流限制用于避免机组深度进相导致失磁,当发电机进相运行时,励磁电流将被限制在给定励磁电流限制值以上。

以强励反时限限制为例,PSCAD V5.0 未提供 IEEE Std.421 系列标准的 FCL 强励反时限限制模型,这里按照国内某励磁厂家的强励反时限限制环节搭建了相关 FCL 强励反时限限制模型,如图 6-35 所示。

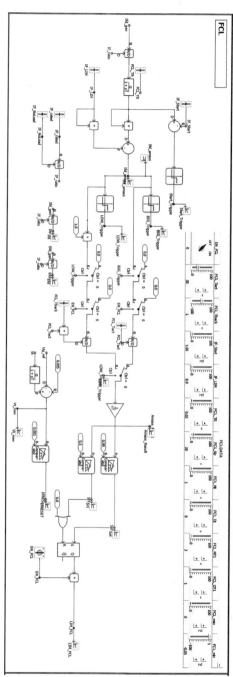

图 6-35 PSCAD 励磁系统 FCL 强励反时限限制模型

用电压阶跃的方式触发 FCL 转子电流限制动作。设置发电机有功功率 1.00 p.u.，为 350 MW，无功功率 0.37 p.u.，为 152 MVar，105 s 时机端施加 5% 阶跃，励磁电流上升至 1.15 p.u.，经过 94.49 s（计算值：95.05 s）热积累，FCL 动作并减励磁直至励磁电流恢复至 0.93 p.u.，如图 6-36 所示。

FCL 动作过程中，热积累值"FCL_HOTACC"达到 100% 之后，FCL 动作标志位 LIM_FCL 正确触发，热积累时间与计算值一致，励磁电流控制平滑。

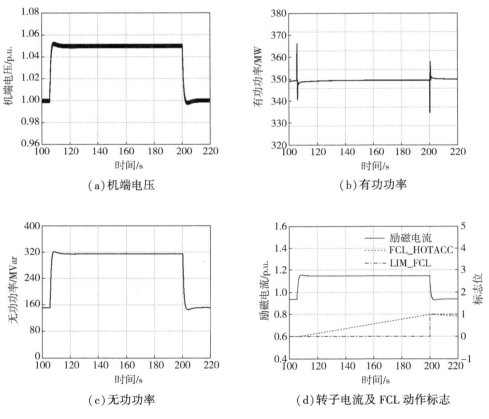

（a）机端电压 （b）有功功率

（c）无功功率 （d）转子电流及 FCL 动作标志

图 6-36 FCL 动作过程仿真

6.3.4 系统级扰动模拟测试

6.3.4.1 原动机负载阶跃

在 PSCAD 并网系统模型中，给调速器系统的负荷给定值施加 ±10% 阶跃，其间励磁的 PSS、各辅助环节正常投入，主要的关联变量如图 6-37 所示。

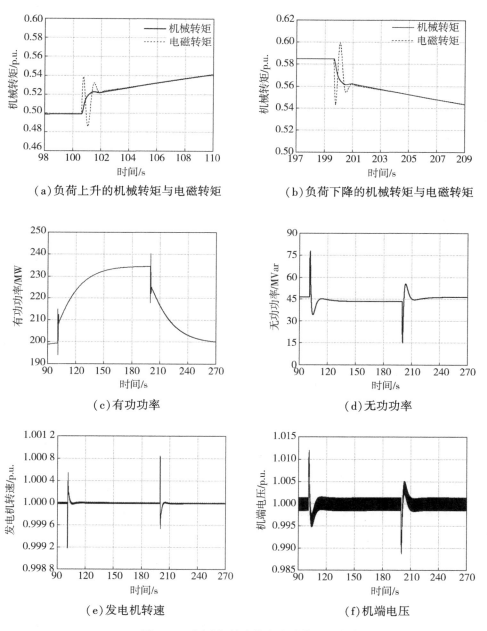

（a）负荷上升的机械转矩与电磁转矩　　　（b）负荷下降的机械转矩与电磁转矩

（c）有功功率　　　　　　　　　　　（d）无功功率

（e）发电机转速　　　　　　　　　　（f）机端电压

图 6-37　原动机给定值突变动作过程仿真

　　从案例仿真的结果来看,该例中原动机的电磁转矩追踪机械转矩动作正确,发电机转速快速恢复稳定。无功功率与机端电压跃变过程平滑,因此 PSS 未在本阶跃扰动中起明显作用,也就是没有引起反调现象,阻碍原动机出力变化过程中的稳定性。

6.3.4.2 主变高压侧三相短路

在 PSCAD 并网系统模型中,模拟主变高压侧母线发生三相短路故障,故障发生时刻为 180 s,持续时间为 0.02 s,励磁系统 PSS 及各辅助环节均正常投入,主要关联变量曲线如图 6-38 所示。

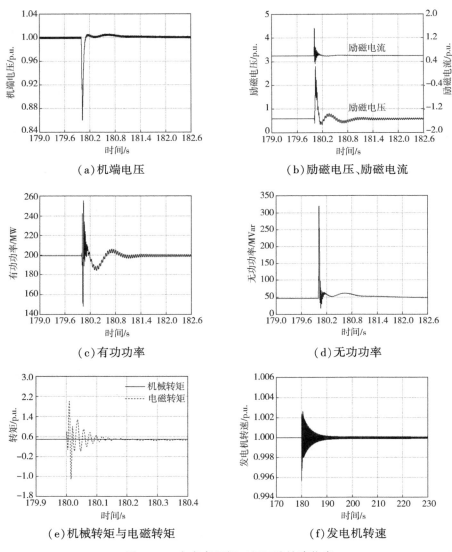

图 6-38　主变高压侧三相短路故障仿真

由图 6-38 可以看到,短路故障发生瞬间,电磁转矩与机械转矩不平衡,励磁系统迅速强励,抬高机端电压,有功功率在 AVR+PSS 的作用下振荡了 2.5 个周期后稳定。从电气侧来看,扰动消失后约 2 s 恢复稳定状态,但发电机转速约 20 s 才恢复稳定,且相较扰动前转子转速偏差性能变差,瞬时最高转速偏差约为 13.5 r/min。

综上,因非潮流依赖的特性,PSCAD 可以仿真更大范围的连续变化过程,能够模拟发电机并网启机、电源切换、功率连续宽范围变化的过程,对于现场应用具有较强的指导性。

6.4　本章小结

本章阐述了电力系统计算机辅助设计软件 PSCAD 在同步发电机并网系统仿真上的应用,阐明了 PSCAD 功能的特殊性和应用特点,并给出了同步发电机并网系统各元件包括原动机、调速器、发电机、励磁调节器及变压器在 PSCAD 里的详细建模过程;最后从并网启动过程、功率响应控制、系统级扰动模拟 3 个方面介绍了 PSCAD 并网系统模型应用的方法。

参考文献

[1]郭杏叶.PSASP 模型向 PSCAD 软件转换方法研究及应用[D].重庆:重庆大学,2016.

[2]杨健维,麦瑞坤,何正友.PSCAD/EMTDC 与 MATLAB 接口研究[J].电力自动化设备,2007,27(11):83-87.

[3]Welcome to the PSCAD Knowledge Base[EB/OL].[2024-06-18].

[4]全国电网运行与控制标准化技术委员会.电力系统稳定器整定试验导则:DL/T 1231—2018[S].北京:中国电力出版社,2018.

[5]电力行业电机标准化技术委员会(DL/TC 09).同步发电机励磁系统技术条件:DL/T 843—2021[S].北京:中国电力出版社,2021.

[6]全国旋转电机标委会发电机分技术委员会.同步电机励磁系统大、中型同步发电机励磁系统技术要求:GB/T 7409.3—2007[S].北京:中国标准出版社,2007.

[7] IEEE Std 421.1^{TM}-2021. IEEE Standard Definitions for Excitation Systems for Synchronous Machines[S]. New York: The Institute of Electrical and Electronics Engineers, Inc, 2022-03-17.

[8] IEEE Std 421.2^{TM}-2014. IEEE Guide for Identification, Testing, amd Evaluation of the Dynamic Performance of Excitation Control Systems[S]. New York: The Institute of Electrical and Electronics Engineers, Inc, 2014-06-27.

[9] IEEE Std 421.3^{TM}-2016. IEEE Standard for High-Potential Test Requirements for Excitation Systems for Synchronous Machines[S]. New York: The Institute of Electrical and Electronics Engineers, Inc, 2016-06-17.

[10] IEEE Std 421.4^{TM}-2014. IEEE Guide for the Preparation of Excitation System Specifications[S]. New York: The Institute of Electrical and Electronics Engineers, Inc, 2014-03-21.

[11] IEEE Std 421.5^{TM}-2016. IEEE Recommended Practice for Excitation System Models for Power System Stability Studies[S]. New York: The Institute of Electrical and Electronics Engineers, Inc, 2016-08-26.

[12] IEEE Recommended Practice for the Specification and Design of Field Discharge Equipment for Synchronous Machines.

第三编　案例应用

第7章　励磁系统相关案例分析

2023年8月,国家发展改革委、国家能源局、国家数据局印发了《加快构建新型电力系统行动方案(2024—2027年)》[1],方案强调要加强研究调度关键技术等内容,加快新型调度控制技术应用。一方面,要推动调控领域科技攻关,强化前瞻性基础理论研究,攻克新型电力系统稳定运行机理。深化关键技术研究,做好电磁暂态仿真、新型主体安全控制、多层级平衡模式构建、煤电与新能源发电协调、新能源与负荷预测、未来态分析决策等重点科技攻关与试点应用,提升电网运行控制能力。另一方面,要推动调度技术装备升级换代,推动电力技术与先进信息通信技术融合,构建全景感知、全网监视、全局分析、智能决策、协同控制、主配一体的新型电网调度控制系统,健全"光纤专网+无线虚拟专网+HPLC"配电通信网络,提高电力系统运行控制数字化智能化水平,推动配电网可观、可测、可控、可调,支撑海量分布式电源、可调节负荷、新型储能等调控需求。

可以看出,在新型电力系统结构下,同步发电机与新能源发电协同稳定运行的机理、电磁暂态仿真、先进运行和控制等方面仍需要重点攻克,是电力人应该关注的方向。

同步发电机的两大涉网性能(有功功率响应、无功功率响应)中,励磁系统与发电机电磁暂态耦合更深,随着电力系统规模的不断扩大和电力需求的日益增长,发电机励磁系统面临着更加复杂的运行环境。常见的励磁系统相关事故案例中,总是容易看到低频振荡问题导致的跳机,这不仅威胁到电力系统的安全稳定运行,还给电力企业的经济效益造成了负面影响。随着仿真技术的进步,对若干事故可以进行事故溯源和跳机过程反演。通常的影响因素包括设备故障、参数设置不当、外部干扰过大等,这些事件可以通过建立精细电磁暂态模型去模拟、测试和分析。

励磁系统的控制部分并不总是提供了完全"白盒化"的模型,例如,尽管厂家公布了控制环节的传递函数、接入形式以及设置的参数,但电磁暂态仿真也会出现与事故案例相左的情况。这是由于励磁装置在一些采样算法、微积分算法等具体数学过程的处理无法完全公布,于是,电磁暂态模型上对控制器的处理相对理想化,只可验证一些参数稳定性的问题。这时,只要接入实物励磁装置进入仿真系统就可以完美解决问题,这样的仿真技术称为硬件在环仿真技术,即为广大工程人员熟知的半实物仿真。电力系统控制器的入网性能检测就是利用了这样的技术完成的。总的来说,掌握电磁暂态建模和半实物仿真就可以很好地调查励磁系统控制动态响应在事故案例中的真实影响因素了。

对此,本章对几个由励磁系统引发的发电厂事故实际案例进行故障反演,探讨和分析其发生机理和影响因素,得出结论及故障反措。通过案例分析,为电厂的现场试验和运行提供实例参考指导。

7.1 SCL 与 UEL 配合不当引起的严重低频振荡

7.1.1 某电厂发生低频振荡事件描述

7.1.1.1 事件经过

某电厂(以下称为 a 厂)600 MW 机组抽转子大修后启机,按规程要求需进行励磁系统相关试验。其中由试验单位完成了励磁建模、PSS 参数整定等涉网试验后,电厂人员在厂家配合下进行励磁系统定子电流限制模拟试验。试验期间,该机组带 60% 负荷,未向调度申请投入 PSS、一次调频。定子电流限制试验过程中,该机组 DCS 画面显示转子电压产生了约 50 V 的波动,机端电压波动 $1.3\%U_n$ 左右,发电机欠励限制动作信号频繁发出,有功功率波动明显。随即调度自动化处告知 a 厂某机组已发生低频振荡,要求尽快减小该机组有功功率,减负荷至 50%。然后投入了 PSS,振荡平息。振荡起始至平息约 30 min。

低频振荡事件的发生虽未造成跳机,但 a 厂受到严重的经济考核。

7.1.1.2 电厂的事故分析

经查,电厂检修人员在未履行审批手续的情况下,擅自在励磁系统上开展工作,且工作人员操作经验不足、风险防控不到位,在做定子电流限制试验时手动减励磁操作过多触发励磁系统欠励限制器频繁动作,造成功率波动。

工作人员在未投入 PSS 的情况下,开始做定子电流限制试验。试验前定子电流为 53%,工作人员临时将限制器定值由 110% 改为 54% 并手动增磁直至定子电流限制器动作。定子电流限制器动作后,工作人员手动减磁欲使定子电流限制器动作复归。在此过程中,由于减励磁过多导致机组进相并触发欠励限制器频繁动作,引起定子电流、定子电压及机组功率波动。恢复定子电流限制器定值至正常 110% 后,波动现象消除。

该厂对此次事件的反措为:将投入"PSS 电力系统稳定器"操作写入操作票中,随机组启动及时投入"PSS 电力系统稳定器"。

上述为 a 厂对本事件的总结,可以看出,工作人员对励磁系统的原理理解不深以及操作不当是主因。通常辅助限制环节动作后,励磁调节器会自动进行调节,此时 PID 主环输出或不再起作用,经一段时间调节至限制值之内后停止调节,此时报警状态或可自动消除。而励磁调节器 SCL 限制的调节指令叠加了工作人员的手动减励磁指令,且在 SCL 限制状态未复归过程中持续地手动减励磁,最终致使 UEL 频繁动作。

那么,SCL 和 UEL 动作究竟可否激发振荡现象呢?我们接下来借助电磁暂态工具来复现这一场景。

7.1.2 SCL 与 UEL 激发的振荡事件仿真反演

7.1.2.1 场景设计

设置单机–无穷大系统的 PSCAD 并网系统模型来反演本事件。a 厂 600 MW 机组的负荷工况、发电机及励磁系统参数等均根据事故报告及该机组真实配置情况进行还原。

仿真的顺控场景设计为:

(1)仍然控制有功负荷在 53% 附近,即 318 MW,辅助环节仅投入欠励 UEL 和定子电流限制 SCL,其中 UEL 按正常运行参数投入,SCL 的启动定值临时修改为 54%,SCL 返回定值为 53%。

(2)开始手动增励磁,模拟事故中运行人员触发 SCL 环节的步骤,经 SCL 的热积累达到触发条件后,开始减励磁欲使 SCL 限制返回。

(3)手动减励磁过程中,在 SCL 未返回时机组已进相运行,并触发了 UEL 限制,系统开始出现低频振荡现象。

（4）随即随即开始降负荷，恢复 SCL 原定值 110%，并投入 PSS。上述措施完成后，振荡消除。

所设计的仿真场景为 a 厂低频振荡事件的全过程近似模拟。对其总结的 PSS 环节未按试验规范及时投入的问题，再增加一组对照组，即投入 PSS，重复上述场景设计过程，观察低频振荡现象的出现是否有所改变。

7.1.2.2　结果展示

（1）不投入 PSS，a 厂事件反演。

①第一阶段。

约在第 108 s 时开始模拟运行人员的手动增励磁过程直至 SCL 积分条件达到，在 195 s 时出现 SCL 标志位，随即 SCL 开始减励磁。该阶段的电磁暂态仿真模拟如图 7-1 所示。

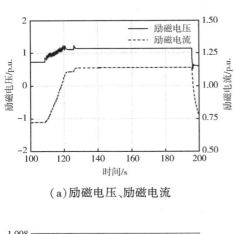

（a）励磁电压、励磁电流

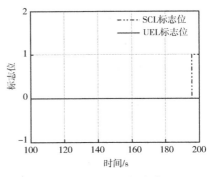

（b）SCL、UEL 标志位

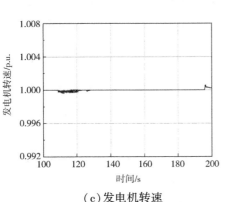

（c）发电机转速

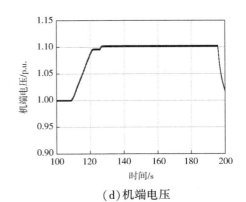

（d）机端电压

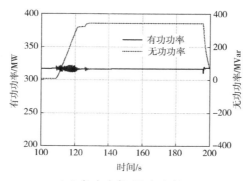

（e）有功功率、无功功率

图 7-1 第一阶段的事件仿真模拟

②第二阶段。

从 195 s 开始到 220 s 结束。此阶段对应工作人员没有等待 SCL 自动复归就开始的手动减励磁操作，隐患由此悄无声息地开始发展。仿真中，在 201 s 时模拟手动减励磁操作，手动减励磁指令生效后即刻对 SCL 的自动调节形成干扰。由于 SCL 标志位并未复归，SCL 自动减励磁调节始终持续，与手动减励磁指令一同作用于机组减磁，因此直至 212 s 时无功功率变为负值，机组进入进相运行。该阶段的电磁暂态仿真模拟如图 7-2 所示。

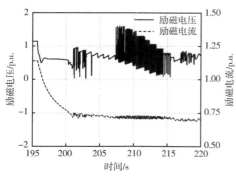

（a）励磁电压、励磁电流

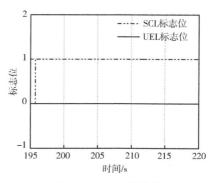

（b）SCL、UEL 标志位

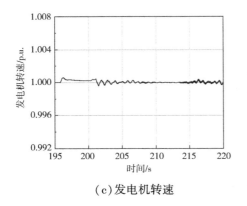

（c）发电机转速

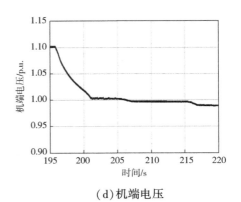

（d）机端电压

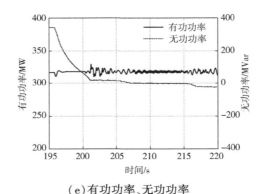

（e）有功功率、无功功率

图 7-2　第二阶段的事件仿真模拟

③第三阶段。

从 220 s 开始到 240 s 结束。此阶段对应地模拟工作人员手动减励磁操作已经触发了 UEL 环节的动作,低频振荡已开始发展。SCL 和 UEL 两个辅助环节频繁触发、反复动作,导致了有功功率持续大幅振荡。此时,运行人员采取了相关措施,包括机组降负荷、恢复 SCL 原定值的操作。仿真中,在 239 s 时模拟了 SCL 定值恢复为原定值110%,在 240 s 时下发机组减负荷指令,由原 318 MW 降至 290 MW 的目标值。该阶段的电磁暂态仿真模拟如图 7-3 所示。

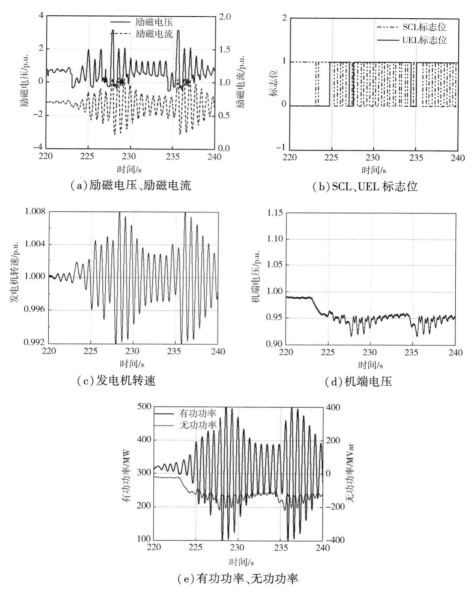

（a）励磁电压、励磁电流

（b）SCL、UEL 标志位

（c）发电机转速

（d）机端电压

（e）有功功率、无功功率

图 7-3　第三阶段的事件仿真模拟

④第四阶段。

从 240 s 开始到 290 s 结束,此阶段为低频振荡事故的恢复阶段。当工作人员采取了恢复 SCL 定值、机组减负荷操作等措施后,振荡开始消失。然后还投入了 PSS 环节,两个辅助环节相继复归退出,系统恢复正常运行。仿真中也对应还原该过程,在 240.8 s 时 SCL 标志位复归,励磁辅助环节由单 UEL 环节调节,振荡随之开始平息。在 245 s 时投入了 PSS,仿真显示在 260 s 时机组恢复迟相运行,UEL 限制环节完全复归,系统恢复了正常运行水平。该阶段的电磁暂态仿真模拟如图 7-4 所示。

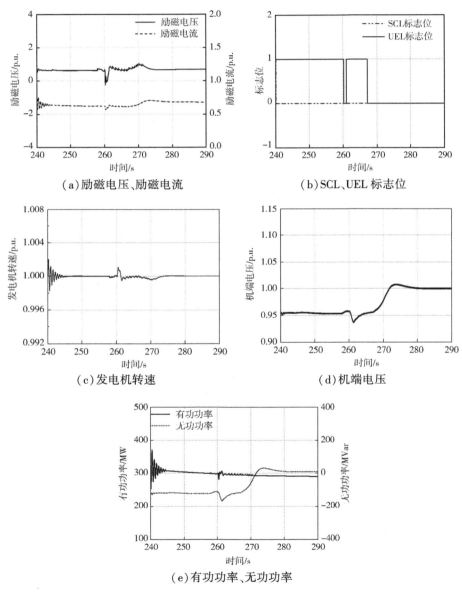

（a）励磁电压、励磁电流

（b）SCL、UEL 标志位

（c）发电机转速

（d）机端电压

（e）有功功率、无功功率

图 7-4　第四阶段的事件仿真模拟

以上仿真详细复现了 a 厂的低频振荡事件全过程,不难看出,借助 PSCAD 建立发电厂并网系统电磁暂态模型,可以清楚地分析该过程中各个变量的动态特性。从该事件可以看出,由于工作人员对 SCL 定子电流限制器的原理理解不透彻、试验方法存在严重纰漏,最终导致企业的经济损失。事后,a 厂还在事故分析中强调:PSS 未及时投入运行,间接导致了本事件的发生。

那么假如投入 PSS,能否规避低频振荡事故呢? 依然借助 PSCAD 的发电厂并网系统电磁暂态模型来对该问题进行回答。

(2)投入 PSS,振荡事件假设预演。

仿真的触发时刻和操作过程取法乎上,仅保有 PSS 环节在一开始是投入状态的区别。还是模拟运行人员对 SCL 定子电流限制器的临时参数进行修改,通过手动增励磁触发 SCL 限制动作,看到 SCL 标志位后手动减励磁,以使 SCL 限制快速复归。直接展示在投入 PSS 情况下本事件的预演过程,仿真结果如图 7-5 所示。

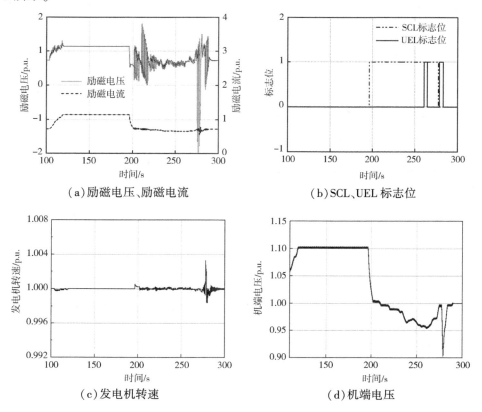

(a)励磁电压、励磁电流　　　　　(b)SCL、UEL 标志位

(c)发电机转速　　　　　　　　　(d)机端电压

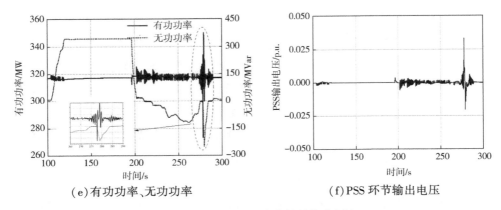

图 7-5　PSS 投入时，该事件的仿真预演

预演结果显示，PSS 在 SCL 动作后立即介入。机组无功功率在 255 s 时降至 -120 MVar 附近，触发 UEL 限制动作。虽然 SCL 限制和 UEL 限制共同作用，但并未引起机组明显大幅振荡，此时有功功率波动约为 10 MW，对比仿真事件反演过程的数百兆瓦波动，PSS 的阻尼效果已较为明显。其中，转速峰值为 1.003 5（p.u.），相较之前的 1.008（p.u.），转子机械运动过程也较为缓和。

综上，正确投入 PSS 可以改善系统的阻尼特性，规避或削弱低频振荡的发生。

7.1.3　事故防范总结

（1）电厂管理不到位，对涉网设备检修、试验重视不够，开展涉网相关工作前，没有按照电网调度规定提报检修申请，在未经许可的情况下，工作人员随意在涉网设备上开展工作。

（2）工作人员技术水平不足，对励磁系统试验的风险预控不到位，对试验可能带来的后果考虑不周全。专业管理不到位，在励磁系统试验方案中，缺少检查是否已投入 PSS 的内容。

（3）加强涉网设备的管理，组织相关人员学习电网调度规程并严格执行，对涉网设备的检修工作按要求提交检修申请，取得调度许可后方可工作。

（4）加强人员技能培训，工作人员要做到熟悉涉网设备及其工作原理，熟练掌握操作及试验方法，在涉网设备上工作前，做好危险点预控，并制订相关的应急预案。

（5）加强专业技术管理，对于涉网工作，制定完善的工作方案，并组织相关技术人员进行专题讨论,履行好审批手续。

7.2 原动机负荷骤变致机组失磁跳机

7.2.1 某电厂跳机事件描述

7.2.1.1 事件经过

某电厂(以下称为 b 厂)350 MW 机组原动机功率突增,随即机组跳闸,首出指令由发电机失磁保护发出。根据励磁调节器录波显示:事故前机组有功功率为 253 MW、无功功率为−187 MVar、发电机励磁电流为 56 A、励磁机励磁电流为 1.5 A,如图 7−6 所示。

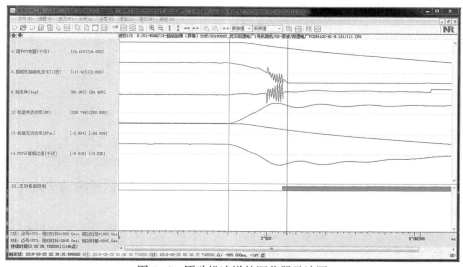

图 7−6 原动机速增的调节器录波图

7.2.1.2 事件分析

此次跳机事故的起始是该机组有功功率短时间内(约 1.02 s)上升了 48 MW,在这个过程中励磁电流持续下降,机组无功功率持续降低。励磁调节器首先触发最小励磁电流限制动作,260 ms 后无功低励限制动作,1.9 s 后低励保护动作,励磁调节器切换至 B 套;再经过约 1.2 s 后,机组跳闸。

据悉,励磁调节器采用 PSS 2B 模型,该模型具备抗反调功能,但其前提是调速器侧有功功率正常调整。当调速器侧有功功率短时快速调节时,降低了 PSS

模型的抗反调能力。机组有功功率快速上升时,PSS 输出值开始快速下降,抵消了主环 PID 的输出,导致励磁电流开始下降。当励磁电流下降至最小励磁电流限制定值时,最小励磁电流限制器动作。当机组无功功率降低至低励限制定值时,低励限制器动作。当满足低励保护动作条件时,低励保护动作,调节器主从通道切换。

经分析,导致本次事故的起因是原动机功率在短时间内快速上升 48 MW,导致 PSS 输出较大负值,其叠加在 PID 主环和 PID 限制环的输出上,动态条件下调节的优先级十分高,削弱了主环和限制环的控制量,使得触发角维持在较大的值,励磁电流接近于 0,导致发电机失磁。所涉及的励磁调节器原理(为规避装置的厂家型号特征,调整了其结构)如图 7-7 所示。

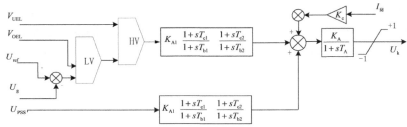

图 7-7　励磁调节器控制模型示意图

事件发生后,该厂组织事故调查,总结原因大致分为两个方向:

(1)PSS 抗反调性能不足,在非振荡动态中表现出了极限调节特性。

(2)低励限制环节输出响应速度不足,没有控制住 PSS 的减磁调节,致使发电机失磁跳机。

形成的措施有:b 厂调整了原动机有功功率调节速度上限;修改了励磁调节器定值:"低励限制定值"->"无功低励限制增益"由 1 改为 5;修改了 PSS 的抗反调特征参数"T8",将"T8"由 0.2 改为 0.5。

7.2.2　原动机负荷骤变时 PSS 响应过程的分析与仿真

7.2.2.1　PSS 抗反调特性分析

将发电机转子运动方程

$$T_J \frac{\mathrm{d}\Delta\omega}{\mathrm{d}t} = \Delta P_m - \Delta P_e = \Delta P_a \tag{7-1}$$

整理成频域的形式:

$$\begin{cases} \dfrac{\Delta P_{\mathrm{m}}}{T_{\mathrm{J}} s} = \Delta \omega + \dfrac{\Delta P_{\mathrm{e}}}{T_{\mathrm{J}} s} \\ \dfrac{\Delta P_{\mathrm{a}}}{T_{\mathrm{J}} s} = \dfrac{\Delta P_{\mathrm{m}}}{T_{\mathrm{J}} s} - \dfrac{\Delta P_{\mathrm{e}}}{T_{\mathrm{J}} s} \end{cases} \tag{7-2}$$

单输入的 PSS 模型要么以角速度,要么以电磁功率作为输入。而加速功率型 PSS 以加速功率积分信号作为输入,理论上没有反调现象。当进行机械功率调节时,电磁功率跟随机械功率变化,因此加速功率积分信号很小,PSS 基本不动作;当系统扰动引起电磁功率变化时,机械功率变化较小,加速功率积分信号基本上等于负的电磁功率积分信号,PSS 发挥作用抑制功率振荡。在图 7-8 所示的 PSS 2B 模型中,由虚线圈出的部分即为式(7-2)所描述的合成关系。由此不难看出,参数 T_{J} 为所反映的转动惯性时间常数 T_{J},系数 K_{s2}、K_{s3} 用于两个量纲之间的标幺归算,基准值统一了,才可以进行加减运算,因此这 3 个参数的整定基本固定。参数 T_8、T_9 和 M、N 决定的陷波环节,是用来进行由数学方程计算的原动机机械转矩变化量滤波的。因此,参数 T_8、T_9 和 M、N 决定了原动机机械转矩是正常变化还是低频振荡。

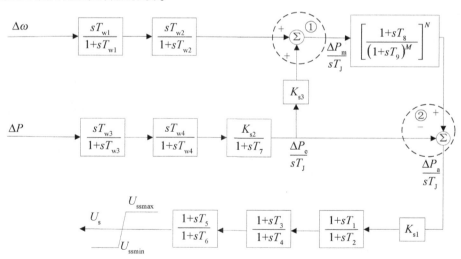

图 7-8 PSS 2B 模型示意图

PSS 中通过陷波器环节 $\left(\dfrac{1+T_8 s}{(1+T_9 s)^M}\right)^N$ 滤除大于 3 Hz 的高频噪声信号,如次同步振荡信号(25 Hz)等,其中阶数常常固定取为 $N = 1$、$M = 5$。T_8、T_9 取值则依照现场实际特点选择配置。

（1）参数 T_8、T_9 的推荐设置多为 0.6、0.12，即 $T_8/T_9 = 5$。此时在高频时斜坡函数会有衰减，在 1.55 Hz 以上幅频特性小于 0.707 p.u.，即 -3 dB，认为高于该频率的变化过程将被滤除。

（2）参数 T_8、T_9 的设置也有 0.2、0.1 的常见组合。此时的截止频率在 1.1 Hz 附近。

但需要注意的是，高阶滤波器是 $\dfrac{\Delta P_m}{T_J s}$ 的输入值，也就是要求转速信号和电磁功率积分信号两者的变化量均在截止频率内，PSS 2B 模型才能正确合成加速度功率，具有反调特性。电磁功率信号的变化率可以直接计算，而转速信号一般未直接接入，通常从电压信号中提取电频率代替，然后间接计算其变化量。高阶陷波环节的计算量数值较小，此处引入的误差，导致不便于用计算方式来验证合成功率的变化速率是否与陷波器的作用区相匹配。由此，本事件发生的 48 MW/1.02 s 能否说明陷波器参数不合理，还不能直接通过理论计算进行验证，而需要通过仿真进行验证。

7.2.2.2 低励环节调节性能差

低励限制接入 AVR 的位置一般在 PID 主环前或 PID 主环后，对应的方式也分两种，一种是与主环输出相比取高值，另一种是叠加到主环上。

如图 7-7 所示，本例采用了低励限制取高值门接入方式，当低励触发时，低励限制输出为正值，但 PSS 由于反调特性作用，输出为负值，因 PSS 作用在动态期间为主导调节，导致励磁输出最终为负值，电压水平持续下降，最终进入失磁区。

这个过程容易梳理清楚，但依然难以通过阻抗频率法去反映不稳定的运行点，也不容易从一般的频率分析法去刻画这种高低通门、辅助环节接入点位置的细小差别。

因此，还需要借助仿真工具进行场景还原，分析系统控制的稳定性问题。

7.2.2.3 发电机并网系统半实物仿真

纯数字仿真虽然可以建立精细的控制系统（建立 PSCAD 发电机并网系统模型），但在进行事故调查和原因追踪时，还可以通过实物装置硬件在环仿真去解决问题。这是因为，实物装置内的控制逻辑远比公开在相关技术资料中的逻辑细致，尤其是在信号采样、控制计算、信号输出等环节，纯数字仿真还是略显"理想化"。这里将利用发电机并网系统半实物仿真技术对本例进行探讨。

　　采用电力系统实时数字仿真系统 ADPSS 建立包括发电机及其励磁机、调速系统、PSS、主变压器、主开关以及等值无穷大电源的电力系统仿真模型,向 AVR 装置提供所需要的发电机电压、电流、励磁电压、励磁电流、励磁机励磁电压、励磁机励磁电流、主开关位置节点等模拟、数字信号,将 AVR 装置输出的控制电压模拟信号 U_c 输入仿真系统,经过励磁机模型或描述整流器特性的一阶滞后环节,得到发电机励磁电压 U_{fd},构成闭环试验环境。试验接线原理示意图如图 7-9 所示。

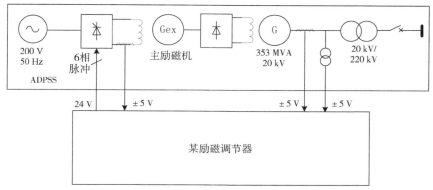

图 7-9　试验接线原理示意图

　　通过实际 AVR 励磁调节器和半实物仿真系统的闭环运行,可以测试励磁系统的性能。而当"AVR 模型"中的参数设置为制造厂提供的对应设备技术参数后,就可以还原实际场景了。图 7-10 展示了所构建的发电机组和无穷大系统,其中包含的汽轮机调节系统模型,通过负荷给定指令来调整调速器输出,用于仿真原动机功率骤变的工况。

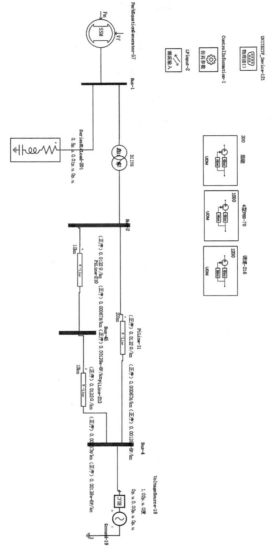

图 7-10　励磁系统半实物仿真模型图

　　机组运行工况、发电机参数、励磁调节器定值均采用与 b 厂事故机组相同的配置,主要仿真该机组失磁故障的发生过程,研究励磁低励限制、PSS 参数等对机组调节行为的影响。鉴于对事故案例的保护,此处不再展示参数设置详情,仅对重点参数进行说明。

　　设置调速器以 47 MW/0.7 s 的调节速率来模拟事故机组现场汽机侧扰动事

件,研究发电机及励磁事故前后的响应波形,重现机组失磁失稳过程。

　　针对失磁故障发生过程,主要以提高低励限制器增益 K、限制动作时退出 PSS(下面简称为"投入"或"退出")和优化 PSS 参数等 3 种拟解决措施来分别进行仿真。为便于对比分析,每个仿真项目只调整其中一个定值,另外两个定值保持原定值不变。仿真项目及仿真结果统计如表 7-1 所列。

表 7-1　仿真项目及仿真结果统计表

序号	仿真项目		仿真结果
1	现场调节器录波		图 7-11 无功低励限制动作时,$U_g = 18.885$ kV,$P = 254$ MW,$Q = -49$ MVar,$U_{PSS} = -0.560$ kV(最小为 -0.570 kV)
2	投入原始定值(欠励:$K = 1$;PSS:$T_8 = 0.2$);故障重建		图 7-12 无功低励限制动作时,$U_g = 18.925$ kV,$P = 259$ MW,$Q = -41$ MVar,$U_{PSS} = -0.565$ kV(最小为 -0.580 kV)
3	投入临时定值(欠励:$K = 5$;PSS:$T_8 = 0.2$)	47 MW/0.7 s 功率阶跃	图 7-13 U_g:17.965 kV,时间 5.355 s(以有功突变为起始,下同); Q:-110 MVar,时间 5.355 s,回调至起始值时间 11.06 s; 系统稳定
4		调整无功至 UEL 动作值附近,做 ±1% 电压阶跃	图 7-14 加大 UEL 增益后,在限制曲线上侧做 1% 阶跃,限制动作正常,调节稳定,PSS 输出最小值为 -0.025 kV,无功功率变化幅值为 15 MVar

续表

序号	仿真项目	仿真结果
5	投入原始定值,并增加投入"限制动作退出 PSS"的逻辑;进行 47 MW/0.7 s 功率阶跃	图 7-15 U_g:18.240 kV,时间 8.420 s; Q:-91.4 MVar,时间 8.490 s,回调至起始值时间> 20 s; UEL 动作,但由于闭锁了 PSS,因此励磁电流逐渐往上抬升,机组未失稳
6	投入临时定值(欠励:$K=1$;PSS:$T_8=0.5$);进行 47 MW/0.7 s 功率阶跃	图 7-16 U_g:19.420 kV,时间 2.525 s; Q:-6.7 MVar,时间 2.770 s,无功功率回调至起始值时间:6.230 s; 限制未动作,PSS 输出未限幅,无功变化幅度远小于另外两种方法,机组稳定

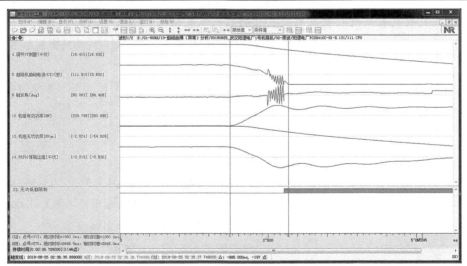

图 7-11　实际录波图

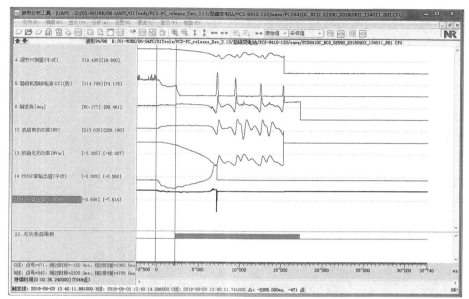

图 7-12 故障重现

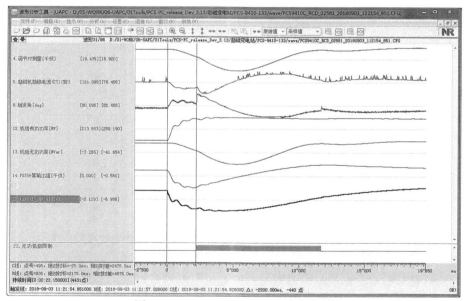

图 7-13 K=5,47 MW/0.7 s 功率阶跃

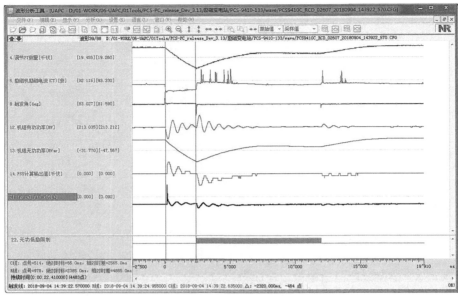

图 7-14　$K=5$,调整系统电压,机组无功功率在限制线上侧,1%电压阶跃

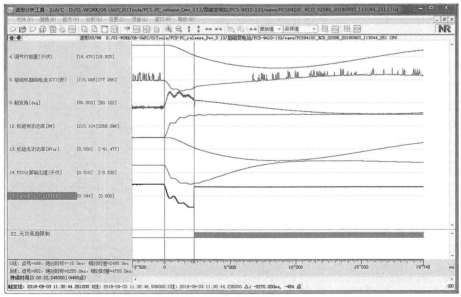

图 7-15　投入"限制动作退出 PSS",47 MW/0.7 s 功率阶跃

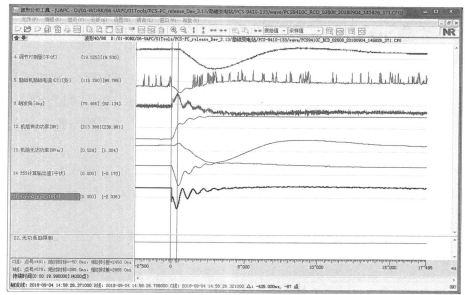

图 7-16 $T_8 = 0.5, 47$ MW/0.7 s 功率阶跃

7.2.3 事故防范总结

（1）对涉网设备试验，要结合本厂情况进行充分验证，形成特殊场景的措施。据悉，PSS 参数一般是按照 DL/T 1231《电力系统稳定器整定试验导则》进行整定，其中关于反调验证场景没有明确约束，只提到"原动机正常运行操作时的最大出力变化速度下，变化不低于 3% 的额定有功⋯⋯"来验证反调特性。因此，电厂应充分结合本厂情况，在 PSS 参数整定时，提供特殊场景给试验人员，以整定出相对安全可靠的 PSS 参数。

（2）本例中，尽管提高 UEL 增益和在 UEL 动作期间闭锁 PSS 也被证明可以防止失磁运行，但这些非常规手段会不会有更大隐患还需要严格证明，因而应该规避这样的折中方案。

（3）加强涉网设备的管理，组织专业人员对发电机并网系统的控制系统进行学习，提高运维应急处理能力。例如，本例中发现低励限制动作后仍不能有效控制机组无功功率时，可将励磁装置切入 FCR 模式并手动增磁，避免失磁跳机。

7.3 本章小结

本章详细讲述了两个由励磁系统关联的功率响应发电厂实际案例的故障发展过程,结合同步发电机并网系统模型和基本原理,探讨和分析了两起事件发生的机理和影响因素,得出结论及故障反措。通过案例分析,为电厂的现场试验和运行提供实例参考指导。

参考文献

[1]适应新型电力系统发展 推动智慧化调度体系建设[EB/OL].[2024-08-08].

第8章 并网发电厂辅助服务应用探讨

我国电力辅助服务领域的发展,是一个从无到有、从计划到市场的渐进过程。2002年以前,在电力垂直化管理模式下,辅助服务与发电量捆绑结算,无独立补偿机制。2002年初,国务院发布了《电力体制改革方案》(国发〔2002〕5号),实行了厂网分离。鉴于各发电主体的利益,无偿的电力辅助服务难以有效推行。为加强并网发电厂考核和辅助服务管理,原国家电监会出台了《发电厂并网运行管理规定》(电监市场〔2006〕42号)和《并网发电厂辅助服务管理暂行办法》(电监市场〔2006〕43号),要求各地和省电监办结合本区域特点,制定相应的电厂并网运行考核细则和辅助服务补偿实施细则(以下简称"两个细则"),择机施行。"辅助服务补偿实施细则"既对并网发电厂提供的有偿辅助服务进行补偿,同时也对因自身原因不能提供辅助服务或达不到预定调用标准的电厂进行考核,各区域"按需调用,事后补偿"的辅助服务考核补偿机制逐渐形成[1-2]。

火电机组作为传统调峰、调频的服务主体,在辅助服务中起着极其重要的作用,但在电力市场机制和清洁低碳的大背景下,火电企业的运营情况并不乐观,这使得企业对内需积极推进降本增效,对外则要提供优质的电力能源来有偿参与辅助服务[3]。由于收益激励不足,火电等传统电源亟须针对多类型资源调节能力的成本特性与回报机制开展研究,建立包括传统煤电在内的各类调节主体价值回报方式的模型,激励多类型资源实现多时间尺度波动性的综合平衡调节能力提升。文献[4]分析了东北电网现行调峰辅助服务费用分摊机制的局限性,提出面向市场参与主体的分摊上限动态调整机制,以保障调峰供应方的调峰收益。文献[5]通过总结国内外典型电力辅助服务市场的建设经验,为湖南区域调峰辅助服务市场的建设提供有益参考。总体来说,目前我国多数地区的辅助服务市场交易类型较为单一,补偿机制还不够健全。

本章围绕"两个细则"下的通行机制,重点解读火电厂如何有效参与电力辅助服务,从参与辅助服务的种类、机组需具备的条件及经济性等方面进行探讨分析,为火电机组参与电力辅助服务提供策略参考。

8.1　辅助服务政策分析

传统火电在支撑电网安全可靠运行中的作用重大，为友好、科学地参与电力辅助服务，火电企业首先应符合新"规定"：涉及电网安全稳定运行的继电保护和安全自动装置、调度通信设备、调度自动化设备、励磁系统和电力系统稳定器、调速系统和一次调频系统、二次调频、高压侧或升压站电气设备以及涉及网源协调的有关设备和参数等的规划、设计、建设和运行管理，应满足国家法律法规、行业标准及电网稳定性要求。

结合火电机组适用场景，在新"办法"的规定下，梳理火电机组参与电力辅助服务项目如图 8-1 所示：

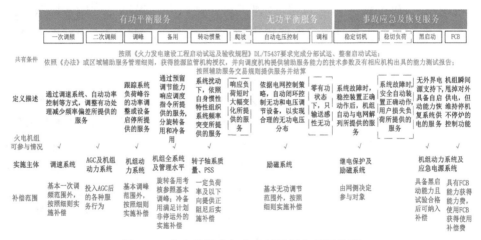

图 8-1　火电机组参与电力辅助服务项目总览

火电机组作为发电侧并网主体参与的电力辅助服务分为基本电力辅助服务和有偿电力辅助服务。在满足基本电力辅助服务的前提下，火电厂可结合机组实际开展相关技术改造、参数优化等工作，以便优质地参与电力辅助服务，获取更大的经济收益。

基本电力辅助服务是发电侧并网主体义务提供的辅助服务，包括基本一次调频、基本调峰、基本无功调节等。

有偿辅助服务是指并网主体除基本辅助服务之外所提供的辅助服务，通过固定补偿规则获取收益。补偿机制的通行特点有：

（1）并网主体因自身原因不能提供基本辅助服务的或因自身原因不能达到有偿辅助服务调用标准的,应接受考核。

（2）按照"谁提供、谁获利,谁受益、谁承担"的原则,对有偿辅助服务进行补偿。

（3）根据并网主体特性、贡献和电网实际情况,预测辅助服务需求量,并合理安排相关并网主体承担辅助服务,保证辅助服务调用的公开、公平、公正。已开展市场化交易的电力辅助服务品种,依据市场规则组织交易,按照交易结果进行调用,并提供结算依据。

现阶段补偿费用由发电侧并网主体、市场化电力用户等并网主体共同分摊,逐步将非市场化电力用户纳入补偿费用分摊范围。原则上,特定发电侧并网主体服务的电力辅助服务,补偿费用由相关发电侧并网主体分摊;特定电力用户服务的电力辅助服务,补偿费用由相关电力用户分摊。

对于火电机组来说,某一品种的辅助服务补偿费用由火电机组和市场化电力用户按照分摊系数共同分摊,若分摊系数为 K_n,则电力用户分摊系数为 $(1-K_n)$, $n=1,2,3,\cdots,m$。

8.1.1 有功部分

8.1.1.1 调峰服务经济技术分析

电力调峰辅助服务市场能够增强电源协调优化运行能力,并引导火电机组开展灵活性改造。有偿调峰的主要成本在于机组深度调峰及启停成本。

辅助服务细则规定,深度调峰为火电机组有功出力在其并网调度协议签订的正常运行最小出力(一般为 50% 额定出力)以下的调峰运行方式。提供深度调峰服务的火电机组,按照比基本调峰少发的电量补偿。一般性的补偿量 E_{tf1} 计算如下:

$$E_{tf1} = 3 \times \int (K_B P_N - P)\,\mathrm{d}t \quad (K_B P_N > P) \tag{8-1}$$

式中, K_B 为基本调峰系数, 50%; P_N 为机组额定容量; P 为机组实际有功出力。火电机组按少发电量每万千瓦时补偿计费。

启停调峰为并网发电机组因电网调峰需要而停机,并在 72 h 内再度开启的调峰方式,按照每次 E_{tf2} 万千瓦的补偿计费。

考虑到煤价等因素,火电机组在调峰辅助服务中难以实现成本和补偿的平衡。因此,对于新能源资源丰富的地区,可以考虑与新能源机组合作的调峰辅助服务方式,在新能源大发时,火电机组可以把当天的发电计划在市场上转卖给更便宜的新能源机组代发,让现货市场价格发挥调节作用,防止出现因现货市场上的火电机组报价被压到最低甚至直接停机的问题。另外,火电机组在参与调峰时,负荷的变化必将导致机组的能耗变化,而能耗的变化是衡量机组在参与调峰时经济性能变化的重要参考依据。机组带负荷的煤耗量模型可由下述方程表示[6]:

$$
\begin{cases}
Q_z = Q_m + Q_c - Q_f \\[2mm]
Q_m = \dfrac{Q_g Nh}{1\ 000} \\[2mm]
Q_m = \dfrac{3\ 600 Nh\lambda_c}{Q_0} \\[2mm]
Q_f = \dfrac{3\ 600 Nh}{Q_0} \\[2mm]
Q_g = \dfrac{Q}{Q_0} \times \dfrac{1}{\eta_L \cdot (1 - \lambda_c)}
\end{cases}
\tag{8-2}
$$

式中,Q_z 为总耗量,g/(kW·h);Q_m 为煤耗量,g/(kW·h);Q_c 为厂用电量,g/(kW·h);Q_f 为发电量,g/(kW·h);Q_g 为供电煤耗量,g/(kW·h);N 为机组功率,kW;h 为调峰运行的时间,h;λ_c 为厂用电率;Q_0 为标煤发热量,g/(kW·h);Q 为机组热耗量,g/(kW·h);η_L 为锅炉管道效率积。

通过分析煤耗量与带负荷模型,可知带负荷率从 100% 至 50% 逐渐降低的过程中,总耗量随之逐渐减少。因此,火电机组在参与调峰辅助服务时,需在调峰补偿与煤耗量之间获得一个最优平衡,通过数学模型计算来实现经济性最优[7]。

8.1.1.2　一次调频服务经济技术分析

各机组一次调频性能差异较大,承担该项服务的代价不同,因此各发电厂需加强一次调频管理,积极参与一次调频的有偿服务。"两个细则"下,一次调频补偿机制可促进电厂对调频技术的重视及管理能力的提升。

并网机组一次调频服务补偿按照一次调频月度动作积分电量进行计费,其中火电机组一次调频辅助服务补偿 E_{tp1} 为:

$$
E_{tp1} = 150 \times \sum W_n
\tag{8-3}
$$

$$W_n = \int_{t_1}^{t_2} (P - P_0)\, \mathrm{d}t,\, n = 1,2,3,\cdots \tag{8-4}$$

式中，t_1 和 t_2 分别为电网频率超出机组一次调频死区时间和电网频率恢复至机组一次调频死区时间，s；P 和 P_0 分别为实际发电出力与起始实际发电出力，MW。

8.1.1.3　自动有功控制(AGC)服务经济技术分析

电力系统调频主要由同步发电机组承担，对于电网的安全稳定运行而言，除了可以建设具备快速、准确、双向调节等能力的高效调频专用机组外，还可以通过改造或优化传统火电机组的 AGC 能力来实现系统调频。因此，建立一套科学合理的 AGC 调频补偿机制尤为重要。

依据西北电网的"两个细则"，AGC 服务补偿包括可用率补偿、调节容量补偿和贡献电量合格率补偿。

可用率补偿量：

$$E_{\mathrm{AGC1}} = 1 \times (\alpha - 98\%),\, \alpha \geqslant 98\% \tag{8-5}$$

调节容量补偿量：

$$E_{\mathrm{AGC2}} = 20 \times (W_{\max} - W_{\min}) \tag{8-6}$$

火电机组 AGC 单机模式下，调节容量补偿量按日统计。$W_{\max}$ 和 $W_{\min}$ 分别为当日实际最大出力和实际最小出力，MW·h。

贡献电量合格率补偿量：

$$E_{\mathrm{AGC3}} = 6 \times \frac{\sum L_{\mathrm{s}}}{\sum L_{\mathrm{l}}} \tag{8-7}$$

$$L_{\mathrm{s}} = \int_{t_1}^{t_2} (P_{\mathrm{s}} - P_0)\, \mathrm{d}t \tag{8-8}$$

$$L_{\mathrm{l}} = \int_{t_1}^{t_2} (P'_{\mathrm{s}} - P'_0)\, \mathrm{d}t \tag{8-9}$$

式中，L_{s} 和 L_{l} 分别为机组 AGC 下发指令期间实际贡献电量累积值与理论贡献电量累积值，MW·h，按月统计，它们的不同之处在于，理论贡献电量强调在调节速率为标准速率的前提下；P_{s} 和 P_0 分别为实际调节速率下 AGC 每次下发调整指令期间的实际功率与初始功率，MW；P'_{s} 和 P'_0 分别为标准调节速率工况下 AGC 每次下发调整指令期间的实际功率与初始功率，MW。

从以上调频补偿项可知，AGC 调频性能越好，补偿量越大。影响 AGC 投入率及调节品质的因素较多，如制粉系统、给水系统、温度控制系统等，燃料、给水、温度、水煤比等子回路的调节品质直接影响协调控制系统（CCS）的调节品质，CCS 调节品质的优劣直接影响 AGC 的调节品质[8]。

因此，火电机组可以进行相应的适应性改造，以提高机组低负荷运行的可靠性及 AGC 调节性能指标，实现可观的调频补偿收益。

8.1.1.4 旋转备用服务经济技术分析

旋转备用是指电力调控机构指定的并网主体通过预留有功调节容量所提供的服务。例如，规定火电机组旋转备用补偿标准为当机组实际出力低于 70% 额定出力时，额定出力的 70% 减去机组实际出力的差值在该时间段内的积分：

$$E_{re} = 0.01 \times \int_{t_1}^{t_2} (0.7P_N - P)\mathrm{d}t, P \leqslant 0.7P_N \qquad (8-10)$$

考虑到火电机组的性能特点和成本，备用辅助服务在市场的发展后期、市场化成熟阶段需要更详细的划分产品来满足电力系统安全稳定的需要。电力辅助服务市场及其补充机制均需要进一步发展和完善，因此现阶段火电机组可重点关注冷备用项目的管理优化问题，如优化停机检修管理水平、发展状态监测和状态检修，从而优化检修内容和质量来提高经济性。

8.1.1.5 转动惯量服务经济技术分析

新能源装机比例的不断增加使电力系统的惯量支撑力度变弱，导致其频率调节能力和阻尼特性削弱，电力系统需要同步发电机组充分发挥"兜底保障"的重要作用。一般性补偿规则如下：

$$E_G = E_k(i) \times [R_G(i) - R_k] \times R_t \times R_s \times T \times P_{asy} \qquad (8-11)$$

式中，E_G 为并网主体转动惯量补偿分数；$E_k(i)$ 为并网机组 i 的动能，MW·s；$R_G(i)$ 为并网机组 i 的惯量补偿系数，s，$R_G(i) = E_k(i)/P$，其中，P 为 15 min 内机组实际运行功率平均值，MW；R_k 为补偿标准准入门槛定值，s，火电取 12 s；R_t 为机组惯量计算补偿系数，火电取 5；R_s 为转动惯量补偿标准；T 为并网主体补偿时间，h；P_{asy} 为全网非同步电源发电电力占比 β 在不同水平下的惯量稀缺补偿系数：

$$P_{asy} = \begin{cases} 0, \beta < 50\% \\ 1, 50\% \leqslant \beta < 60\% \\ 5, 60\% \leqslant \beta < 70\% \\ 10, \beta \geqslant 70\% \end{cases} \qquad (8-12)$$

转动惯量参与辅助服务对于发电企业来说是一个较陌生的概念，其承担主体在于机组整个轴系的质量模块,即惯性系数 T_J。列举几种国内火电机组的惯性系数统计,并按照火电 12 s 的 R_k 补偿门槛计算机组要参与转动惯量补偿的最大负荷率,结果如表 8-1 所列。

表 8-1　转动惯量与门槛负荷率计算表

序号	型号	视在容量 /MVA	额定有功功率 /MW	惯性系数 T_J /s	计算负荷率 /%
1	TAKS-RCH	235.5	200	6.59	0.33
2	DH-600-G	667.0	600	8.36	0.39
3	QFR-155-2-15.75F	182.3	155	10.73	0.52
4	QFSN-600-2YHG	667.0	600	8.59	0.39
5	QFKN-200-2	235.5	200	6.23	0.30
6	QFSN-670-2	744.4	670	8.03	0.37

综上,机组的 T_J 是一个恒定值,能不能进入转动惯量补偿门槛取决于机组能否低负荷率运行,补偿量取决于所在区域电网新能源的渗透率。故核心影响仍在于机组低负荷下的稳定性,典型的挑战如励磁系统在深调工况下是否仍能较好地提高系统阻尼比,抑制系统低频振荡,提升机组的转动惯量支撑力[9]。新版 PSS 整定规程已经将整定条件中的机组负荷水平降低,但还不能涵盖至转动惯量补偿的一般负荷门槛。

8.1.2　无功部分

按照一般性规则,火电(含光热)机组在迟相功率因数 0.85~1 范围内向系统发出无功、在进相功率因数 0.97~1 范围内从电力系统吸收无功,以及调相运行发出无功时,可根据对应无功电量获取补偿。参与的无功量计算方式如下:

$$\begin{cases} \int_{t_1}^{t_2} \left[\mid Q \mid - P\tan(\cos^{-1}0.85) \right] \mathrm{d}t, \cos\varphi < 0.85, Q > 0 \\ \int_{t_1}^{t_2} \left[\mid Q \mid - P\tan(\cos^{-1}0.97) \right] \mathrm{d}t, \cos\varphi < 0.97, Q < 0 \quad (8\text{-}13) \\ \int_{t_1}^{t_2} \mid Q \mid \mathrm{d}t, P = 0 \end{cases}$$

火电机组的无功补偿金额为:

$$E_Q = 1 \times Q \qquad (8\text{-}14)$$

无功辅助服务补偿的思想是将增发的无功转化为机组损耗,从而将对无功辅助服务的补偿转化为增加损耗的有功费用。一般的无功补偿收益模型如下:

$$E'_Q = E_Q - P_{loss} C_{price} \tag{8-15}$$

式中, E'_Q 为考虑有功损耗的无功补偿收益,元; P_{loss} 为火电机组参与无功调节辅助服务过程中发电机及变压器所产生的有功损耗,MW; C_{price} 为电厂的上网电价,元/MW。

同时,AVC 控制也是调节系统电压的基本手段。"两个细则"规定,火电机组的 AVC 补偿按机组计量,全厂成组投入的 AVC,AVC 补偿按全厂计量。发电机组 AVC 的投运率需达到98%以上,且 AVC 调节合格率需达到99%以上。补偿的具体公式如下:

$$E_{AVC} = 1 \times (k - 99\%) \times 100 \times P_N \times t \tag{8-16}$$

式中, k 为机组实际 AVC 调节合格率; P_N 为机组容量, 10^4 kW; t 为机组 AVC 投运时间,h。

8.1.3 事故应急部分

8.1.3.1 黑启动服务

黑启动是具备自启动、自维持或快速切负荷能力的发电机组所提供的恢复系统供电的服务[10-11]。"两个细则"规定,具备黑启动能力和执行黑启动任务均可获得相应的补偿。具备黑启动能力的机组实现经济性的前提在于控制黑启动的服务成本。

8.1.3.2 稳控装置切机服务

因系统原因在发电侧并网主体设置的稳控装置,在正确动作切机后应予以补偿。区域稳控装置动作紧急调整减出力或切机后,按动作次数补偿计费。

由于稳控装置投运期间基本不产生成本,且一般为了维持足够的切荷量,投入切机压板的机组会尽量带高负荷运行,这对自动装置的动作响应能力要求较高[12]。火电机组可与水电机组、风力机组等组合优化切机,减少因调节能力低导致的过切或欠切,最大限度改善系统故障后的恢复性能,从而提高系统运行的经济性和安全性。

8.2 发电厂参与辅助服务的技术储备

8.2.1 有功平衡技术储备

已知有功平衡辅助服务的种类有调峰、调频、备用和转动惯量。从政策分析中不难看出补偿的条件和对技术储备的要求，对于同步发电机并网系统而言，则转化为对设备性能、控制特性及系统配合等方面的综合要求。现对有功平衡服务类的技术需求整理如下。

8.2.1.1 调峰

火电实施灵活性改造前，机组最小出力一般为额定出力的 45% ~ 50%，低于这个值会影响锅炉在低负荷下的稳定燃烧。若机组停机后再启动，则会跟不上用电侧的负荷需求，形成负荷缺额，甚至引发大停电。再开机还会给电厂造成额外的成本支出，以一台 660 MW 机组为例，每次启停的成本，仅计算耗费的水、煤、油，便要花费 40 万元~50 万元人民币。

不同于调峰能力较好的资源——天然气、抽水蓄能、水电等，火电调峰不仅要考虑锅炉最低稳燃的技术问题，还伴随了低负荷下煤耗量增加的经济问题。因此，如何参与调峰辅助服务，对于发电企业来说具有很强的博弈性。

抛开调峰技术、成本与收益之间的博弈问题，从达到调峰效果的技术上来看，一般有两种思路：一是保证能量转移，典型的有抽气供热。从数学模型行为上来看，既然机械转矩 T_m 的最小值无法再继续降低，那么只好减少转换的电磁转矩 T_e 的那部分 T_m 了。这个思路下的处理方案非常灵活，简单来说就像借助单向或双向的"储能"，使得机组对电网输电断面的有功功率达到调峰效果。二是直接开发最小出力技术。例如，国家能源集团江苏太仓发电厂在不供热、不转湿态、不开启旁路排放的运行工况下完成了 600 MW 同类型机组 20% 负荷深度调峰试验[13]。负荷越低，说明机组的深度调峰能力越强，对应的控制难度越高。

在锅炉低负荷安全环保运行技术研究方面，需综合考虑低负荷工况下燃烧稳定性、水动力安全性、辅汽汽源切换、环保等因素带来的影响。典型的策略总结如下：

（1）燃烧稳定性。

在深度调峰工况下，炉膛的中心温度和锅炉的热负荷均严重降低，且风煤比较高,导致煤粉气流的着火热增加,此时热烟气卷吸的供热已不能满足煤粉的着火热量,应对此种情况,需投油、气、等离子或富氧燃烧等助燃方式。也可通过优化风粉、氧量、燃烧器旋流强度、磨煤机投运等逻辑参数,以实现锅炉精细化调整的目的。

(2)水动力安全性。

在深度调峰工况下,投运燃烧器运行方式的不同会使炉内热流密度发生变化,锅炉内部受热不均,低负荷也使得水冷壁中质量流速下降,临界区域工质物性的急剧变化加剧了水动力的不稳定性,会引起水冷壁或其他受热面超温爆管。可通过建模计算锅炉水动力结果,根据计算结果优化最小给水流量限值、干湿态转换燃烧方式、水冷壁流量分配等参数,以提高机组低负荷工况下的水动力循环安全性。

(3)辅汽汽源切换。

辅汽汽源是指向除氧器加热、暖风器、汽轮机轴封、空预器吹灰等设备提供的生产用汽。机组负荷下降后,原来的辅汽压力会随着主蒸汽压力的减小而降低,为了使辅汽压力满足电厂其他系统需求,此时要根据机组现状调整辅汽汽源,确保可靠。

(4)环保。

机组低负荷运行时容易致使环保指标降低,带来严重问题。因此,需重点关注机组深度调峰运行时环保指标的维持。例如,脱硝过程中入口烟气温度低于300 ℃,导致催化剂效果不佳,脱硝效率急剧下降并伴随氨气逃逸。可采用投入省煤器给水旁路及烟气旁路、省煤器加装循环水泵、省煤器分级布置及低负荷给水加热等方法,提高脱硝装置的入口烟温,从而使催化剂正常发挥作用,机组低负荷运行时的脱硝环保问题得以解决。

8.2.1.2　一次调频

一次调频响应过程是指额定频率与实际频率的差值(有时也用额定转速与汽轮机实际转速的差值代替频率差值)经函数变换后生成一次调频补偿因子,一次调频功能投入,直接与功率或流量信号叠加,控制汽轮机的调门开度。

一次调频指标主要包括不等率、调频死区、快速性、补偿幅度、稳定时间等,不同区域的电网公司对各个技术指标的要求也不尽相同。一次调频的性能指标直接影响发电机组的涉网调频贡献能力,但在机组实际运行过程中,由于运行工况、现场设备等原因,机组的一次调频功能往往受到较大影响。常见问题归纳如下：

（1）响应时间滞后。

有些机组调频响应的时间大于规程要求的 3 s，有的甚至长达 5～10 s，这时一次调频的性能对电网调频一般起不到正常的补偿作用。由于现在机组 DCS 和 DEH 系统的运行周期为 ms 级，因此一次调频指令产生的延时一般可以忽略不计，整个控制系统的延迟主要由信号的传递通道延迟或现场执行机构的物理延迟引起。

（2）投切逻辑不当。

逻辑组态中一次调频投退的范围设置不合理。一般一次调频投入范围的逻辑组态功能块采用"ALM"功能块，当机组负荷超出设定高、低限时，输出值为 0，自动退出一次调频。但是在两个限幅点附近，如一次调频减负荷指令执行时，若机组负荷低于下限值，则调频瞬间退出，随之机组负荷增大，类似于此类组态设置的调频投入方式，在限幅点往往会引起机组负荷频繁晃动，影响机组安全运行。

（3）优先级选择不当。

在机组运行过程中，可能发生一次调频与 AGC 调节相互影响的情况，但为了保证大电网的频率稳定性，应始终保证一次调频优先动作。

（4）汽轮机的阀位控制不当。

大部分机组在运行时汽机采用顺序阀的阀位控制模式。处于功率调节状态的阀组，在开度为 20%～60%之间是线性行程，开度在此范围之外均为非线性行程。当系统发生频率扰动时，如果汽机处于阀门切换过程或阀位行程模拟不准确，就会影响机组一次调频的效果。

（5）数据采集不同源。

电厂一次调频的目标数据和电网一次调频的考核数据不同源，目标数据取自 DEH，考核数据取自 PMU，两者存在计量偏差。尽管机组一次调频的调节范围较小，但数据的小偏差也会对考核结果产生明显影响，导致非控制性能不佳而遭受不合理的经济考核。因而，保证一次调频数据采集的一致性是提高机组一次调频合格率的有效途径之一。例如，某发电厂进行了以 PMU 数据作为一次调频目标数据的相关改造，有效解决了被考核的问题。

目前，大部分发电机组的一次调频设计采用 DEH+DCS 联合调频控制方案，利用 DEH 侧调频指令直接叠加到机组阀门控制指令上，实现一次调频动作的快速性,保证电网频率波动时发电机组可以快速增减出力,补偿电网调频所需负荷;利用 DCS 侧控制方案保证机组一次调频补偿幅度,二者相互配合,提升机组的一次调频性能。总的来说,在保证机组安全运行的前提下,有效提升发电机组的一次调频性能,必将成为网源协调发展的一个重要技术问题。

8.2.1.3 二次调频

二次调频可以简单地理解为电网为了稳住频率的一个自动闭环调整策略。这个闭环调整策略由调度 AGC 上位机根据电网需求计算给出,每台机组接收调度 AGC 指令增减相应的负荷。

二次调频是一个纯需求响应问题,因而二次调频的技术储备主要体现在机组对负荷响应的快速性、稳定性,可对锅炉、汽机主控 PID 控制器参数进行优化调整以满足要求。除了在负荷控制方面,为保证在极限条件下厂站仍具备 AGC 响应能力,还需要考虑预留一定的热备用以参与二次调频。

一个可行的思路即在火电厂内部"开源节流",如打捆小容量的新能源、储能等,有 AGC 任务时自行分配负荷目标,无 AGC 任务时用于补充厂用电,提高厂站经济性。

8.2.1.4 备用

备用辅助服务的实施程度不一定很高,但从服务内容来看,该项目也是发电企业应追求的目标,通过提高机组全系统的运维管理水平,一则使电力系统保有较高的旋转备用和冷备用容量,二则在备用辅助服务全面实施时为电厂赢得额外收益。

旋转备用技术储备参照调峰任务。

冷备用则是满足计划外的启动开机补偿。

8.2.1.5 转动惯量

转动惯量辅助服务的普及程度更低,一方面涉及各地政策开放问题,另一方面则在于发电厂对转动惯量辅助服务的认识不足。

转动惯量要求机组在低负荷时仍能支撑系统的阻尼特性,此时才可获得相应的补贴收益。通过本书对同步发电机并网特性的介绍可知,进入低负荷的门槛是有功响应控制的问题,而要在低负荷下保持阻尼特性,无功响应控制也同样重要。

因而,转动惯量服务的技术储备在于:

(1)低负荷运行动力参数稳定。

这个内容同调峰部分。另外,转子轴系质量越大,越容易进入转动惯量的补偿区间。

（2）正阻尼特性。

正阻尼特性体现在机组低负荷下的附加阻尼补偿——PSS 环节。这里有一个问题,现有 PSS 的自动投退定值一般整定在 30%～45%额定有功之间,但很多机组转动惯量的补偿区在 30%附近,甚至更低。因而,如何确定 PSS 的投退定值,是一个要解决的问题。

另外,按照相关导则,PSS 投入的效果是在机组 60%～80%额定有功时检验的,在低负荷运行时,PSS 的补偿特性能否继续呈现出正阻尼效果,还需要具体试验验证。

8.2.2　无功平衡技术储备

关于无功平衡辅助服务,"两个细则"中有自动电压控制、调相两个服务种类,有些地区还将 AVC 合格率也纳入补偿范围。调相服务要求的是零有功状态下向系统输入无功功率,这对于现有火电发电机组来说无法实现。无功平衡的控制主体在于励磁系统,相对来说概念简单。

8.2.2.1　自动电压控制

该服务适用于迟相功率因数（通常为 0.85）以下继续提供感性无功、进相功率因数（通常为-0.97）以上继续提供容性无功两类场景,按照有效无功电量积分进行补偿。

其技术问题主要体现在发电厂能否满足这样的运行需求。对于发电机本体来说,通过查阅其出厂手册的运行曲线可以看出,这样的运行条件是能满足的。但机组、电厂达不到该运行需求的关键影响因素之一在于厂用电电压。

（1）厂用电分配不合理。

厂用电的无功分配要考虑从并网点（主变高压侧）至厂用 400 V 段均保持较为均衡的水平,没有额外无功补偿手段时,无功分配结果一般与电气距离成负关联,即电气距离越远,电压越低;与发电负荷也相关,通常负荷越大,无功消耗越大,电压越低。

进相时,随机组的机端电压下降,不平衡的厂用电可能率先达到脱扣边缘,从而影响机组进相能力;当平衡负荷抬高厂用电压时,在迟相运行中,又容易触及电压上限,损伤设备绝缘。加之,厂用电变压器,特别是低压厂变一般均为无载调压,不能在运行中切换挡位。

因而,厂用系统电压水平的管理是影响自动电压控制的重要因素。

(2)励磁控制。

这里要强调的是励磁系统的几个辅助环节之间配合的合理性。过励限制 OEL、欠励限制 UEL 是保护机组的重要环节。首先,这些环节的控制必须绝对可靠,在限值范围内能够正确触发。其次,参数要整定正确,通过试验测试,可正确识别机组无功功率的运行区间。最后,多个环节之间同时触发时,要以安全稳定为第一原则,确保发电机组运行在可控范围内。

8.2.2.2   AVC 合格率

AVC 的指令一般数秒至多 5 min 刷新一次,无功设备根据指令吸收或发出无功功率,使区域内电压水平合格。AVC 下发机组无功指令的同时还下发主站采集到的机组的其他实时信息,如机组实际有功、无功、机端电压、电厂母线电压等,同电厂实际数据比对无误后转发指令给无功调节装置,否则将不下发调节指令。

AVC 的计量虽归属在电网,但 AVC 装置的管理和维护工作由发电厂承担,能否正确响应调节以及调节效果如何,在 AVC 后台可以实时查看。因此,通过对 AVC+励磁系统的调试和试验,可及时解决 AVC 的异常问题。

此外,该服务另一方面的技术储备同 8.2.2.1 中的自动电压控制。这是由于 AVC 运行时的限制、闭锁和退出逻辑条件中,除了受通信中断影响,还受发电机机端电压、厂用电压、系统电压和功率因数等参数的限制。AVC 限制功能的相关定值整定取决于机组进相、迟相试验的实测数据,故优化发电厂无功分配问题对扩展 AVC 功能参与补偿意义重大。

无功平衡辅助服务自"两个细则"实施以来发展最为迅速。以某电厂的实例数据对该部分进行案例说明,该电厂某年通过有偿无功服务与 AVC 调节获得无功辅助服务补贴的情况如表 8-2 所列。

表 8-2   无功辅助服务补贴情况表

月份	月度发电量/(10^4kW·h)	启动次数	无功补偿/万元	AVC 补偿/万元
1	40 190	26	1.734 3	0.000
2	7 935	22	0.531 5	0.000
3	12 690	13	0.730 4	4.167

续表

月份	月度发电量/(10^4kW·h)	启动次数	无功补偿/万元	AVC 补偿/万元
4	15 530	32	5.888 0	5.042
5	14 163	30	6.639 0	4.519
6	15 830	30	0.000 0	0.000
7	22 168	32	0.000 0	7.629
8	30 220	20	0.000 0	0.000
9	27 080	23	0.000 0	0.000
10	20 310	9	0.000 0	1.416
11	28 490	16	0.000 0	9.192
12	15 716	17	0.000 0	4.971

可以看出,电厂通过有偿无功服务和 AVC 调节合格率已争取到一定的正向收益,但并非获得最大收益,还可采取具有针对性的有效措施以改善这一状况。该电厂 1 号机组进相运行情况如表 8-3 和表 8-4 所列。

表 8-3 进相试验主要电气数据

序号	有功功率/MW	无功功率/MVar	功角/(°)	定子电压/V	定子电流/A	6 kV 高压厂用母线电压/V	400 V 低压厂用母线电压/V
1	400	1.98	51.94	21 195	10 810.06	6.13	388.44
	(带厂用电)	−73.40	61.18	20 630	11 391.37	5.98	378.86
2	400	0.21	52.09	21 238	10 866.13	6.32	400.77
	(不带厂用电)	−134.10	69.73	20 222	12 024.58	6.01	381.40
3	350	−1.35	48.52	21 219	9 520.74	6.15	389.34
	(带厂用电)	−84.43	59.36	20 569	10 106.26	5.97	378.42
4	350	0.45	48.05	21 333	9 463.76	6.35	402.86
	(不带厂用电)	−151.72	69.84	20 180	10 897.02	6.01	380.68
5	230	−0.44	36.28	21 285	6 223.60	6.18	391.15
	(带厂用电)	−90.11	48.74	20 599	6 929.78	5.99	379.31

续表

序号	有功功率/MW	无功功率/MVar	功角/(°)	定子电压/V	定子电流/A	6 kV 高压厂用母线电压/V	400 V 低压厂用母线电压/V
6	230	0.58	36.10	21 345	6 222.51	6.36	403.58
	(不带厂用电)	−149.29	60.15	20 191	7 834.57	6.02	380.96

表 8-4　进相运行时发电机各部位温度最高值

负荷/MW	温度/℃					
	定子绕组	定子铁芯	冷却水进水	冷却水出水	空冷器冷风	空冷器热风
400	58.1	46.3	50.5	52.3	40.1	42.2
400(不带厂用电)	59.4	47.6	50.8	52.6	40.8	43.0
350	56.5	46.5	48.5	49.6	41.5	43.6
350(不带厂用电)	55.5	45.6	47.8	48.9	41.7	43.7
230	50.3	43.9	46.8	48.3	41.1	42.3
230(不带厂用电)	48.6	44.3	46.5	47.9	40.5	41.9

通过比较带厂用电与不带厂用电工况下的进相试验结果可以看出,机组无功平衡能力主要受制于厂用电电压分配不足。对此,可通过建立数学模型、开发优化算法和系统,实现对无功辅助服务的精细化管理和动态调整。

8.2.2.3　基于无功辅助服务机制的电厂无功优化思路探讨

(1)优化发电厂 AVC 与励磁系统配合。

电网调度中心设定母线电压目标值,发电厂通过 AVC 调节励磁系统输出,实现对母线电压的闭环控制。具体来说,AVC 将母线电压目标值转换为无功功率或机端电压设定值,通过这些调节手段间接控制系统母线电压。图 8-2 为励磁系统对电力系统电压控制示意图。

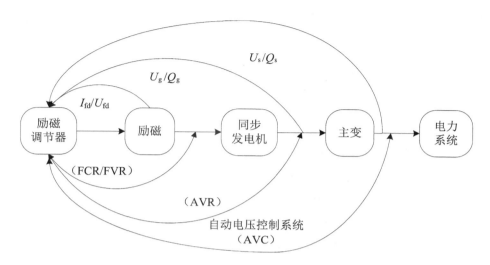

图 8-2 励磁系统对电力系统电压控制示意图

可知发电厂 AVC 功能的实现最终由励磁系统完成,因此实际运行中需考虑 AVC 与励磁系统间的配合关系。下面给出关于如何优化发电厂 AVC 与励磁系统配合的几点原则:

①系统整定原则优化:根据发电厂 AVC 系统的特点和要求,合理设置 AVC 系统的控制参数和调节范围,确保与励磁系统协调一致。包括设定合适的调节死区、响应时间和调节精度。

②控制策略与算法优化:研究和优化 AVC 系统的控制逻辑,如无功分配策略、防振荡调节策略以及在特定工况下的调节策略,确保在各种运行条件下都能实现有效的电压控制。

③数据采集与通信:加强 AVC 系统、励磁系统的数据采集和通信能力,确保信息的实时性和准确性,为精确控制提供数据支持。

④仿真建模与分析:利用精细化仿真建模对励磁系统控制进行分析,评估不同控制策略对并网系统稳定性和电压调节性能的影响。

⑤实时监控与智能诊断:通过实时监控系统的运行状态,结合智能诊断技术,及时发现并处理潜在的问题,避免因励磁系统异常导致的 AVC 调节失败。

⑥安全约束:AVC 系统与励磁系统的安全约束条件应相互配合。

(2)发电机进相安全域确定。

发电机进相安全域指的是在不损害发电机稳定性和健康运行的前提下,发电机能够提供的最大无功功率范围。这个域由多个运行参数界定,包括电压、电流、温度、功角等。通过明确安全域,可以更准确地指导发电机在进相状态下的操作,确保在提高无功功率输出的同时,避免因过度进相导致设备损坏或系统不稳定。合理控制进相深度有助于维持电网电压的稳定,以防止出现系统电压过高或厂用电压崩溃的问题。

(3)厂用电压平衡。

进行厂用电负荷优化分配,改善厂用电压平衡水平,提高发电机无功能力,提升发电机的无功辅助服务参与度。

(4)厂用系统变压器调压变比优化。

变压器的变比(原边与副边的匝数比)直接影响电压转换效率和功率流动。通过优化调整变压器的分接头位置,改变输出电压,可以改善厂用系统的电压分布,有助于减少厂用系统的无功功率需求,减轻发电厂的无功负担,从而提升发电机的无功辅助服务参与度。

8.2.3　事故应急部分技术储备

事故应急及恢复服务种类包含稳定切机、黑启动及 FCB。目前参与补偿行为的普及度不高。

8.2.3.1　稳定切机

稳定切机辅助服务的概念很好理解,安全切机行为对发电企业来说是一个基本要求。只不过当这个行为从稳控装置下达,对于非本地故障的机组发生解列行为时,会对本站进行一定的停机补偿。

对应技术储备在于发电机的停机操作,按照 DL/T 5437《火力发电建设工程启动试运及验收规程》完成分部试运、整套启动试运的机组均有该能力。

8.2.3.2　黑启动

黑启动是在不依靠外部供电情况下完成的启机、充主变、充线路至最近一级变电站的过程。

多数情况下,黑启动选用柴油发电机作为启动电源(备用机组)。柴油发电机组主要负载为给水泵、循环水泵、引风机及送风机等,根据工艺要求顺序启动。大容量电机也不是按照常规启动方式,例如,在柴油发电机已带部分负载的情况下,启动大容量电机会导致柴油发电机有较大的电压跌落,因此优先采用变频启动方式,而不建议采用软启动方式。因为软启动也需较大启动容量,且存在启动力矩受限、谐波高等问题,而采用变频启动所需容量小,启动完成后,还可通过改变变频器的频率进行节能运行。总的来说,黑启动过程与常规开机方式有差异,每一步骤均需单独考虑执行的合理性,故需形成专门的操作手册,定期进行黑启动试验,以可靠备用。

这里总结几个技术问题,以解决黑启动过程中面临的实际困难。

(1)备用机组配置。

这里的备用机组指代柴油发电机组,具体包括柴油机和发电机。一般情况下,柴油机与发电机的容量是一致性配置,但黑启动所用大容量柴油机的价格非常高昂,如果按照支撑暂态压降原则选取同容量的柴油机和发电机配合将非常不经济。选型中,柴油机容量只要满足启动和持续有功功率要求,而将发电机容量选择大于柴油机即可。由于单台柴油机造价太高,因此也可采用多机并联的方案,但要特别考虑多机之间的同期问题和负荷分配问题。

(2)发电机的自激磁。

黑启动时,变压器和长线路都是由黑启动机组来充电的,充电空载变压器和线路时不可避免会发生励磁涌流和线路容升现象。系统侧等值的电容与发电机转子上的电感容易形成激磁回路,产生绝缘击穿的风险。

当然,关于黑启动电源点的选取,电网、发电企业都会针对自激磁问题进行大量的仿真计算。如何规避自激磁现象是黑启动试验中的一个重要风险防控点。

8.2.3.3　FCB(Fast Cut Back)

FCB 是当汽轮机或发电机甩负荷时,使锅炉不停运的一种控制措施。根据 FCB 对机组的不同运行要求,可分为机组带厂用电单独运行或停机不停炉两种不同的运行方式。目前,国内火电机组中只有少数大容量机组具备了 FCB 功能,并成功通过 100%负荷 FCB 试验。其他国家的情况是:美国的火电机组不论电网事故还是电厂内部故障,应对措施基本上是直接停机而不考虑 FCB 功能;日本和德国出口型机组一般具备 FCB 功能并完成了 FCB 功能试验;部分国家的电网规模较小,其电网抗干扰能力差,容易出现电网瓦解事故。因此,采购中需明确强调机组的 FCB 功能,在合同中规定必须完成 FCB 试验。

具备 FCB 功能的机组对锅炉、汽轮机及辅助系统的安全可靠性要求较高,较无 FCB 功能的机组工程造价增幅较大,进行改造的费用也相应较大。据相关测算,660 MW 超超临界机组在机组全寿命周期内成功启动 5~8 次 FCB 以应对电网事故即可收回投资成本。也就是需重点关注 FCB 实际过程的成功率,并不是一次 FCB 试验成功了即代表机组在任何工况条件下均具备 FCB 功能。对于 FCB 试验而言,目前尚无明确的国际标准或国内标准可以遵循借鉴,所以试验方案和结果评估存在一定的不一致性。从投资上来看,FCB 和黑启动都需大额投资,故应结合电网及机组实际需求情况综合分析,以确定是否需要具备 FCB 功能。若确实需要,则再进一步全面剖析 FCB 过程,针对薄弱环节制订切实可行的设备改造计划和实施方案。

技术层面上,FCB 功能依赖汽机旁路、汽机调速、锅炉给水、发电机励磁等系统的综合硬件支撑,需要 FCB 触发、快速切断燃料、快速稳燃、甩负荷转速控制等各环节的精准控制,其涉及机、炉、电、热等多专业,是严峻的综合考验。我国尚未将 FCB 功能列入设计标准和电网运行规范之内,对于 FCB 的运行能力还需进一步研究。要说明的是,FCB 功能的改造与所选用的汽轮机、锅炉设备的性能有很大关系,目前基于国产大型机组的 FCB 技术研究是一大难点,也是一大空白,此方面的研究对于提升国产大型机组的运行水平以及降低 FCB 技术成本来说将具有重大现实意义。

8.3　本章小结

本章面向同步发电机并网系统参与电力辅助服务的技术问题,从参与辅助服务的种类、机组需具备的条件及经济性等方面进行了梳理和探讨。以火电机组为例,给出了火电参与电力辅助服务有功平衡、无功平衡与事故应急等服务种类下对应的策略参考。

参考文献

[1]国家能源局.关于印发《电力辅助服务管理办法》的通知[EB/OL].[2021-12-21].

[2]国家能源局南方监管局.关于印发《南方区域电力并网运行管理实施细则》《南方区域电力辅助服务管理实施细则》的通知[EB/OL].[2022-06-13].

[3]魏靖晓,叶鹏,杨宏宇,等.电力市场环境下辅助服务问题研究综述[J].沈阳工程学院学报(自然科学版),2023,19(1):63-70.

[4]王一帆,王艺博,尹立敏,等.面向东北电网调峰辅助服务市场交易主体的分摊上限动态机制设计[J/OL].电力自动化设备:1-13[2023-08-03].

[5]陈文文.湖南电力调峰辅助服务市场建设研究[D].长沙:湖南大学,2021.

[6]梁琳.电力市场环境下火电机组有偿与无偿调峰划分方法研究[D].北京:华北电力大学(北京),2009.

[7]林俐,田欣雨.基于火电机组分级深度调峰的电力系统经济调度及效益分析[J].电网技术,2017,41(7):2255-2263.

[8]赵永亮,张利,刘明,等.660 MW 燃煤机组热力系统构型调整对一次调频性能的影响研究[J].中国电机工程学报,2019,39(12):3587-3598.

[9]雷阳,何信林,段建东,等.多机互联系统下的 PSS 性能分析[J].电网与清洁能源,2019,35(9):50-56.

[10]刘裕昆,陈新凌,杨有慧.广西电网水电机组黑启动辅助服务补偿情况分析及建议[J].广西电力,2018,41(1):26-28,46.

[11]李振坤,魏砚军,张智泉,等.有源配电网黑启动恢复供电辅助服务市场机制研究[J].中国电机工程学报,2022,42(18):6641-6655.

[12]张峰,游欢欢,丁磊.新能源一次调频死区影响机理建模及系数修正策略[J].电力系统自动化,2023,47(6):158-167.

[13]江苏太仓公司省内首家完成 20% 深调摸底试验[EB/OL].[2022-04-14].